모아 전기기사
전기기기

필기 이론+과년도 8개년

모아합격전략연구소

전기기사 자격시험 알아보기

01 전기기사는 어떤 업무를 담당하는가?

A. 전기기사는 전기 설비의 설계, 시공, 유지 보수, 안전 관리 및 연구 개발을 담당합니다. 주요 취업 분야는 한국전력공사, 전기기기 제조업체, 전기공사업체, 전기 설계 전문업체 등 다양하며, 전기부품과 장비의 설계, 제조, 실험을 담당하는 연구실에서도 근무할 수 있습니다. 특히 신기술의 급격한 발전과 에너지 절약형 기기의 개발로 인해 전기 전문가의 수요가 꾸준히 증가할 전망입니다.

02 전기기사 자격시험은 어떻게 시행되는가?

시행기관
한국산업인력공단

시험과목(필기)
전기자기학
전력공학
전기기기
회로이론 및 제어공학
전기설비기술기준

시행과목(실기)
전기설비설계 및 관리

검정방법(필기)
객관식 과목당 20문항
(과목당 20분)
※ 2025년부터 시험시간 단축

검정방법(실기)
필답형 2시간 30분

합격기준
필기 : 100점 만점에 과목당 40점 이상
전과목 평균 60점 이상
실기 : 100점 만점에 60점 이상

03 전기기사 자격시험은 언제 시행되는가?

구분	필기원서접수	필기시험	필기 합격자 발표 (예정자)	실기 원서접수	실기 시험	최종 합격자 발표일
2024년 제1회	01.23 ~ 01.26	02.15 ~ 03.07	03.13(수)	03.26 ~ 03.29	04.27 ~ 05.12	1차 : 05.29(수) 2차 : 06.18(화)
2024년 제2회	04.16 ~ 04.19	05.09 ~ 05.28	06.05(수)	06.25 ~ 06.28	07.28 ~ 08.14	1차 : 08.28(수) 2차 : 09.10(화)
2024년 제3회	06.18 ~ 06.21	07.05 ~ 07.27	08.07(수)	09.10 ~ 09.13	10.19 ~ 11.08	1차 : 11.20(수) 2차 : 12.11(수)

2025년 시험일정과 자세한 정보는 큐넷(https://www.q-net.or.kr)을 참고 바랍니다.

04 전기기사 최근 합격률은 어떠한가?

연도	필기			실기		
	응시	합격	합격률	응시	합격	합격률
2023	51,630명	11,477명	22.2%	23,643명	8,774명	37.1%
2022	52,187명	11,611명	22.2%	32,640명	12,901명	39.5%
2021	60,500명	13,365명	22.1%	33,816명	9,916명	29.3%
2020	56,376명	15,970명	28.3%	42,416명	7,151명	16.9%
2019	49,815명	14,512명	29.1%	31,476명	12,760명	40.5%
2018	44,920명	12,329명	27.4%	30,849명	4,412명	14.3%
2017	43,104명	10,831명	25.1%	25,309명	9,457명	37.4%

05 전기기사 자격시험 응시 사이트는 어디인가?

A. 큐넷(http://www.q-net.or.kr) 원서 접수는 온라인(인터넷, 모바일앱)에서만 가능합니다. 스마트폰, 태블릿PC 사용자는 모바일앱 프로그램을 설치한 후 접수 및 취소, 환불서비스를 이용하시기 바랍니다.

참 잘 만들어서 참 공부하기 쉬운
모아 전기기사 전기기기 필기

이 책의 특징 살짝 엿보기

예제 및 개념 체크 OX문제로 ONE-STEP 정리하기

이론을 학습한 후
예제와 개념 체크 OX문제를 통해
개념을 확실히 체크하고
문제에 바로 적용할 수 있습니다.
이론 이해와 문제 적용을
ONE-STEP으로 해결하세요.

최다빈출 N제로 유형 파악하기

과년도 15개년을 분석하여
최다 빈출 유형을
단계별 난이도로 분류하였습니다.

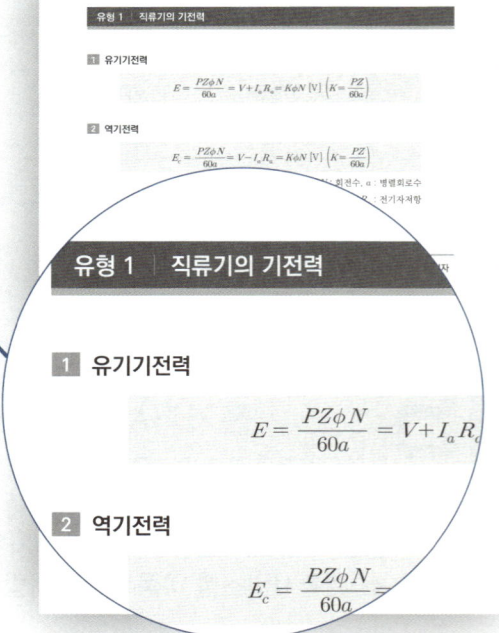

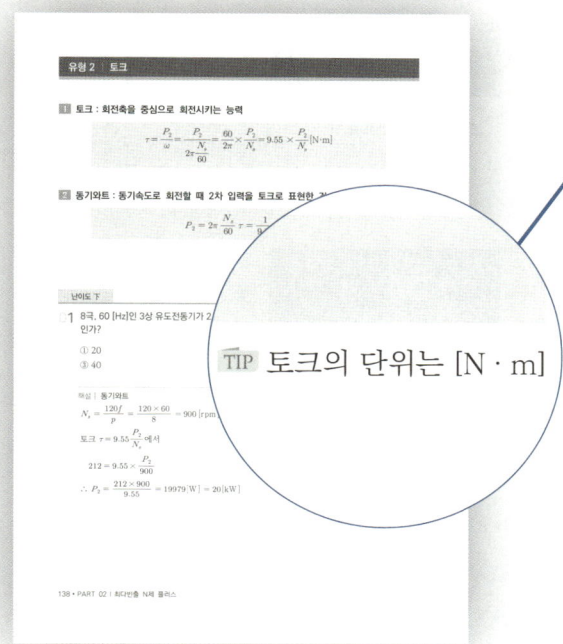

TIP으로 확실히 다지기

막히거나 **놓치기 쉬운 부분**도
잊지 않고 팁으로 안내해 드립니다.

8개년 기출로 시험 정복하기

기출 정복이 곧 합격 정복입니다.
2024년 최신 기출 복원문제부터
2017년 기출문제까지 모두 수록하여
충분한 연습이 가능하도록 하였습니다.
또한 **풍부한 해설을 포함**하여
어려움 없이 문제를 해결할 수 있습니다.

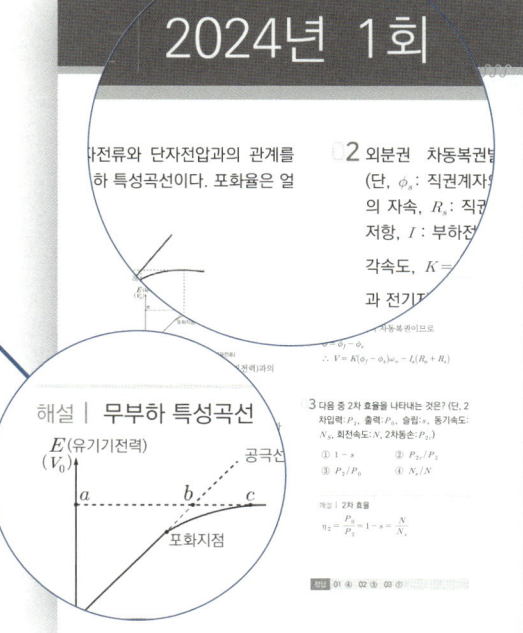

전기기사 전기기기 필기
11일 만에 완성하기

하루 소요 공부예정시간
대략 평균 3시간

📝 모아 전기기사 전기기기 필기

DAY 1
- OT 및 커리큘럼
- Chapter 01 직류기

✏️ **학습 Comment**
전기기기의 기본원리로 동기기와 유도기에 직접적으로 연결되는 단원이므로 각각 적용되는 원리와 기기의 구조에 대하여 꼼꼼하게 학습해 주세요. 기본공식을 대입해서 풀 수 있는 정도까지 숙지합니다.

DAY 2
- Chapter 02 동기기
- Chapter 03 전력변환기

✏️ **학습 Comment**
필요한 공식은 암기하되 전기자권선법, 전기자반작용은 완벽하게 이해하고 동기전동기 부분은 범위가 좁지만 자주 출제가 되는 위상특성곡선에 대한 부분은 신경써서 학습해 주세요.

DAY 3
- 이전 내용 복습
- Chapter 04 변압기

✏️ **학습 Comment**
출제가 상당히 많이 되는 부분으로 변압기의 특성과 손실, 효율 부분을 중점으로 학습하고 계산문제는 전기기사에서 출제되는 문제에 비해 난이도가 쉽기 때문에 이론을 완벽하게 이해하기보다는 기출문제 위주로 연습해 주세요.

DAY 4
- Chapter 05 유도전동기
- Chapter 06 정류자기 및 제어기기

✏️ **학습 Comment**
원리 및 구조에 대한 이해가 필요한 단원으로 슬립에 대한 부분을 주의깊게 학습해 주세요. 속도제어 부분을 유심히 보고 단상 유도전동기의 특징들을 숙지합니다. 정류자기 부분은 자주 출제가 되는 직류출력에 대한 수치를 확실히 외워두고 각 정류자전동기의 특징은 기기별로 비교해서 알아두는 것이 필요합니다.

DAY 5
- Part 02 최다빈출 N제 플러스

✏️ **학습 Comment**
빈출유형이므로 완벽하게 공부하여 과년도를 맞이하기 위한 준비를 하세요.

DAY 6
- 기출문제 6회분 23년 1회 ~ 24년 3회

DAY 7
- 기출문제 6회분 21년 1회 ~ 22년 3회

DAY 8
- 기출문제 6회분 19년 1회 ~ 20년 4회

DAY 9
- 기출문제 6회분 17년 1회 ~ 18년 3회
- 요약정리

✏️ **학습 Comment**
기출문제에 대한 학습법 : 과락률이 제일 높은 단원이지만 겁먹지 말고 계산문제 중 어려운 1~2문제는 버린다는 생각으로 간단하게 유도해서 풀 수 있는 문제들로 연습해 주세요. 무조건 암기하고 풀면 너무 많은 에너지를 허비할 수 있으니 각 기기들의 특징과 해당 이론들은 혼동되지 않게 원리를 먼저 학습하고 기출문제에 접근하는 것을 권장합니다.

DAY 10
- 전기기기는 암기와 이해가 동시에 필요하므로 이론영상을 빠른 배속으로 한번 더 학습합니다.
- 과년도에 남은 시간을 투자해 주세요.

DAY 11
- 간단한 계산문제는 해설을 보지 않고 풀 수 있는 정도로 훈련합니다.

최종점검 ▶▶▶ 과년도의 틀린 문제 위주로 학습하고 빈출 유형을 정리할 것

2025 모아 전기기사 시리즈

『However difficult life may seem,
there is always something you can do and succeed at.』

아무리 인생이 어려워보일지라도,
당신이 할 수 있고, 성공할 수 있는 것은 언제나 존재한다.

영국의 천재 물리학자인 스티븐 호킹이 남긴 말입니다.

호킹은 갑작스러운 루게릭 병 발병으로 신체적 장애를 얻었지만,
포기하지 않고 기계를 통해 세상과 소통하며
물리학에서 눈부신 업적을 이뤄내게 됩니다.

아무리 어렵고 불가능해 보일지라도,
자기 자신을 믿고 할 수 있는 일을 해내다 보면
반드시 성공할 날이 올 것입니다.

여러분 모두가 합격이라는 결승점에 닿을 때까지
저희가 곁에서 응원하겠습니다.
포기하지 마세요!

천은지 드림

모아 전기기사
전기기기

필기 이론+과년도 8개년

모아합격전략연구소

이 책의 순서

PART 01 전기기기

Ch 01 직류기

01 직류발전기의 구조 및 원리 ·················· 14
02 전기자 권선법 ·································· 17
03 전기자 반작용 ·································· 18
04 정류 ··· 19
05 직류발전기의 종류와 특성 ··················· 21
06 직류발전기의 병렬운전 ······················· 26
07 직류전동기의 구조 및 원리 ·················· 27
08 직류전동기의 종류와 특징 ··················· 30
09 직류전동기의 운전 ···························· 34
10 직류기의 손실과 효율 ························ 35
개념 체크 OX ······································· 39

Ch 02 동기기

01 동기발전기의 구조 및 원리 ·················· 40
02 동기발전기의 분류 ···························· 42
03 전기자 권선법 ·································· 44
04 동기발전기의 특성 ···························· 46
05 동기발전기의 병렬운전 ······················· 50
06 동기전동기의 특성 및 용도 ·················· 53
07 특수전동기 ······································ 57
개념 체크 OX ······································· 59

Ch 03 전력변환기

01 정류용 반도체 소자 ···························· 60
02 정류회로의 종류 ······························· 66
03 정류회로의 특성 ······························· 71
04 제어정류기 ······································ 73
개념 체크 OX ······································· 74

Ch 04 변압기

01 변압기의 원리 및 구조 ······················· 75
02 변압기의 등가회로 ···························· 79
03 전압강하 및 전압변동률 ····················· 81
04 변압기의 3상 결선 ···························· 85
05 상수의 변환 ···································· 89
06 변압기의 병렬운전 ···························· 90
07 변압기의 손실 및 효율 ······················· 91
08 변압기의 시험 및 보수 ······················· 93
09 계기용 변성기 ·································· 97
10 특수변압기 ······································ 99
개념 체크 OX ······································· 103

Ch 05 유도전동기

01 유도전동기의 원리 및 구조 ·················· 104
02 유도전동기의 슬립 및 등가회로 ············ 106
03 유도전동기의 특성 ···························· 109
04 유도전동기의 기동 및 제동 ·················· 112

05 유도전동기의 제어 ·············· 114
06 단상 유도전동기 ·············· 119
07 기타 유도기 ·············· 121
개념 체크 OX ·············· 124

Ch 06 정류자기 및 제어기기

01 교류정류자기 ·············· 125
02 단상 정류자전동기 ·············· 126
03 3상 정류자전동기 ·············· 128
04 정류자형 주파수 변환기 ·············· 129
05 제어기기 ·············· 130
개념 체크 OX ·············· 132

PART 02

최다빈출 N제 플러스

유형 1 직류기의 기전력 ·············· 136
유형 2 토크 ·············· 138
유형 3 변동률 ·············· 140
유형 4 권선계수 ·············· 142
유형 5 정류회로의 직류전압 ·············· 144
유형 6 변압기의 등가회로 ·············· 146
유형 7 변압기의 효율 ·············· 148
유형 8 유도전동기의 슬립과 출력 ·············· 150
유형 9 비례추이 ·············· 152

PART 03

과년도 기출문제

2024년 1회 ·············· 156
2024년 2회 ·············· 161
2024년 3회 ·············· 166
2023년 1회 ·············· 171
2023년 2회 ·············· 176
2023년 3회 ·············· 181
2022년 1회 ·············· 186
2022년 2회 ·············· 191
2022년 3회 ·············· 197
2021년 1회 ·············· 202
2021년 2회 ·············· 207
2021년 3회 ·············· 212
2020년 1,2회 ·············· 217
2020년 3회 ·············· 222
2020년 4회 ·············· 228
2019년 1회 ·············· 233
2019년 2회 ·············· 238
2019년 3회 ·············· 243
2018년 1회 ·············· 248
2018년 2회 ·············· 253
2018년 3회 ·············· 258
2017년 1회 ·············· 263
2017년 2회 ·············· 268
2017년 3회 ·············· 273

CHAPTER 01 직류기
CHAPTER 02 동기기
CHAPTER 03 전력변환기
CHAPTER 04 변압기
CHAPTER 05 유도전동기
CHAPTER 06 정류자기 및 제어기기

01 PART

필기

모아 전기기사

전기기기

CHAPTER 01 직류기

01 직류발전기의 구조 및 원리

1 직류발전기의 구조

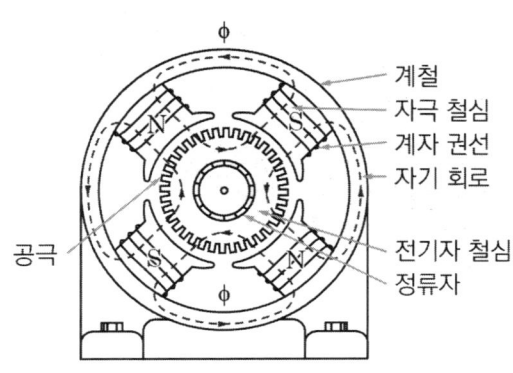
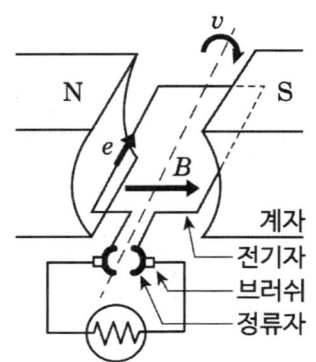

(1) 계자(Field Magnet)
  ① 자속을 만들어 주는 부분
  ② 구성 : 계자권선, 계자철심, 자극 및 계철
  ③ 계자철심 : 규소강판을 성층(철손저감)

(2) 전기자(Armature)
  ① 계자에서 만든 자속을 끊어 기전력을 유도
  ② 구성 : 전기자 철심, 전기자 권선
  ③ 전기자 철심 : 규소강판을 성층
    • 규소강판 : 히스테리시스손을 감소
    • 성층 : 와류손을 감소
  ④ 전기자 주변속도

$$v = \pi D \frac{N}{60} = \pi D n \,[\text{m/s}]$$

D : 직경
N : 분당 회전수 [rpm]

  ⑤ 전기각 = 기계각 $\times \dfrac{P}{2}$, 기계각 = $\dfrac{360°}{\text{슬롯 수}}$

예제 01

12극의 3상 동기 발전기가 있다. 기계각 15°에 대응하는 전기각은?

① 30 ② 45 ③ 60 ④ 90

해설 발전기의 전기각

- 전기각 = 기계각 $\times \dfrac{p}{2} = 15° \times \dfrac{12}{2} = 90°$

정답 ④

(3) 정류자(Commutator)
   ① 전기자 권선에서 유도된 교류를 직류로 변환해주는 부분
   ② 정류자 편간전압

$$e = \frac{PE}{K} \text{ [V]}$$

E : 단자전압 P : 극 수
K : 정류자 편수

예제 02

6극 직류발전기의 단자전압이 220 [V], 정류자의 편수가 132개일 때, 정류자 편간전압은 몇 [V]인가? (단, 권선법은 중권이다)

① 10 ② 20 ③ 30 ④ 40

해설 정류자 편간전압

$e = \dfrac{PE}{K} = \dfrac{6 \times 220}{132} = 10$ [V]

E : 단자전압 P : 극 수 K : 정류자 편수

정답 ①

(4) 브러쉬(Brush)
   ① 정류자 면에 접촉하여 전기자 권선(내부회로)과 외부회로를 연결
   ② 특징(구비조건)
      - 내열성이 크다.
      - 마모성이 작다.
      - 기계적으로 튼튼하다.

③ 종류
- 탄소질 브러쉬 (접촉저항↑) : 소형기, 저속기
- 흑연질 브러쉬 (접촉저항↓) : 대전류, 고속기
- 전기 흑연질 브러쉬 : 가장 우수함
- 금속 흑연질 브러쉬 : 저전압 (60 [V] 이하), 대전류

(5) 공극(Air Gap)
① 계자 철심의 자극편과 전기자 철심 표면 사이의 공간
- 소형기 : 3 [mm]
- 대형기 : 6 ~ 8 [mm]

② 공극이 크면 자기저항이 커져서 효율이 나쁨
③ 공극이 작으면 기계적 안정성이 떨어짐

2 직류발전기의 원리

(1) 플레밍의 오른손법칙

자기장 속에서 도선이 움직일 때 유기되는 유기기전력의 방향을 결정
① 엄지 : 도체의 회전 방향
② 검지 : 자속의 방향
③ 중지 : 유기기전력의 방향

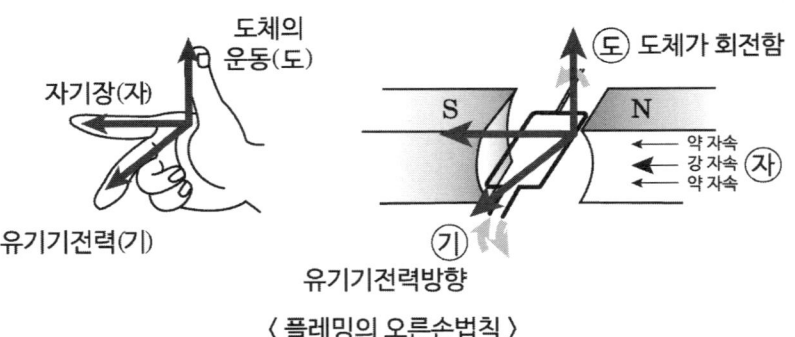

〈 플레밍의 오른손법칙 〉

(2) 직류발전기의 원리
① N극과 S극 사이의 자기장 내에서 도체가 자속을 끊으면 기전력(교류전압)이 유도
② 정류과정을 거쳐 교류를 직류로 변환

02 전기자 권선법

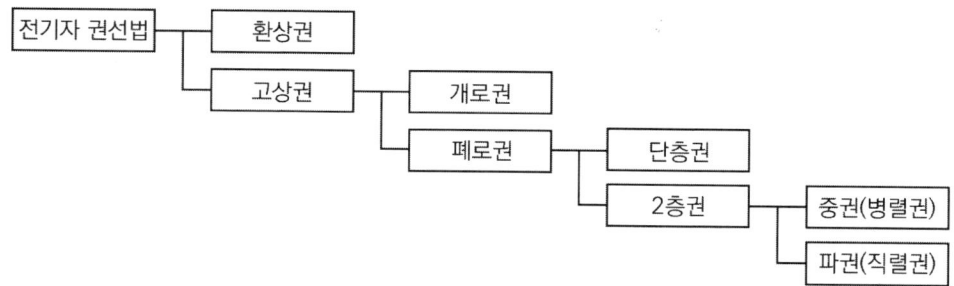

1 권선의 종류

(1) 전기자 권선법의 분류
   ① 환상권 : 도선을 철심 내외로 감는 방법으로 유지보수가 어렵고 효율이 낮음
   ② 고상권 : 도선을 표면에 배치하는 것으로 상대적으로 제작과 유지보수가 쉽고, 효율이 좋음

(2) 고상권의 분류
   ① 개로권 : 여러 개의 독립된 코일을 감는 방법
   ② 폐로권 : 하나의 코일이 하나의 폐회로를 형성

(3) 폐로권의 분류
   ① 단층권 : 1개의 홈에 1개의 코일을 넣는 방법
   ② 이층권 : 1개의 홈에 2개 이상의 코일을 넣는 방법

2 이층권의 특징

구분	중권	파권
구분	병렬권	직렬권
전압	저전압	고전압
전류	대전류	소전류
병렬회로 수(a) (m : 다중도)	$a = pm$	$a = 2m$
브러시 수(b)	$b = p$	$b = 2$
균압환	필요	불필요

※ 균압환 : 직류기의 전기자 권선이 중권인 경우, 각 전기자회로의 유기 기전력이 반드시 같게는 되지 않아 브러시를 통해서 불꽃이 발생되는데 이를 방지하기 위한 연결 도체

예제 03

극 수가 4극이고 전기자권선이 단중 중권인 직류발전기의 전기자전류가 40 [A]이면 전기자권선의 각 병렬회로에 흐르는 전류[A]는?

① 4　　　　② 6　　　　③ 8　　　　④ 10

해설 직류기의 권선법 특징

직류발전기가 중권이므로 병렬회로 수와 극 수는 같다.
$a = p = 4$
$I_a = \dfrac{I}{a} = \dfrac{40}{4} = 10[\text{A}]$

정답 ④

03 전기자 반작용

1 전기자 반작용의 영향

(1) 감자작용 : 주자속 감소

(2) 중성축 이동(편자작용)

　발전기는 회전 방향, 전동기는 회전 반대 방향으로 중성축 이동, 국부적 섬락 발생

(3) 정류자 편간 전압이 균일하지 않아 브러시에서 불꽃 발생

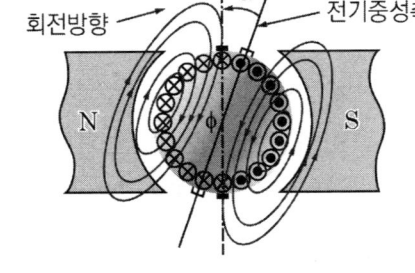

2 전기자 기자력

(1) 감자기자력 : $AT_d = \dfrac{I_a Z}{2ap} \dfrac{2\alpha}{\pi} \ [AT/\text{극}]$

(2) 교차기자력 : $AT_c = \dfrac{I_a Z}{2ap} \dfrac{\beta}{\pi} \ [AT/\text{극}]$ ($\beta = \pi - 2\alpha$, α, β은 전기각)

　　　　Z : 총 도체 수　I_a : 전기자 전류　a : 병렬회로 수　p : 극 수

3 전기자 반작용 대책

(1) 보상권선 설치 : 전기자와 직렬로 연결하여 전기자와 전류의 방향을 반대로 흘려주어 편자를 보상해준다. 보극보다 정류개선효과가 좋다.

(2) 보극 설치 : 계자극과 90° 위치에 설치하여 정류코일 내에 유기되는 리액턴스 전압과 반대 방향으로 정류전압을 유기시켜 전기자 반작용효과를 상쇄한다.
  ① 발전기 : 주자극의 회전 방향과 같은 극성의 보극 설치
  ② 전동기 : 주자극의 회전 방향과 다른 극성의 보극 설치

(3) 브러시 위치 이동 : 발전기는 회전 방향, 전동기는 회전 반대 방향

04 정류

1 정류작용

(1) 정류작용 : 교류를 직류로 변환하는 작용

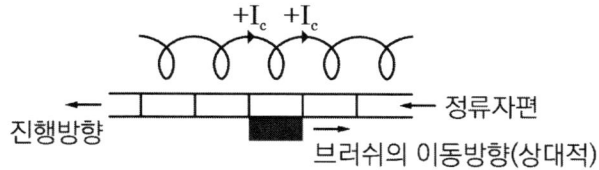

(2) 정류시간 : 브러시가 정류자 사이를 단락시키는 구간 동안만 정류 발생

$$T = \frac{b-\delta}{v} \text{[sec]}$$

b : 브러시 폭 δ : 절연물 폭
v : 회전 속도

2 리액턴스 전압과 정류전압

(1) 리액턴스 전압 : 전기자 권선의 인덕턴스에 의한 전압으로 정류 불량 및 불꽃 발생의 원인이 되며, 정류작용을 나쁘게 만듦

$$e_L = L\frac{di}{dt} = L\frac{I_c - (-I_c)}{dt} = L\frac{2I_c}{T} \text{ [V]}$$

I_c : 정류전류

(2) 정류전압 : 리액턴스 전압을 상쇄하기 위해 리액턴스 전압과 반대방향으로 유기시켜 정류를 양호하게 하는 전압

(3) 양호한 정류를 얻기 위한 대책

① 보극설치(전압정류)

② 접촉저항이 큰 탄소브러시를 사용(저항정류)

③ 정류주기를 길게 할 것

④ 인덕턴스를 작게 할 것

⑤ 리액턴스 전압을 작게 할 것

예제 04

불꽃 없는 정류를 하기 위해 평균 리액턴스 전압(A)과 브러시 접촉면 전압강하(B) 사이에 필요한 조건은?

① A > B   ② A < B   ③ A = B   ④ A, B에 관계없다.

해설 양호한 정류 대책

리액턴스 전압은 작게 하고 접촉저항이 큰 브러시를 사용

정답 ②

3 정류곡선

(1) 부족정류 : 정류 말기에 불꽃 발생

(2) 직선정류 : 이상적인 정류곡선

(3) 정현정류 : 일반적인 곡선(불꽃 발생하지 않음)

(4) 과정류 : 정류 초기에 불꽃 발생

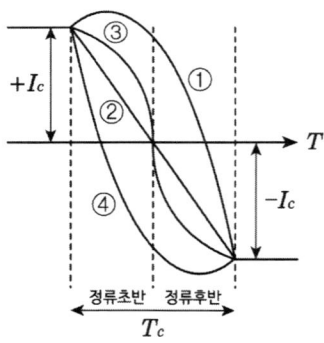

예제 05

직류 발전기의 정류 초기에 전류 변화가 크며 이때 발생되는 불꽃정류로 옳은 것은?

① 부족정류   ② 직선정류   ③ 정현파정류   ④ 과정류

해설 정류곡선

과정류곡선 : 정류 초기에 불꽃 발생

정답 ④

05 직류발전기의 종류와 특성

1 유기기전력

$$E = \frac{PZ\phi N}{60a} = K\phi N \,[\text{V}] \quad \left(K = \frac{PZ}{60a}\right)$$

P : 극수, Z : 도체수, ϕ : 자속, N : 회전수, a : 병렬회로수

$$E = V + I_a R_a = K\phi N \,[\text{V}] \quad \left(K = \frac{PZ}{60a}\right)$$

V : 단자전압, I_a : 전기자전류, R_a : 전기자저항

예제 06

1000 [kW], 500 [V]의 직류 발전기가 있다. 회전수 246 [rpm], 슬롯 수 192, 각 슬롯 내의 도체 수 6, 극 수는 12이다. 전부하에서의 자속 수 [Wb]는? (단, 전기자 저항은 0.006 [Ω]이고, 전기자 권선은 단중 중권이다)

① 0.502 ② 0.305 ③ 0.2065 ④ 0.1084

해설 직류발전기의 유기기전력

$$E = \frac{PZ\phi N}{60a} \,[\text{V}], \quad \phi = \frac{60Ea}{PZN}$$

$$= \frac{60 \times \left(500 + \frac{1000}{0.5} \times 0.006\right) \times 12}{12 \times (192 \times 6) \times 246} = 0.1084 \,[\text{Wb}]$$

정답 ④

---

2 타여자 발전기

(1) 타여자 발전기의 구조와 특성

① 구조 : 계자와 전기자가 분리
② 외부에서 계자전류를 공급받아 자속을 생성
③ 잔류자기가 없어도 발전 가능
④ 용도 : 직류전동기 속도제어용 전원, 속도계용 발전기

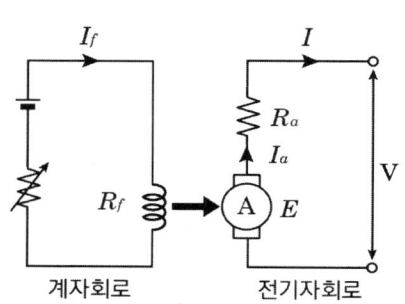
계자회로 / 전기자회로

(2) 유기기전력과 전류
　① 부하 상태

$$E = V_a + I_a R_a + e_a + e_b, \qquad I = I_a$$

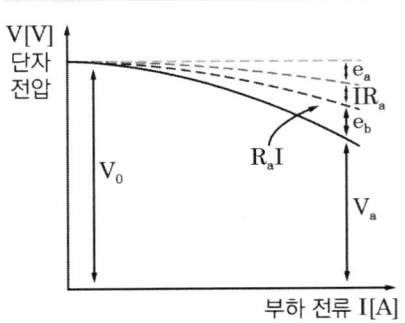

$I_a R_a$: 전기자 권선에 의한 전압강하

e_a : 전기자반작용에 의한 전압강하

e_b : 브러시에 의한 전압강하

V_a : 전압강하를 고려한 실제 단자전압

　② 무부하 상태

$$E = V, \qquad I = I_a = 0$$

(3) 무부하 특성곡선
　① 계자전류와 단자전압(유기기전력)과의 관계곡선
　② 포화율 : $\dfrac{\overline{ab}}{\overline{bc}}$
　③ 유기기전력은 계자전류에 비례하여 증가하다가 철심의 자기포화로 인해 더 이상 증가하지 않음

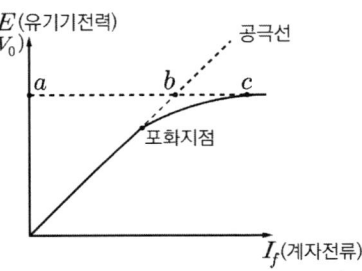

예제 07

다음은 계자전류와 단자전압과의 관계를 나타낸 무부하 특성곡선이다. 포화율은 얼마인가?

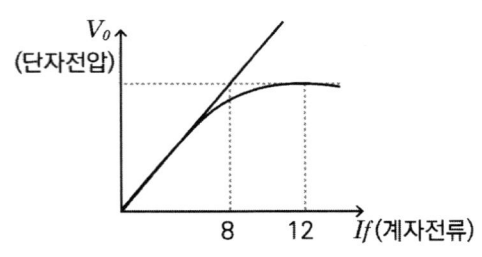

① 1/3　　② 1/2　　③ 3/2　　④ 2

해설 무부하 특성곡선

　포화율 = 8/(12 - 8) = 2

정답 ④

3 직권발전기

(1) 직권발전기의 구조와 특성

① 구조 : 계자회로와 전기자회로가 직렬접속
② 잔류자기가 없으면 발전 불가능
③ 운전 중 운전방향이 반대가 되면 잔류자기가 사라져 발전 불가
④ 무부하 상태에서는 계자전류가 흐르지 않으므로 전압 확립 불가
⑤ 용도 : 승압기

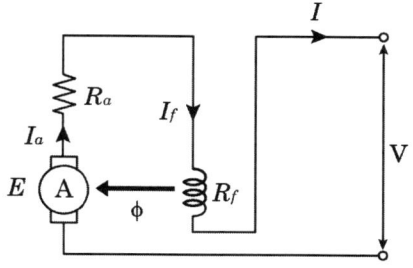

(2) 유기기전력과 전류

① 부하 상태

$$E = V + I_a(R_a + R_f), \quad I = I_a = I_f$$

② 무부하 상태

$$E = 0, \quad I = I_a = 0$$

4 분권발전기

(1) 분권발전기의 구조와 특성

① 구조 : 계자회로와 전기자회로가 병렬접속
② 잔류자기가 없으면 발전이 불가능
③ 무부하 시 운전금지
④ 정전압의 특성을 가짐
⑤ 운전 중 운전 방향이 반대가 되면 잔류자기가 사라져 발전 불가능
⑥ 용도 : 축전지 충전용, 동기기 직류여자장치

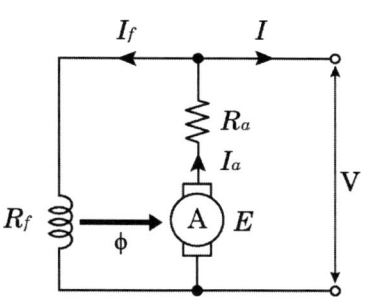

(2) 유기기전력과 전류

① 부하 상태

$$E = V + I_a R_a, \quad I_a = I_f + I = \frac{V}{R_f} + \frac{P}{V}$$

② 무부하 상태

$$E = V + I_f R_a, \quad I = 0, \ I_a = I_f = \frac{V}{R_f}$$

예제 08

단자전압 220 [V], 계자저항 50 [Ω], 부하전류 50 [A], 전기자저항 0.1 [Ω], 전기자 반작용에 의한 전압강하 2 [V]인 직류 분권발전기가 정격속도로 회전하고 있다. 이때 발전기의 유도기전력은 약 몇 [V]인가?

① 201.4   ② 212.4   ③ 227.4   ④ 235.4

해설 분권 발전기의 특성

$$E = V + I_a R_a + e_a$$
$$= V + (I + I_f) R_a + e_a$$
$$= 220 + \left(50 + \frac{220}{50}\right) \times 0.1 + 2$$
$$= 227.4 \,[V]$$

정답 ③

5 복권발전기

(1) 복권발전기의 구조와 구분

① 구조 : 하나의 전기자회로와 두 개의 계자회로가 직·병렬로 혼합

② 구분

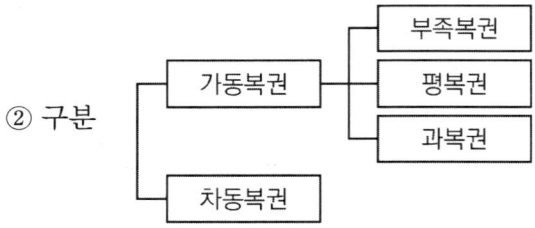

(2) 내분권과 외분권의 회로

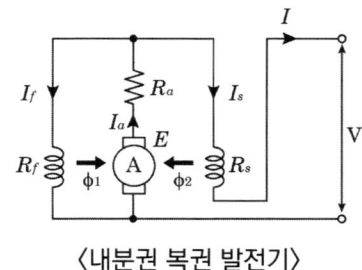
〈내분권 복권 발전기〉

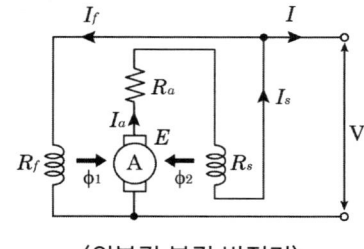
〈외분권 복권 발전기〉

(3) 가동 복권 발전기
　① 직권계자권선과 분권계자권선의 가동접속
　② 두 종류의 자속이 합해져 자속을 생성($\phi = \phi_1 + \phi_2$)
　③ 단자전압은 전기자전류로 인해 감소하는데 자속은 증가하므로 일정하게 유지

(4) 차동 복권 발전기
　① 직권계자권선과 분권계자권선의 차동접속
　② 직권계자의 자속이 분권계자의 자속을 감소($\phi = \phi_1 - \phi_2$)
　③ 부하 증가 시 단자전압이 크게 떨어지고 이후 전류가 부하에 상관없이 유지
　④ 수하 특성(정전류 특성) : 용접기에 사용

6 외부특성곡선

(1) 특성곡선의 종류

구분	횡축	종축
무부하 포화곡선	계자전류(I_f)	단자전압(V) = 유기기전력(E)
부하 특성곡선	계자전류(I_f)	단자전압(V)
외부 특성곡선	부하전류(I)	단자전압(V)
내부 특성곡선	부하전류(I)	유기기전력(E)

(2) 외부특성곡선
　회전수와 계자전류가 일정할 때 부하전류와 단자접압의 관계를 나타낸 곡선

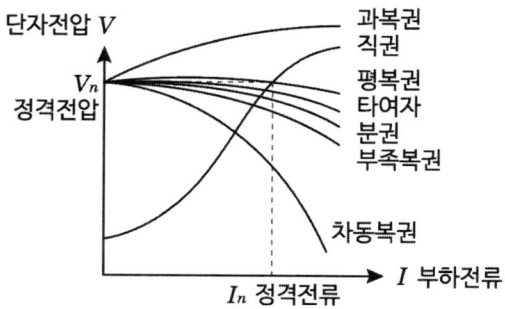

06 직류발전기의 병렬운전

1 부하분담의 원리

(1) 부하분담 : 발전기의 병렬운전 시 두 발전기의 출력비

(2) 직류발전기의 출력 : $P = EI_a$
   ① 출력이 크면 부하분담이 증가
   ② 계자전류가 커지면 자속이 증가하여 부하분담이 증가
   ③ 전기자저항이 감소하면 전기자 전류가 증가하여 부하분담이 증가

(3) 균압선 : 직류기에서 브러시의 손상을 막기 위해 권선의 등전위점을 연결한 낮은 저항의 도선
   ① 전압을 균등하게 만들기 위해 설치
   ② 직렬회로가 포함된 직권발전기와 복권발전기에 사용
   ③ 분권발전기는 병렬로 연결되어 있으므로 균압선이 불필요

예제 09

직류발전기의 병렬운전에서 균압선을 필요로 하지 않는 것은?
① 분권 발전기 ② 직권 발전기
③ 평복권 발전기 ④ 과복권 발전기

해설 균압선

직류발전기의 병렬운전 시 운전을 안정하게 유지하기 위해 직권계자가 존재하는 직권발전기와 복권발전기는 균압선을 설치해서 사용한다.

정답 ①

2 직류발전기의 병렬운전

(1) 병렬운전의 목적 : 1대의 발전기로 용량이 부족하거나 경부하에 대한 효율을 개선

(2) 병렬운전 조건
   ① 극성이 일치
   ② 기전력의 크기 일치
   ③ 외부 특성 곡선이 일치
   ④ 외부 특성 곡선이 어느 정도 수하특성일 것

07 직류전동기의 구조 및 원리

1 직류전동기의 구조

(1) 직류발전기의 구조와 동일

(2) 직류전동기의 구성요소
① 3대 요소 : 계자, 전기자, 정류자
② 4대 요소 : 계자, 전기자, 정류자, 브러쉬

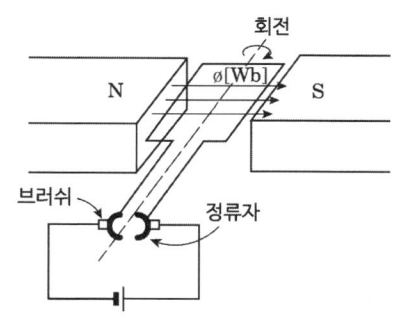

2 직류전동기의 원리

(1) 플레밍의 왼손법칙

자기장 중에 도체가 있고, 전류가 흐를 때 도선이 자기장에서 전자기력을 받는 법칙
① 엄지 : 도체가 받는 힘의 방향
② 검지 : 자기장의 방향
③ 중지 : 전류의 방향

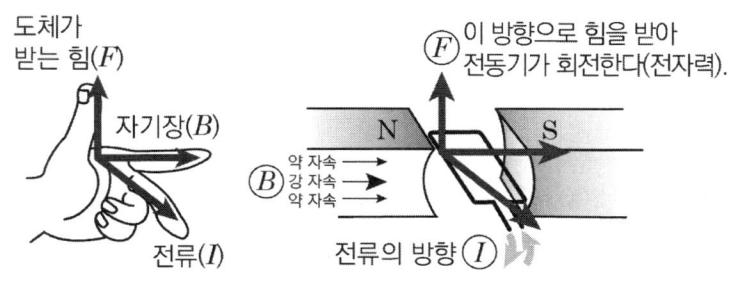

〈플레밍의 왼손법칙〉

(2) 직류전동기의 원리
① 직류 전력을 이용하여 기계적 동력을 발생하는 회전기계
② 자기장 중에 있는 코일에 정류자를 접속시키고, 직류 전압을 가하면 플레밍의 왼손법칙에 따라 코일이 엄지 방향으로 회전

3 역기전력

$$E_c = \frac{PZ\phi N}{60a} = V - I_a R_a = K\phi N \text{ [V]} \left(K = \frac{PZ}{60a} \right)$$

P : 극수, Z : 도체수, ϕ : 자속, N : 회전수, a : 병렬회로수
V : 단자전압, I_a : 전기자전류, R_a : 전기자저항

4 토크

(1) 토크공식유도

① $T = \dfrac{P}{\omega} = \dfrac{EI_a}{2\pi n} = \dfrac{\dfrac{PZ\phi N}{60a}I_a}{\dfrac{2\pi N}{60}} = \dfrac{PZ}{2\pi a}\phi I_a = K\phi I_a \, [\text{N}\cdot\text{m}]$

$$T = K\phi I_a \, [\text{N}\cdot\text{m}] \quad \left(K = \dfrac{PZ}{2\pi a}\right)$$

ϕ : 자속, I_a : 전기자전류, P : 극수, Z : 도체수, a : 병렬회로수

② $T = \dfrac{P}{\omega} = \dfrac{EI_a}{2\pi n} = \dfrac{P_o}{\dfrac{2\pi N}{60}} = \dfrac{60P_o}{2\pi N} = \dfrac{60}{2\pi} \times \dfrac{P_o}{N} = 9.55 \times \dfrac{P_o}{N} \, [\text{N}\cdot\text{m}]$

$$T = K\phi I_a = 9.55\dfrac{P_o}{N}[\text{N}\cdot\text{m}] = 0.975\dfrac{P_o}{N}\,[\text{kg}\cdot\text{m}]$$

P_o : 출력, N : 회전수

예제 10

어떤 직류전동기가 역기전력 200 [V], 매분 1200회전으로 토크 158.76 [N·m]를 발생하고 있을 때의 전기자 전류는 약 몇 [A]인가? (단, 기계손 및 철손은 무시한다)

① 90　　　② 95　　　③ 100　　　④ 105

해설 직류전동기의 토크 (T)

$$\text{토크}\,\tau = 9.55\dfrac{P_o}{N} = 9.55\dfrac{E_c I_a}{N}[\text{N}\cdot\text{m}]$$

$$\therefore I_a = \dfrac{\tau \cdot N}{9.55 E_c} = \dfrac{158.76 \times 1200}{9.55 \times 200} = 99.74\,[\text{A}]$$

정답 ③

(2) 토크특성곡선

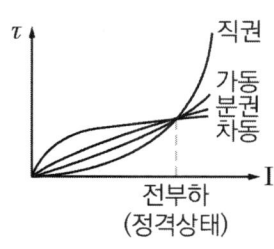

- 단자전압, 계자저항이 일정할 때
- 부하전류에 따른 토크의 관계를 나타낸 곡선

5 속도

(1) 속도공식유도

$$E = K\phi N \text{에서 } N = \frac{E}{K\phi} = \frac{V - I_a R_a}{K\phi} = k\frac{V - I_a R_a}{\phi} \, [\text{rpm}] \quad \left(k = \frac{1}{K} = \frac{60a}{PZ}\right)$$

$$N = k\frac{V - I_a R_a}{\phi} \, [\text{rpm}]$$

V : 단자전압, I_a : 전기자전류, R_a : 전기자저항

(2) 속도특성곡선

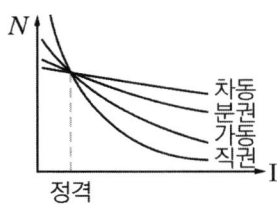

- 단자전압, 계자저항이 일정할 때
- 부하전류와 회전수의 관계를 나타낸 곡선

예제 11

그림은 여러 직류전동기의 속도 특성곡선을 나타낸 것이다.
1부터 4까지 차례로 옳은 것은?

① 차동복권, 분권, 가동복권, 직권
② 직권, 가동복권, 분권, 차동복권
③ 가동복권, 차동복권, 직권, 분권
④ 분권, 직권, 가동복권, 차동복권

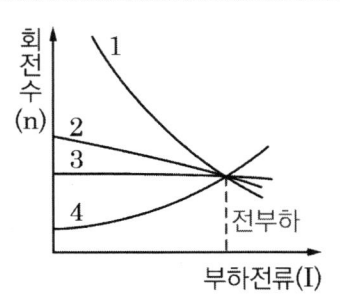

해설 속도 특성 곡선

직권전동기의 토크 τ는 $\propto I_a^2 \propto \frac{1}{N^2}$ 이므로 속도변동이 제일 심하다.

정답 ②

08 직류전동기의 종류와 특성

1 타여자전동기

(1) 타여자전동기의 특징

① 구조 : 타여자발전기와 동일한 구조

② 용도 : 압연기, 엘리베이터

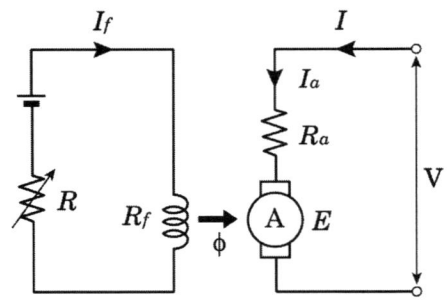

(2) 역기전력과 전류

$$E_c = V - I_a R_a [\text{V}], \quad I_a = I$$

(3) 속도

$$N = k \frac{V - I_a R_a}{\phi} [\text{rpm}] \quad \left(k = \frac{1}{K} = \frac{60a}{PZ}\right)$$

V : 단자전압, I_a : 전기자전류, R_a : 전기자저항

① 정속도의 특성을 가진다.

② 공급전원 방향을 반대로 하면 → 역회전한다.

(4) 토크

$$T = K\phi I_a [\text{N·m}] \quad \left(K = \frac{PZ}{2\pi a}\right)$$

① 타여자이므로 부하 변동에 의한 자속의 변화가 없다.

② 토크는 부하전류에 비례 ($T \propto I_a$)

2 직권전동기

(1) 직권전동기의 특징
  ① 구조 : 직권발전기와 동일
  ② 용도 : 전기철도, 기중기

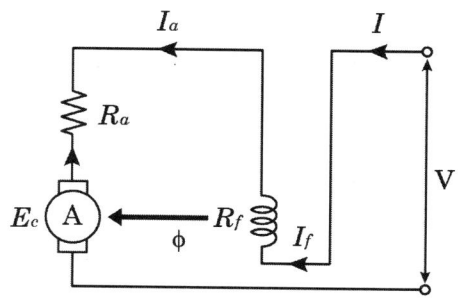

(2) 전기자전류

$$I_a = I = I_f$$

(3) 역기전력

$$E = V - I_a(R_a + R_f)[\text{V}]$$

(4) 속도

$$N = k\frac{V - I_a(R_a + R_f)}{\phi}\,[\text{rpm}] \quad \left(k = \frac{1}{K} = \frac{60a}{PZ}\right)$$

① 속도 조정이 쉽다.
② 전기자전류나 계자 전류의 극성을 반대로 하면 역회전을 한다.
③ 극성을 바꾸어도 회전 방향의 변화는 없다.
④ 무부하($I_a = 0$)일 때 회전 속도가 급격히 상승
  • 방지책 : 벨트의 벗겨짐을 방지하기 위해 기어나 체인으로 운전

(5) 토크

$$T = K\phi I_a \propto I_a^2\,[\text{N}\cdot\text{m}] \quad \left(K = \frac{PZ}{2\pi a}\right) (\because \text{직권에서는 } \phi \propto I_a)$$

① 기동토크가 크다.
② 토크는 전류의 제곱에 비례 ($T \propto I_a^2$)한다.
③ 토크에 따라 회전수가 변하므로 출력이 일정한 정출력 특성이 있다.

예제 12

정격전압에서 전부하로 운전하는 직류직권전동기의 부하전류가 50 [A]이다. 부하토크가 반으로 감소하면 부하전류는 약 몇 [A]인가? (단, 자기포화는 무시한다)

① 25　　　　② 35　　　　③ 45　　　　④ 50

해설 직권전동기의 토크

$$\tau \propto I^2 \Rightarrow \frac{1}{2}\tau \propto \frac{1}{2}I^2 \Rightarrow \frac{1}{2}I^2 = \left(\sqrt{\frac{1}{2}}\,I\right)^2$$

따라서 전류는 $\sqrt{\frac{1}{2}}$ 배가 되므로　$I' = \sqrt{\frac{1}{2}} \times 50 = 35\,[\text{A}]$

정답 ②

3 분권전동기

(1) 분권전동기의 특징
  ① 구조 : 분권발전기와 동일
  ② 용도 : 공작기계, 압연기

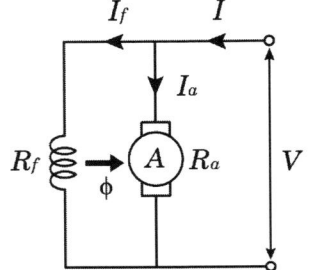

(2) 전기자전류

$$I_a = I - I_f = \frac{P}{V} - \frac{V}{R_f}\,[\text{A}]$$

(3) 역기전력

$$E = \frac{PZ\phi N}{60a} = K\phi N = V - I_a R_a\,[\text{V}]$$

(4) 속도

$$N = k\,\frac{V - I_a R_a}{\phi}$$

① 극성을 바꾸어도 회전 방향에는 변화가 없다.
② 무여자($\phi = 0$)일 때 속도가 급상승한다.
  • 방지책 : 계자회로에 Fuse나 개폐기 삽입 금지, 속도감지기와 과전류계전기 설치

예제 13

단자전압이 600 [V], 전기자저항 0.2 [Ω], 계자저항이 50 [Ω], 출력이 100 [HP]인 직류 분권전동기의 역기전력은?

① 622.4 [V]　　② 586.4 [V]　　③ 613.6 [V]　　④ 577.5 [V]

해설 분권전동기

역기전력 $E_c = V - I_a R_a$ 이므로

$I = \dfrac{P}{V} = \dfrac{74600}{600} = 124.33 \, [\text{A}]$

$I_f = \dfrac{V}{R_f} = \dfrac{600}{50} = 12 \, [\text{A}]$

$I_a = I - I_f = 124.33 - 12 = 112.33 \, [\text{A}]$

∴ $E_c = V - I_a R_a = 600 - 112.33 \times 0.2 = 577.53 \, [\text{V}]$

정답 ④

(5) 토크

$$T = K\phi I_a \, [\text{N} \cdot \text{m}] \quad \left(K = \dfrac{PZ}{2\pi a}\right)$$

① 토크는 전류에 비례 ($T \propto I_a$)
② 토크와 회전수가 큰 관계가 없으므로 정속도 운전을 한다.

예제 14

전체 도체 수는 100, 단중 중권이며 자극 수는 4, 자속 수는 극당 0.628 [Wb]인 직류 분권 전동기가 있다. 이 전동기의 부하 시 전기자에 5 [A]가 흐르고 있었다면 이때의 토크 [N·m]는?

① 12.5　　② 25　　③ 50　　④ 100

해설 직류전동기의 토크

$T = \dfrac{PZ}{2\pi a}\phi I_a = \dfrac{4 \times 100}{2\pi \times 4} \times 0.628 \times 5 = 50 \, [\text{N} \cdot \text{m}]$

정답 ③

직류전동기의 운전

1 직류전동기의 기동

(1) 직접기동법
   ① 직접 스위칭하는 방법
   ② 스위치만 넣어 단순히 직류 전원을 공급하는 방법
   ③ 기동 시 가장 큰 전류가 흐름

(2) 저항기동법
   ① 직류전원과 모터 사이에 가변 저항을 설치
   ② 초기에 저항 값을 크게 하고 속도가 빨라지면 서서히 저항을 줄여나가는 방법
   ③ 용도에 적합한 기동전류와 기동토크 특성을 얻을 수 있도록 부드럽게 전압을 제어

(3) 가변전원기동법
   ① 직류 전원의 전압을 0으로 시작
   ② 회전 속도의 상승에 따라 전압을 서서히 상승시켜 정격 전압에 접근하는 방법

2 직류전동기의 속도제어

(1) 계자제어
   ① 정출력제어
   ② 계자권선에 저항을 직렬 또는 병렬로 삽입하여 계자전류를 변화시킴
   ③ 속도를 어느 정도 이상 낮출 수는 없음
   ④ 효율은 양호하나 정류가 불량

(2) 전압제어
   ① 정토크제어
   ② 직류전압을 조정하여 광범위한 속도제어
   ③ 미세한 조정이 가능하고, 제어효율이 우수
   ④ 전압제어의 종류
      • 워드레오나드 방식 : 광범위한 속도 조정이 가능하고, 효율이 양호하다.
      • 일그너 방식 : 부하 변동이 심할 경우 사용하며, 플라이휠 효과를 이용하는 방식
      • 직·병렬 제어법 : 속도가 빠를 때는 병렬로 연결, 속도를 줄일 때는 직렬로 연결
      • 쵸퍼제어법 : 반도체 사이리스터(SCR)를 이용하여 직류전압을 직접 제어
   ⑤ 용도 : 제철용 압연기, 엘리베이터

(3) 저항제어
① 전기자 권선에 직렬로 저항을 삽입하여 속도를 제어
② 전력손실이 생기고, 분권 및 타여자는 특성이 나빠지며 속도제어의 범위도 좁음
③ 속도 변동의 범위가 좁기 때문에 잘 사용하지 않음
④ 구조가 간단하고, 제어 조작이 용이하며, 수리 및 보수 유지가 간편

3 직류전동기의 제동

(1) 발전제동
① 제동 시 전원을 개방하여 발전기로 이용 가능
② 발전된 전력을 제동용 저항에서 열로 소비

(2) 회생제동
① 제동 시 전원을 개방하지 않음
② 전동기를 발전기로 이용, 발전된 전력을 전원으로 회생하는 방식

(3) 역상제동(플러깅제동)
① 급제동 시 사용하는 방법
② 계자 또는 전기자전류의 방향을 역전시켜 반대 방향의 토크를 발생시켜 제동

4 역회전 방법

(1) 타여자 : 공급 전원의 방향을 반대로
(2) 자여자 : 계자권선이나 전기자권선 중 한 쪽의 접속을 반대로

⑩ 직류기의 손실과 효율

1 손실

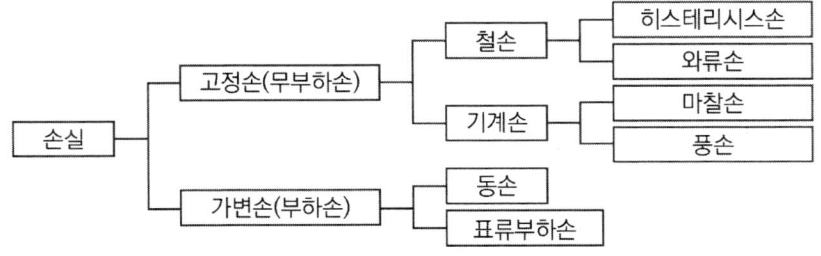

(1) 고정손(무부하손)

　① 철손(P_i) : 히스테리시스손(80 [%]) + 와류손(20 [%])

　　• 히스테리시스손

　　　철심이 자화되는 과정에서 발생하는 열로 인한 손실

$$P_h = K_h f B_m^2 \ [\text{W/m}^3]$$

K_h : 재질계수
f : 주파수
B_m : 최대자속밀도

　　• 와류손

　　　자속이 철심을 통과할 때 철심에 맴돌이전류가 생성되면서 발생하는 열 손실

$$P_e = K_e (K_f t f B_m)^2 \ [\text{W/m}^3]$$

K_e : 재질계수
K_f : 전원전압의 파형률
t : 철판두께

　② 기계손(P_m)

　　• 회전 시에 생기는 손실
　　• 종류 : 풍손, 베어링 마찰손, 브러쉬 마찰손

(2) 가변손(부하손)

　① 동손(P_c)

　　• 전기자동손 $P_a = I_a^2 R_a$
　　• 계자동손 $P_f = I_f^2 R_f$

　② 표유부하손 (P_s) : 철손, 기계손, 동손 이외의 손실

예제 15

와류손이 200 [W]인 3300/210 [V], 60 [Hz]용 단상 변압기를 50 [Hz], 3000 [V]의 전원에 사용하면 이 변압기의 와류손은 약 몇 [W]로 되는가?

① 85.4　　② 124.2　　③ 165.3　　④ 248.5

해설 와류손

• $P_e \propto (f B_m t)^2$, $P_e \propto E^2$

$$P_e' = \left(\frac{E'}{E}\right)^2 \times P_e = \left(\frac{3000}{3300}\right)^2 \times 200 = 165.3 \, [\text{W}]$$

정답 ③

2 효율

(1) 실측효율 : 기계의 입력과 출력의 백분율 비

$$\eta = \frac{출력}{입력} \times 100 [\%]$$

(2) 규약효율 : 규정된 방법에 의하여 손실을 측정 및 산출하여 입·출력을 구해 효율을 계산
  ① 발전기, 변압기 효율

$$\eta_G = \frac{출력}{출력 + 손실} \times 100 [\%]$$

  ② 전동기 효율

$$\eta_M = \frac{입력 - 손실}{입력} \times 100 [\%]$$

예제 16

출력이 20 [kW]인 직류 발전기의 효율이 80 [%]이면 전 손실은 약 몇 [kW]인가?

① 0.8 ② 1.25 ③ 5 ④ 45

해설 와류손

- $\eta = \dfrac{출력}{출력 + 손실}$
- 손실 = $\dfrac{20}{0.8} - 20 = 5$ [kW]

정답 ③

---

3 변동률

(1) 속도변동률 : 정격속도에 대한 무부하 시 속도가 변하는 비율

$$\epsilon = \frac{무부하속도 - 정격속도}{정격속도} \times 100 = \frac{N_o - N_n}{N_n} \times 100 [\%]$$

(2) 전압변동률 : 정격전압에 대한 무부하 시 전압이 변하는 비율
  ① 수식

$$\varepsilon = \frac{무부하\ 전압 - 정격전압}{정격전압} \times 100 [\%] = \frac{V_0 - V_n}{V_n} \times 100 [\%]$$

② 발전기에 따른 전압 변동률

구분	$V_0(V)$ $V(V)$	전압 변동률	용도
과복권	$V_0 < V$	$\varepsilon(-)$	전압강하 보상용
직권 발전기	$V_0 < V$	$\varepsilon(-)$	직류 승압용
복권(평복권)	$V_0 = V$	$\varepsilon(0)$	직류전원 및 여자기
타여자	$V_0 > V$	$\varepsilon(+)$	내압 시험 전원
분권 발전기	$V_0 > V$	$\varepsilon(+)$	축전지 충전용
차동복권	$V_0 > V$	$\varepsilon(+)$	아크 용접기

예제 17

정격 전압 6600 [V]인 3상 동기발전기가 정격 출력(역률 = 1)으로 운전할 때 전압변동률이 12 [%]이었다. 여자전류와 회전수를 조정하지 않은 상태로 무부하 운전하는 경우 단자전압 [V]은?

① 6433 ② 6943 ③ 7392 ④ 7842

해설 전압변동률

- 전압변동률 $= \dfrac{V_o - V_n}{V_n}$
- $V_o = V_n + \varepsilon V_n = 6600 + 0.12 \times 6600 = 7392\,[\text{V}]$

정답 ③

4 온도상승시험

(1) 실부하법
  ① 부하를 연결하여 실제 운전 후 온도 상승을 시험하는 방법으로 정확도가 높다.
  ② 부하로 쓰이는 것 : 전기동력계, 프로니 브레이크, 손실을 알고 있는 직류발전기

(2) 반환 부하법
  ① 동일 정격 2대의 기기를 전기적·기계적으로 접속하고 운전하여 손실에 상당하는 전력을 공급하는 방식
  ② 가장 많이 쓰이는 온도상승시험법
  ③ 종류 : 홉킨스법, 카프법, 블론델법

CHAPTER 01 | 개념 체크 OX

1 계자는 기전력을 유도한다. O X
2 발전기에 적용되는 원리는 플레밍의 오른손법칙이다. O X
3 직류기에서 주로 사용되는 권선법은 환상권, 폐로권, 2층권이다. O X
4 중권의 병렬회로 수는 2개이다. O X
5 부족정류는 정류 초기에 불꽃이 발생한다. O X
6 타여자 발전기는 잔류자기가 없으면 발전이 불가능하다. O X
7 무부하 특성곡선은 계자전류와 유기기전력과의 관계를 나타낸다. O X
8 속도변화가 가장 큰 전동기는 직권전동기이다. O X
9 타여자 전동기는 압연기나 엘리베이터에 주로 사용된다. O X
10 직권전동기는 정속도 특성을 가진다. O X
11 직류전동기의 속도제어법에는 계자제어, 저항제어, 전압제어가 있다. O X
12 급제동 시 사용되는 제동법은 회생제동이다. O X
13 히스테리시스손은 주파수에 비례한다. O X

정답 01 (X) 02 (O) 03 (X) 04 (X) 05 (X) 06 (X) 07 (O) 08 (O) 09 (O) 10 (X) 11 (O) 12 (X) 13 (O)

1 기전력을 유도하는 것은 <u>전기자</u>이다.
3 <u>고상권</u>, 폐로권, 2층권이다.
4 중권의 병렬회로 수는 <u>극 수와 같다</u>.
5 부족정류는 정류 말기에 불꽃이 발생하며 <u>과정류</u>가 정류 초기에 불꽃이 발생한다.
6 <u>가능</u>하다.
10 정속도 특성을 가지는 전동기는 <u>타여자전동기</u>와 <u>분권전동기</u>이다.
12 <u>역상(플러깅)제동</u>이다.

CHAPTER 02 동기기

01 동기발전기의 구조 및 원리

1 동기발전기의 구조

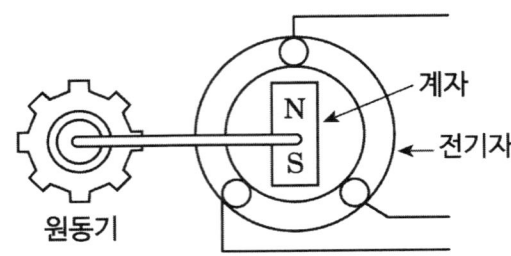

(1) 전기자(고정자) : 주 자속을 끊어 기전력을 발생
   ① 전기자 슬롯 : 스큐(Skew) 슬롯
   ② 전기자 권선법 : 단절권, 분포권
   ③ 전기자 권선을 Y(성형)결선하는 이유
      • 중성점을 접지로 인한 보호계전기의 간편한 동작이 가능
      • **이상전압에 대한 방지대책이 용이**
      • 권선의 불평형 및 제3고조파에 의한 순환전류가 흐르지 않음
      • Δ결선에 비해 상전압이 $\dfrac{1}{\sqrt{3}}$ 배이므로 권선의 절연이 용이
      • 코로나 발생 억제

(2) 계자(회전자)
   ① 3상 전원이 공급되면 회전자계가 발생하여 주자속을 생성
   ② 동기속도를 유지하면서 회전
   ③ 회전자의 극 수는 고정자의 극 수와 동일

(3) 여자기 : 계자에 여자전류를 공급하는 직류전원 공급 장치

2 동기발전기의 원리

(1) 플레밍의 오른손법칙
　① 자기장 속에서 도선이 움직일 때 유기되는 유기기전력을 방향을 결정
　　• 엄지 : 도체의 회전 방향
　　• 검지 : 자속의 방향
　　• 중지 : 유기기전력의 방향

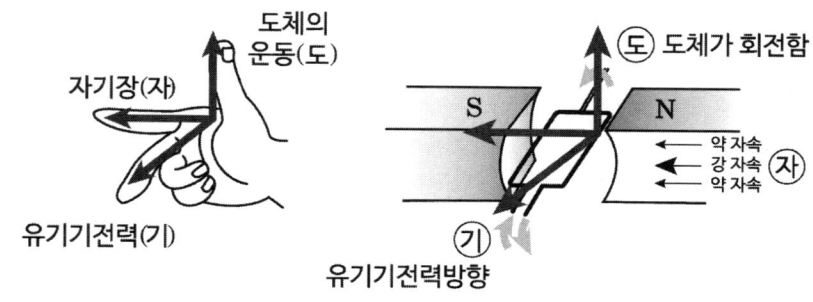

〈 플레밍의 오른손법칙 〉

　② N극과 S극 사이의 자기장 내에서 도체가 자속을 끊으면 교류기전력이 유도
　③ 계자를 회전시키는 회전계자형 교류발전기

(2) 유도기전력

$$E = 4.44 f N \phi_m K_w \, [\text{V}]$$

f : 파수, N : 권수, ϕ_m : 최대자속, K_w : 권선계수

(3) 동기속도

$$N_s = \frac{120f}{P} \, [\text{rpm}]$$

f : 주파수, P : 극수

02 동기발전기의 분류

1 회전자에 의한 분류

(1) 회전 계자형

① 전기자보다 계자극을 회전자로 하는 것이 기계적으로 튼튼함

② 계자는 소요전력이 작고, 절연이 용이

③ 구조가 간단하지만 전기자 결선은 복잡함

④ 고전압, 대전류용에 사용

(2) 회전 전기자형

① 계자를 고정하고 전기자가 회전하는 형태

② 저전압, 소용량에 사용

(3) 유도자형 동기발전기

① 계자와 전기자가 고정되고 중앙에 유도자라는 회전자를 설치

② 1000 ~ 20000 [Hz]의 고주파를 발생하는 데 사용

③ 고주파 발전기로 사용

2 원동기에 의한 분류

(1) 수차발전기

① 수차에 의해 회전하는 수력발전기에서 사용

② 돌극형(우산형)을 많이 사용

③ 저속도, 대용량 발전기

(2) 터빈발전기

① 증기터빈, 가스터빈에 의해 회전하는 화력발전소에서 사용

② 비돌극형(원통형)을 많이 사용

③ 고속도, 저용량 발전기

(3) 엔진발전기 : 내연기관에 의해 운전하는 발전기

3 회전자 형태에 의한 분류

(1) 돌극형(철극형)과 비돌극형(원통형)의 특징 비교

철기계(돌극형)	동기계(원통형, 비돌극형)
• 단락비가 크다.(안정도가 높다)	• 단락비가 작다.
• 동기임피던스가 작다.	• 동기임피던스가 크다.
• 전기자 반작용이 작다.	• 전기자 반작용이 크다.
• 전압 변동률이 낮다.	• 전압 변동률이 높다.
• 중량이 크고 과부하 내량이 증가(가격 상승)	• 중량이 가볍고 저가
• 공극이 불균일하다.	• 공극이 균일하다.
• 직축리액턴스가 횡축리액턴스보다 크다.	• 직축리액턴스와 횡축리액턴스가 같다.

(2) 출력

① 돌극형

$$P = \frac{EV}{x_s}\sin\delta + \frac{V^2(x_d - x_q)}{2x_d x_q} \text{ [W]}$$

E : 유도기전력 V : 단자전압
x_s : 동기리액턴스 x_d : 직축 리액턴스 x_q : 횡축 리액턴스 δ : 부하각

② 비돌극형 (3상은 $3P$)

$$P = \frac{EV}{x_s}\sin\delta \text{ [W]}$$

예제 01

정격출력 10000 [kVA], 정격전압 6600 [V], 정격역률 0.8인 3상 비돌극 동기발전기가 있다. 여자를 정격상태로 유지할 때 이 발전기의 최대 출력은 약 몇 [kW]인가? (단, 1상의 동기 리액턴스를 0.9 [p.u]라 하고 저항은 무시한다)

① 17089   ② 18889   ③ 21259   ④ 23619

해설 비돌극형 동기발전기의 출력

$$\therefore P_{\max} = \frac{EV}{x_s}P_n = \frac{\sqrt{\cos^2\theta + (\sin\theta + x_s)^2}}{x_s} \times 10000$$

$$= \frac{\sqrt{0.8^2 + (0.6 + 0.9)^2}}{0.9} \times 10000 = 18889 \text{ [kVA]}$$

정답 ②

03 전기자 권선법

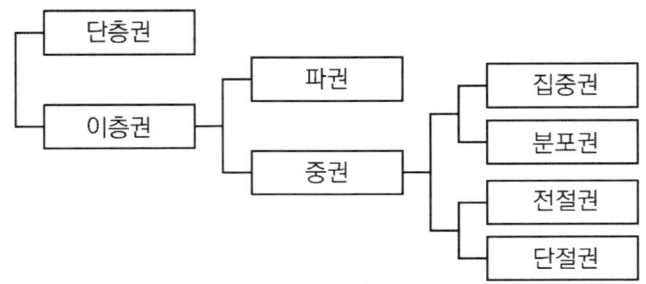

1 집중권과 분포권

(1) 집중권
  ① 1극 1상당 코일이 차지하는 슬롯 수가 1개인 권선법
  ② 고조파로 인해 파형이 고르지 못해서 쓰지 않는다.

(2) 분포권
  ① 1극 1상당 코일이 차지하는 슬롯 수가 2개 이상인 권선법
  ② 권선의 누설 리액턴스가 감소한다.
  ③ 권선의 과열을 방지한다.
  ④ 고조파를 감소시켜 파형을 개선한다.
  ⑤ 집중권에 비해 유기기전력이 감소한다.

2 전절권과 단절권

(1) 전절권
  ① 코일 간격과 극 간격이 같다.
  ② 고조파로 인해 파형이 고르지 못해서 쓰지 않는다.

(2) 단절권
  ① 코일 간격이 극 간격보다 작다.
  ② 고조파를 제거하여 기전력의 파형을 개선한다.
  ③ 구리(동)량이 적게 든다.
  ④ 전절권에 비해 유기기전력이 감소한다.

3 권선계수 ($K_w = K_d K_p$)

(1) 분포권 계수

$$K_d = \frac{\text{분포권의 합성기전력}}{\text{집중권의 합성기전력}} = \frac{\sin\dfrac{n\pi}{2m}}{q\sin\dfrac{n\pi}{2mq}}$$

q : 매 극 매 상당 슬롯 수
m : 상수
n : 고조파

(2) 단절권 계수

$$K_p = \frac{\text{단절권의 합성기전력}}{\text{전절권의 합성기전력}} = \sin\dfrac{n\beta\pi}{2}$$

$\beta = \dfrac{\text{코일간격}}{\text{극 간격}} = \dfrac{\text{코일간격}}{\text{전 슬롯수/극수}}$

예제 02

동기기의 전기자 권선이 매 극 매 상당 슬롯 수가 3, 상수가 3인 권선의 분포계수는 얼마인가? (단, sin7.5° = 0.1305, sin15° = 0.2588, sin22.5° = 0.3827, sin30° = 0.5)

① 0.487 ② 0.844 ③ 0.866 ④ 0.958

해설 분포권 계수

- $m = 3$, $q = 3$이면 $K_d = \dfrac{\sin\dfrac{\pi}{6}}{3 \times \sin\dfrac{\pi}{2 \times 3 \times 3}} = \dfrac{\dfrac{1}{2}}{3\sin\dfrac{\pi}{18}} = \dfrac{1}{6\sin\dfrac{\pi}{18}}$

정답 ④

예제 03

3상 동기발전기에서 권선 피치와 자극 피치의 비를 13/15의 단절권으로 하였을 때 단절권 계수는?

① $\sin\dfrac{13}{15}\pi$ ② $\sin\dfrac{13}{30}\pi$ ③ $\sin\dfrac{16}{13}\pi$ ④ $\sin\dfrac{15}{26}\pi$

해설 단절권 계수

- 단절권 계수 $= \sin\dfrac{n\beta\pi}{2}$, • $\beta = \dfrac{\text{코일 간격}}{\text{극 간격}} = \dfrac{13}{15}$

∴ $\sin\dfrac{n\beta\pi}{2} = \sin\dfrac{13}{30}\pi$ (n은 고조파 값이므로 여기서 $n = 1$)

정답 ②

04 동기발전기의 특성

1 전기자반작용

전기자전류에 의한 자속이 주자속에 영향을 미치는 현상

(1) 횡축반작용(교차자화작용)

① 적용성분 : $I\cos\theta$
② 부하 : 저항 R만의 부하($\cos\theta=1$)
③ 위상 : 전압과 전류가 동상
④ 전기자전류에 의한 기자력과 주자속이 서로 직각

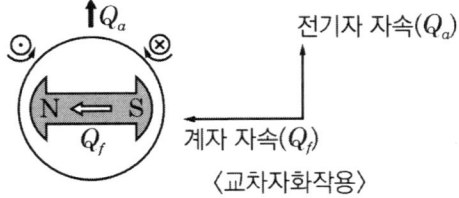

〈교차자화작용〉

(2) 직축반작용 : 감자작용

① 적용성분 : $I\sin\theta$
② 부하 : 코일(L)만의 부하($\cos\theta=0$)
③ 위상 : 전류가 기전력보다 90° 뒤진 지상
④ 전기자 자속이 주자속과 반대 방향으로 유도기전력이 작아지는 현상

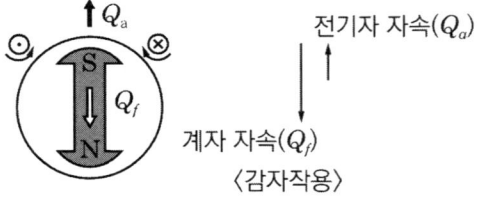

〈감자작용〉

(3) 직축반작용 : 증자작용

① 적용성분 : $I\sin\theta$
② 부하 : 콘덴서(C)만의 부하($\cos\theta=0$)
③ 위상 : 전류가 기전력보다 90° 앞선 진상
④ 전기자 자속이 주자속과 같은 방향으로 유도기전력이 커지는 현상

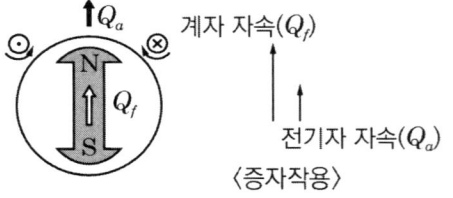

〈증자작용〉

2 동기임피던스

(1) %동기임피던스

① 정격 상전압에 대한 임피던스 강하의 비
② 공식

$$\%Z_s = \frac{I_n Z_s}{E} \times 100$$

③ 발전공식 유도

$$\%Z_s = \frac{I_n Z_s}{E} \times 100 = \frac{I_n Z_s}{\frac{V}{\sqrt{3}}} \times 100 = \frac{\sqrt{3} I_n Z_s}{V} \times 100 = \frac{\sqrt{3} V I_n Z_s}{V^2} \times 100$$

단위가 [kV]로 주어지므로 $\Rightarrow = \frac{\sqrt{3}(V \times 10^3) I_n Z_s}{(V \times 10^3)^2} \times 100 = \boxed{\frac{P \cdot Z_s}{10 V^2}}$

(2) %동기리액턴스

① 정격상전압에 대한 리액턴스 강하의 비

② 공식 : $\%X_s = \dfrac{I_n X_s}{E} \times 100$

(3) %저항

① 정격상전압에 대한 저항 강하의 비

② 공식 : $\%R = \dfrac{I_n R}{E} \times 100$

3 단락현상

(1) 무부하 포화곡선과 단락곡선

① 무부하 포화곡선 : 발전기를 무부하 상태에서 정격속도 회전 시 계자전류와 단자 전압의 관계를 나타낸 곡선

② 단락곡선 : 발전기를 3상 단락시키고 정격속도로 회전 시 발전기에 정격전류가 흐를 때까지의 계자전류와 단락전류와의 관계로 전기자반작용에 의해서 직선이 된다.

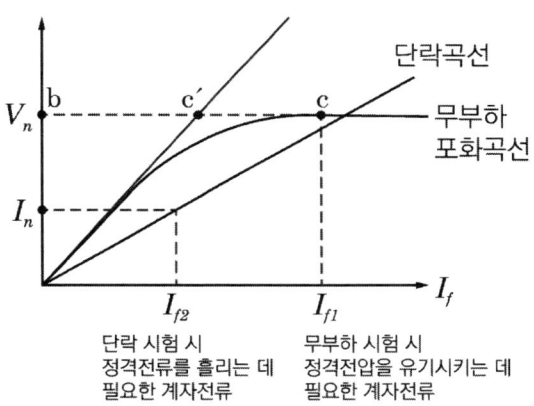

단락 시험 시 정격전류를 흘리는 데 필요한 계자전류

무부하 시험 시 정격전압을 유기시키는 데 필요한 계자전류

(2) 단락전류

① 단락전류 $I_s = \dfrac{E}{Z_s} = \dfrac{E}{X_s}$

※ 동기발전기의 전기자저항의 크기는 매우 작기 때문에 무시한다.

② 정격전류 $I_n = \dfrac{E}{Z_s + Z_L}$

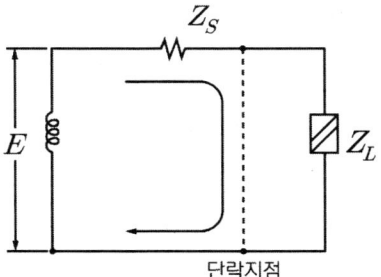

예제 04

3상 동기발전기의 여자전류 10 [A]에 대한 단자전압이 1000√3 [V], 3상 단락전류가 50 [A]인 경우 동기임피던스는 몇 [Ω]인가?

① 5   ② 11   ③ 20   ④ 34

해설 동기임피던스

동기발전기의 전기자저항의 크기는 매우 작기 때문에 무시한다.

$$Z_s = \frac{E}{I_s} = \frac{\frac{1000\sqrt{3}}{\sqrt{3}}}{50} = 20\,[\Omega]$$

정답 ③

(3) 단락전류의 특징
① 임피던스가 최소인 상태에서 흐르는 전류
② 처음에는 크나 점차 감소
③ 단락 전·후 전원전압(E)은 불변
④ 단락전류의 제한
- 돌발 단락전류 : 누설 리액턴스가 제한
- 영구(지속) 단락전류 : 동기 리액턴스가 제한

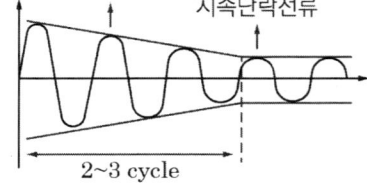

(4) 단락비

$$K_s = \frac{I_s}{I_n} = \frac{100}{\%Z}$$

① 발전기의 단락비
- 수차발전기 : 0.9 ~ 1.2
- 터빈발전기 : 0.6 ~ 1.0

② 단락비가 클 때의 특징
- 철손이 크며 효율이 낮다.
- 전압변동률, 전압강하, 전기자반작용이 작다.
- 안정도가 높다.
- 선로 충전용량이 커진다.
- 동기임피던스가 작다.
- 중량과 공극이 크다.

- 과부하 내량이 증가한다(가격 상승).
- 계자철심이 크고, 주 자속이 크다.

예제 05

임피던스전압 강하 5 [%]의 변압기가 운전 중 단락되었을 때 단락전류는 정격전류의 몇 배가 흐르는가?

① 15   ② 20   ③ 25   ④ 30

해설 단락비

$$K = \frac{I_s}{I_n} = \frac{100}{\%Z} \qquad I_s = \frac{100}{\%Z} I_n$$

$$\therefore I_s = \frac{100}{5} \times I_n = 20 I_n$$

정답 ②

4 자기여자

(1) 자기여자 현상 : 동기발전기에 용량성 부하를 접속시키면 진상전류가 흘러 증자작용으로 인해 주자속이 증가하여 발전기에 여자를 가하지 않아도 전기자 권선에 기전력이 유도되는 현상

(2) 자기여자 방지법
① 발전기 2대 또는 3대를 병렬로 모선에 접속
② 수전단에 동기 조상기를 접속 후 부족여자로 하여 지상전류를 취해 충전전류를 감소
③ 송전 선로의 수전단에 변압기를 접속
④ 수전단에 리액턴스를 병렬로 접속
⑤ 단락비가 큰 기기를 사용

5 안정도

(1) 안정도의 종류
① 정태안정도 : 서서히 증가를 하는 부하에 대하여 계속적으로 운전할 수 있는 능력
② 동태안정도 : 자동전압조정기, 조속기 등 제어계를 고려할 경우의 안정도
③ 과도안정도 : 계통에 고장사고와 같은 급격한 외란이 발생하였을 때 계속적으로 운전할 수 있는 능력

(2) 안정도 향상 대책
　① 단락비를 크게할 것
　② 정상 임피던스를 작게한다
　③ 영상 및 역상 임피던스를 크게 할 것
　④ 속응여자방식을 채용할 것
　⑤ 관성모멘트를 크게 할 것(플라이휠 효과를 크게 할 것)
　⑥ 동기 임피던스를 작게 할 것
　⑦ 조속기 동작을 신속하게 할 것

05 동기발전기의 병렬운전

1 동기발전기의 병렬운전 조건

(1) 기전력의 파형이 같을 것
　① 파형이 다르면 고조파 무효순환 전류가 발생
　② 고조파 순환전류는 동손을 발생시키고 온도상승의 원인이 됨

(2) 기전력의 주파수가 같을 것
　① 주파수가 다르면 난조가 발생
　② 제동권선을 이용하여 난조를 방지

(3) 기전력의 위상이 같을 것
　① 동기화 전류 : 위상이 다를 때 발생하는 전류 $I_s = \dfrac{E_1}{Z_s} \sin \dfrac{\delta}{2}$ [A]

　② 수수전력 : 위상을 같게 만들기 위해 주고받는 전력

$$P = \dfrac{E_1^2}{2Z_s} \sin\delta \, [\text{W}]$$

　③ 동기화력 : $P = \dfrac{E_1^2}{2Z_s} \cos\delta$ [W]

(4) 기전력의 크기가 같을 것
   ① 무효순환전류 : 크기가 다를 때 큰 쪽에서 작은 쪽으로 흐르는 전류

$$I_c = \frac{E_1 - E_2}{2Z_s} \text{ [A]}$$

   ② 기전력의 크기를 같게 하기 위해 여자전류를 조절
(5) 3상인 경우 병렬운전 시 추가 조건 : 기전력의 상회전이 같을 것

예제 06

2대의 3상 동기발전기를 동일한 부하로 병렬운전하고 있을 때 대응하는 기전력 사이에 60°의 위상차가 있다면 한 쪽 발전기에서 다른 쪽 발전기에 공급되는 1상당 전력은 약 몇 [kW]인가? (단, 각 발전기의 기전력(선간)은 3300 [V], 동기 리액턴스는 5 [Ω]이고 전기자저항은 무시한다)

① 181　　② 314　　③ 363　　④ 720

해설 수수전력

$$P = \frac{E^2}{2Z_s} \sin\delta = \frac{\left(\frac{3300}{\sqrt{3}}\right)^2}{2 \times 5} \times \sin 60° = 314367 \text{ [W]}$$

$$\therefore P = 314 \text{ [kW]}$$

정답 ②

예제 07

극 수 6, 회전수 1200 [rpm]의 교류발전기와 병렬운전하는 극 수 8의 교류발전기의 회전수 [rpm]은?

① 600　　② 750　　③ 900　　④ 1200

해설 동기발전기의 병렬운전

주파수가 일정해야 하므로 $\dfrac{1200 \times 6}{120} = f = \dfrac{N_{2s} \times 8}{120}$

$\therefore N = 900 \text{ [rpm]}$

정답 ③

2 부하분담

(1) 유효전력 분담
   ① 원동기의 속도를 증가시키면 유효전력의 분담 증가
   ② 원동기의 속도를 감소시키면 유효전력의 분담 감소

(2) 무효전력 분담

구분	계자전류 증가시킨 발전기	병렬운전 중인 발전기
자속	증가	불변
유기기전력	증가	불변
유효분(전력, 전류)	불변	불변
무효분(전력, 전류)	지상분 증가	진상분 증가
역률	감소	상승

예제 08

병렬운전 중의 A, B 두 동기발전기 중에서 A발전기의 여자를 B발전기보다 강하게 하였을 경우 B발전기는?

① 90° 앞선 전류가 흐른다.
② 90° 뒤진 전류가 흐른다.
③ 동기화 전류가 흐른다.
④ 부하 전류가 증가한다.

해설 동기발전기의 병렬운전

위 특성 비교표 참조

정답 ①

06 동기전동기의 특성 및 용도

1 동기전동기의 특성

(1) 동기전동기의 구조와 원리

① 계자가 회전하는 회전계자형
② 유도전동기와 같은 구조와 원리
③ 동기발전기와 구조가 동일하고 방향만 반대
④ 전기자의 권선에 3상 교류 전압을 인가하면 회전자기장이 만들어지고, 계자가 동기속도로 회전

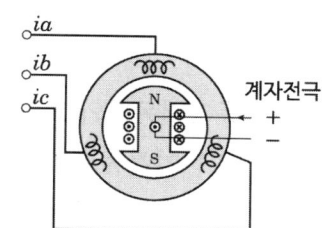

(2) 동기전동기의 장점

① 역률 1로 운전이 가능
② 필요시 지상(리액터), 진상(콘덴서)으로 변환이 가능
③ 정속도전동기(속도 불변)
④ 유도기에 비해 좋은 효율

(3) 동기전동기의 단점

① 기동 토크가 발생하지 않아서 기동장치, 여자전원이 필요
② 속도 조정이 곤란   ③ 난조 발생

(4) 동기속도

$$N_s = \frac{120f}{P} \text{ [rpm]}$$

(5) 용도 : 압축기, 분쇄기, 송풍기 등

예제 09

다음 중 역률이 가장 좋은 전동기는?
① 단상유도전동기   ② 3상 유도전동기
③ 동기전동기   ④ 반발전동기

해설 동기전동기

동기전동기는 계자 전류의 크기를 조정하여 역률을 항상 1로 운전할 수 있다.

정답 ③

2 동기전동기의 출력 및 토크

(1) 동기전동기의 출력

$$P = \frac{EV}{x_s} \sin\delta \, [\text{W}]$$

E : 유도기전력, V : 단자전압, x_s : 동기리액턴스, δ : 부하각

(2) 동기전동기의 토크
   ① 동기전동기의 기동 토크는 0(Zero)
   ② 기동토크를 얻기 위해 제동권선을 기동권선으로 사용
   ③ 토크는 공급전압에 비례($T \propto V$)

3 동기전동기의 기동

(1) 자기기동법
   ① 난조방지용 제동권선을 기동권선으로 하여 시동토크를 얻는 방법
   ② 계자권선을 단락하여 절연파괴의 위험을 방지

(2) 기동전동기법
   ① 별도의 유도전동기를 이용하여 기동하는 방식
   ② 기동 시 사용하는 유도전동기의 극 수는 동기 전동기의 극 수보다 2극 정도 적을 것

4 위상특성곡선

(1) 위상특성곡선(V곡선)
   ① 단자전압과 부하를 일정하게 했을 때 계자전류(여자전류) 변화에 대한 전기자전류의 크기와 위상 변화를 나타낸 곡선
   ② 부하가 클수록 그래프는 위쪽에 위치

(2) 여자가 약할 때(부족여자)
   ① 지상역률을 가지며 리액터로 작용
   ② 계자전류와 전기자전류 증가

(3) 여자가 강할 때(과여자)
   ① 진상역률을 가지며 콘덴서로 작용
   ② 계자전류는 감소하고 전기자전류는 증가

(4) $\cos\theta = 1$일 때 I와 V가 동상이며 전기자전류는 최소

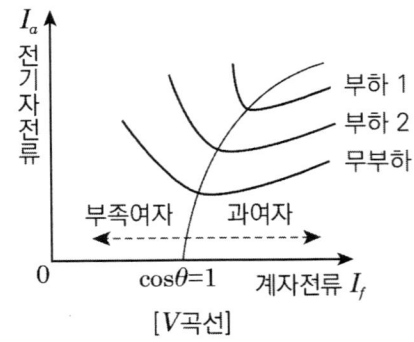

[V곡선]

예제 10

동기전동기에 일정한 부하를 걸고 계자전류를 0 [A]에서부터 계속 증가시킬 때 관련 설명으로 옳은 것은? (단, I_a는 전기자전류이다)

① I_a는 증가하다가 감소한다.
② I_a가 최소일 때 역률이 1이다.
③ I_a가 감소 상태일 때 앞선 역률이다.
④ I_a가 증가 상태일 때 뒤진 역률이다.

[해설] 동기전동기의 위상특성곡선(V곡선)

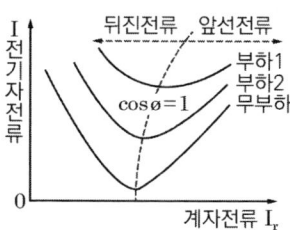

정답 ②

5 동기전동기의 전기자반작용

(1) 횡축반작용(교차자화작용)
   ① 적용성분 : $I\cos\theta$
   ② 부하 : 저항 R만의 부하($\cos\theta = 1$)
   ③ 위상 : 전압과 전류가 동상
   ④ 전기자전류에 의한 기자력과 주자속이 서로 직각

(2) 직축반작용 : 감자작용
   ① 적용성분 : $I\sin\theta$
   ② 부하 : 콘덴서(C)만의 부하($\cos\theta = 0$)
   ③ 위상 : 전류가 기전력보다 90° 앞선 진상
   ④ 전기자 자속이 주자속과 반대 방향으로 유도기전력이 작아지는 현상

(3) 직축반작용 : 증자작용
   ① 적용성분 : $I\sin\theta$
   ② 부하 : 코일(L)만의 부하 ($\cos\theta = 0$)
   ③ 위상 : 전류가 기전력보다 90° 뒤진 지상
   ④ 전기자 자속이 주자속과 같은 방향으로 유도기전력이 커지는 현상

(4) 발전기와 전동기의 전기자반작용 비교 정리

구분	위상차	발전기	전동기
R(저항, $\cos\theta = 1$)	동상	교차자화작용	
L(유도성, 지상전류)	90°	감자작용	증자작용
C(용량성, 진상전류)	90°	증자작용	감자작용

예제 11

동기전동기에서 전기자 반작용을 설명한 것 중 옳은 것은?

① 공급전압보다 앞선 전류는 감자작용을 한다.
② 공급전압보다 뒤진 전류는 감자작용을 한다.
③ 공급전압보다 앞선 전류는 교차자화작용을 한다.
④ 공급전압보다 뒤진 전류는 교차자화작용을 한다.

[해설] 동기전동기의 전기자반작용

위 전기자 반작용 비교표 참조

[정답] ①

예제 12

3상 동기발전기에 무부하전압보다 90° 늦은 전기자전류가 흐를 때 전기자반작용은?

① 교차자화작용을 한다.   ② 자기여자작용을 한다.
③ 감자작용을 한다.   ④ 증자작용을 한다.

[해설] 동기발전기의 전기자반작용

위 전기자 반작용 비교표 참조

[정답] ③

07 특수전동기

1 동기조상기의 특성

(1) 동기조상기의 역할
  ① 전압조정과 역률의 개선을 위하여 송전 계통에 접속한 무부하의 동기전동기
  ② 역률개선 시 무효전력과 피상전력이 감소
  ③ 유도부하와 병렬로 접속

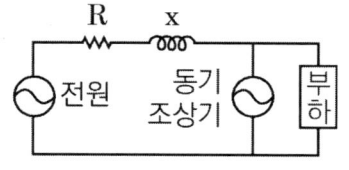

(2) 동기조상기의 용량

$$Q = P(\tan\theta_1 - \tan\theta_2)\,[\text{kVA}]$$

θ_1 : 개선 전 역률각, θ_2 : 개선 후 역률각

예제 13

동기조상기의 구조상 특징으로 틀린 것은?
① 고정자는 수차발전기와 같다.
② 안전 운전용 제동권선이 설치된다.
③ 계자 코일이나 자극이 대단히 크다.
④ 전동기 축은 동력을 전달하는 관계로 비교적 굵다.

해설 동기조상기

무부하로 무효전력을 공급하므로 동력을 전달하지 않는다.

정답 ④

2 동기조상기의 운전

(1) 과여자로 운전 시
  ① 진상무효전류가 증가하여 콘덴서로서의 역할
  ② 부하의 지상 전류를 보상
  ③ 송전 선로의 역률을 좋게 하고 전압 강하를 감소시킴

(2) 부족여자로 운전 시
  ① 지상무효전류가 증가하여 리액터로서의 역할
  ② 자기 여자에 의한 전압 상승을 방지

3 그 외 특수전동기

(1) 반작용 전동기(릴럭턴스 전동기, Reaction Motor)
   ① 여자권선 없이 자극만 존재하는 일종의 동기 전동기이다.
   ② 출력이 작고, 역률이 낮다.
   ③ 직류전원이 불필요하다.
   ④ 구조가 간단하다.
   ⑤ 시계나 각종 측정 장치에 주로 사용한다.
   ⑥ 릴럭턴스 토크에 의하여 동기 운전을 하는 전동기이다.

(2) 히스테리시스 전동기
   ① 고정자는 유도전동기 고정자와 동일하다.
   ② 회전자는 강자성의 영구자석합금 물질과 비자성체 지지물로 이루어진 매끄러운 원통형으로 구성한다.
   ③ 회전자가 매끄러워 조용하게 작동한다.
   ④ 조용한 운전

(3) 동기 주파수 변환기
   ① 주파수가 다른 두 개의 송전계통을 서로 연결하여 전력을 운용할 때 사용하는 것으로 주파수를 변환하기 위해 사용한다.
   ② 동기 속도는 항상 일정하다.

$$\frac{120f_1}{P_1} = N_s = \frac{120f_2}{P_2}$$

(4) 초동기 전동기
   ① 중부하에서도 기동되도록 하고 회전계자형의 동기 전동기에 고정자인 전기자 부분이 회전자의 주위를 회전할 수 있도록 2중 베어링의 구조를 가지고 있는 전동기이다.
   ② 고정자를 지지하는 축받이와 회전자를 지지하는 축받이의 구조이다.
   ③ 고정자도 회전한다.
   ④ 부하를 연결한 그대로 기동이 되는 것이 특징이다.
   ⑤ 동기 전동기의 탈출토크가 기동토크보다 크다.

CHAPTER 02 | 개념 체크 OX

1 동기발전기는 주로 회전계자형을 사용한다. O X

2 동기기의 권선법은 집중권과 전절권을 사용한다. O X

3 교차자화작용은 전기자 전류에 의한 기자력과 주자속이 서로 평행상태이다. O X

4 동기리액턴스는 돌발 단락전류를 제한한다. O X

5 단락비가 크면 안정도가 높다. O X

6 동기발전기의 병렬운전 중 위상이 다르면 동기화 전류가 발생한다. O X

7 병렬운전 중 A발전기의 여자를 B발전기보다 강하게 하면 A발전기에는 90도 뒤진 전류가 흐른다. O X

8 동기전동기은 역률 조정이 불가능하다. O X

9 동기전동기의 토크는 공급전압에 비례한다. O X

10 동기전동기의 여자가 부족하면 진상역률을 가진다. O X

정답 01 (O) 02 (X) 03 (X) 04 (X) 05 (O) 06 (O) 07 (O) 08 (X) 09 (O) 10 (X)

2 <u>분포권</u>과 <u>단절권</u>을 사용한다.
3 서로 <u>수직</u>이다.
4 <u>누설리액턴스</u>가 제한한다.
8 역률조정이 <u>가능</u>하다.
10 <u>지상역률</u>을 가진다.

CHAPTER 03 전력변환기

01 정류용 반도체 소자

1 다이오드

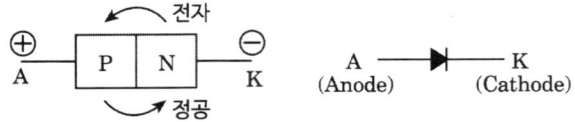

(1) 다이오드의 특성
  ① 단방향성 소자로 양극(애노드)와 음극(캐소드)으로 구성
  ② PN 접합구조
  ③ 교류를 직류로 변환하는 반도체 정류소자
  ④ Anode에 (-), Cathode에 (+)을 가하면 역방향 바이어스가 되어 OFF
  ⑤ 다이오드 직렬 추가 : 과전압으로부터 보호하여 입력전압 증가
  ⑥ 다이오드 병렬 추가 : 과전류로부터 보호하여 허용 전류 증가

(2) 다이오드의 종류
  ① 정류용 다이오드 : 교류를 직류로 변환하는 정류회로
  ② 일반용 다이오드 : 스위칭, 검파용 다이오드
  ③ 제너 다이오드 : 정전압 특성을 이용한 회로
  ④ 발광 다이오드 : 발광 특성을 이용한 LED회로
  ⑤ 포토 다이오드 : 카메라 노출계에 사용되는 광센서회로

예제 01

전압이나 전류의 제어가 불가능한 소자는?
① SCR   ② GTO   ③ IGBT   ④ Diode

해설 다이오드
전압이나 전류를 제어하기 위해서는 게이트가 필요하나 Diode는 게이트가 없다.

정답 ④

2 SCR(Silicon Controlled Rectifier)

(1) SCR의 구조

① PNPN 접합 구조

② 3개의 단자로 구성

A(Anode), K(Cathode), G(Gate)

③ 순방향으로만 작동하는 역저지 단방향 사이리스터

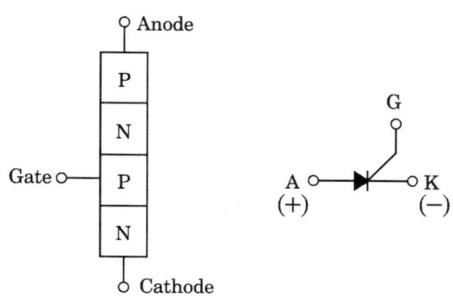

(2) SCR의 동작원리

① 순방향 전압 인가 후 Gate에 전류를 흘리면 도통

② 도통된 후 Gate 전류를 차단해도 도통 상태가 유지

③ Gate에 (+)의 특성을 갖는 펄스를 인가하여 제어

④ SCR의 소호(Off)
- 역전압이 걸리면 소호
- 소호 후 순방향 전압을 인가해도 Gate를 점호하기 전까지는 도통 불가

⑤ 래칭전류 : 도통(Turn On)시키기 위해 게이트로 흘려야 할 최소전류(80 [mA])

⑥ 유지전류 : ON된 후에 ON 상태를 유지하기 위한 최소전류(20 [mA])

(3) SCR의 특징

① 열용량이 적어서 고온에 약하므로 열의 발생이 작고 과전압에도 약함

② 전류가 흐르고 있을 때 양극의 전압강하가 적음

③ 전류기능을 갖는 단방향성 3소자

④ 역률각 이하에서는 제어불가

⑤ Gate를 이용한 소호가 불가

⑥ 직류, 교류에서 모두 사용 가능

예제 02

부하전류 20 [A]가 흐르고 있는 도통상태의 SCR에 게이트 동작범위 내에서 전류를 1/2로 감소시키면 부하전류의 크기는 몇 [A]인가?

① 0   ② 10   ③ 20   ④ 40

해설 SCR(사이리스터)

SCR은 도통이 되면 게이트에 흐르는 전류를 차단해도 통전상태를 그대로 유지한다.

정답 ③

3 GTO(Gate Turn-Off Thyristor)

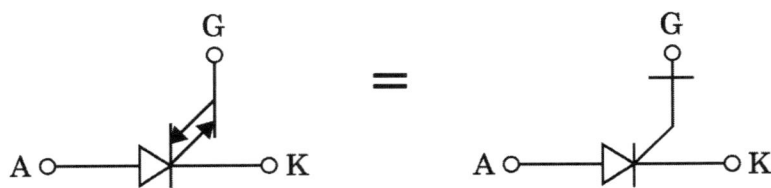

(1) GTO의 구조
   ① SCR과 같이 A(Anode), K(Cathode), G(Gate)의 단자로 구성
   ② 단방향성 3단자 사이리스터 소자

(2) GTO의 특성
   ① 오프(Off) 상태에서의 양방향 전압저지능력
   ② 자기소호능력
   ③ 게이트에 정(+)의 게이트전류를 흘리면 턴온(Turn-on)
   ④ 게이트에 부(-)의 게이트전류를 흘리면 턴오프(Turn-off)

4 트라이액(Triode Switch For AC)

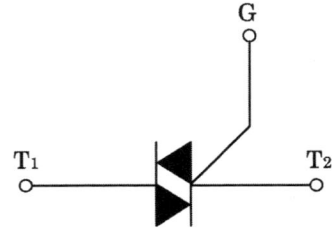

(1) TRIAC의 구조
   ① 양방향 도통 3단자소자
   ② 2개의 SCR을 역병렬 접속한 것과 동일
   ③ 주단자(T1, T2) 와 제어단자(G : gate)로 구성

(2) TRIAC의 특성
   ① Gate에 전류를 흘리면 어느 방향이건 전압이 높은 쪽에서 낮은 쪽으로 도통
   ② 전류 방향이 바뀌면 소호되고, 소호된 후 다시 점호할 때까지 차단 상태가 유지된다.
   ③ 턴온(Turn-on) 되면 전류가 '0'으로 떨어진 후 스위칭이 가능
   ④ 고전류, 고전압에서 사용 불가

5 BJT(Bipolar Junction Transistor)

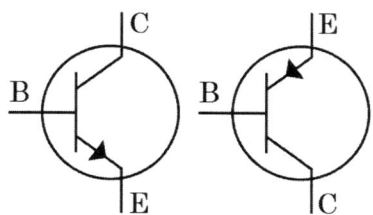

(1) BJT의 구성
   ① P형과 N형 반도체를 3개 층으로 접합한 구조
   ② 베이스(B), 이미터(E), 콜렉터(C) 3개의 전극으로 구성
   ③ PNP형 또는 NPN형의 양극성 접합 트랜지스터

(2) BJT의 특징
   ① 전극에 가해진 전압이나 전류를 제어해서 신호를 증폭하거나, 스위치 역할을 하는 반도체 소자
   ② 일반적으로 턴-온 상태에서의 전압강하가 전력용 MOSFET보다 작아 전력손실이 적다.
   ③ 베이스전류로 콜렉터와 이미터 간의 전류를 제어하는 전류제어형 소자

예제 03

BJT에 대한 설명으로 틀린 것은?

① Bipolar Junction Thyristor의 약자이다.
② 베이스 전류로 컬렉터 전류를 제어하는 전류제어 스위치이다.
③ MOSFET, IGBT 등의 전압제어 스위치보다 훨씬 큰 구동전력이 필요하다.
④ 회로기호 B, E, C는 각각 베이스(Base), 이미터(Emitter), 컬렉터(Collerctor)이다.

해설 BJT

　　Bipolar Junction Transistor의 약자이다.

정답 ①

6 IGBT(Insulated Gate Bipolar Transistor)

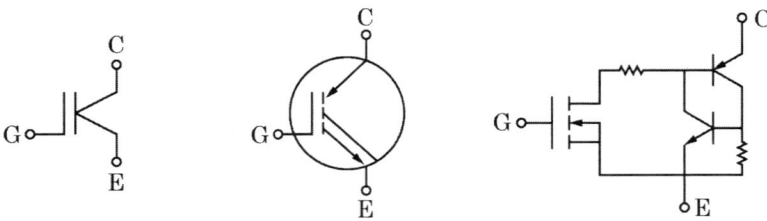

(1) IGBT의 구조
   ① MOSFET + BJT + GTO의 결합형태
   ② 게이트 - 이미터 간 전압이 구동되어 입력 신호에 의해서 온/오프가 생기는 자기소호형소자

(2) IGBT의 특징
   ① 빠른 스위칭 속도
   ② 게이트와 이미터 사이의 입력 임피던스가 매우 커서 BJT보다 구동이 쉽다.
   ③ GTO와 같은 역방향 전압저지 특성을 가진다.
   ④ 고전압 대전류 고속도 스위칭을 위해 턴-온(Turn-on) 또는 턴-오프(Turn-off) 시 높은 서지전압이 발생
   ⑤ BJT처럼 On-drop이 전류에 관계없이 낮고 거의 일정하며, MOSFET보다 훨씬 큰 전류를 흘려보내는 것이 가능

예제 04

IGBT의 특징으로 틀린 것은?

① MOSFET처럼 전압제어 소자이다.
② GTO처럼 역방향 전압저지 특성을 가진다.
③ BJT처럼 온드롭(On-drop)이 일정한 전류제어 소자이다.
④ 게이트 - 이미터 간 입력임피던스가 매우 작아 BJT보다 구동하기 쉽다.

해설 IGBT의 특징

• 게이트와 이미터 사이의 입력 임피던스가 매우 커서 BJT보다 구동하기 쉽다.

정답 ④

7 MOSFET(MOS Field Effect Transistor)

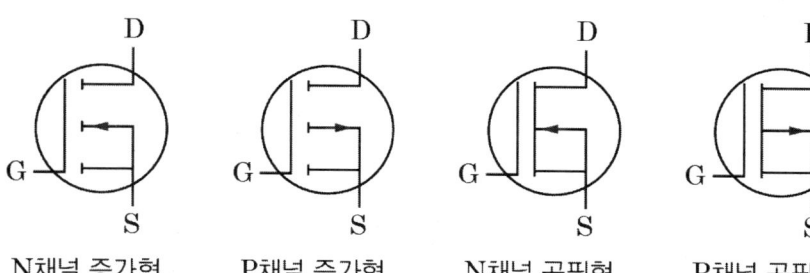

N채널 증가형   P채널 증가형   N채널 공핍형   P채널 공핍형

(1) MOSFET의 종류
   ① 증가형 : 게이트의 전압이 0 [V]일 때, 채널이 형성되지 않기 때문에 외부 바이어스 전압을 가하지 않으면 전류가 거의 흐르지 못한다(상시 차단소자).
   ② 공핍형 : 게이트 전압이 0 [V]일 때에도 채널이 존재하고 게이트 전압을 변화시키면 채널의 폭이 바뀌게 된다.

(2) MOSFET의 특징
   ① 온/오프(On/Off)제어가 가능한 소자
   ② 비교적 스위칭 시간이 짧아 높은 스위칭 주파수로 사용 가능
   ③ 소형의 전력을 다루고 고주파 스위칭을 요구하는 응용분야에 주로 사용

8 반도체 단자정리

구분	단방향성	양방향성
2단자	Diode	SSS, DIAC
3단자	SCR	TRIAC
	GTO	
	LA SCR	
4단자	SCS	-

예제 05

2방향성 3단자 사이리스터는 어느 것인가?
① SCR   ② SSS   ③ SCS   ④ TRIAC

해설 반도체 단자

위 단자정리 표 참조

정답 ④

02 정류회로의 종류

1 반파정류회로

(1) 단상 반파정류회로

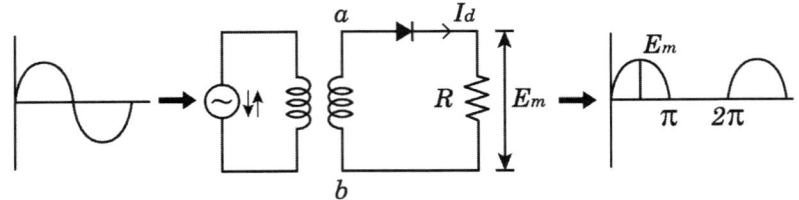

① 직류전압

$$E_d = \frac{\sqrt{2}}{\pi}E = 0.45E\,[\text{V}]\ (E\text{는 상전압})$$

② 직류전류

$$I_d = \frac{\sqrt{2}}{\pi}\frac{E}{R} = 0.45\frac{E}{R}\,[\text{A}]\ (E\text{는 상전압})$$

③ 최대역전압 : $PIV = \sqrt{2}\,E = \pi E_d$

예제 06

단상반파 정류 회로에서 교류 측 공급전압 $690\sin\omega t\,[\text{V}]$, 직류 측 부하저항 $10\,[\Omega]$일 때 직류 측 전압과 전류는?

① $E_d = 220[\text{V}],\ I_d = 22[\text{A}]$
② $E_d = 440[\text{V}],\ I_d = 44[\text{A}]$
③ $E_d = 550[\text{V}],\ I_d = 55[\text{A}]$
④ $E_d = 660[\text{V}],\ I_d = 66[\text{A}]$

해설 단상 반파정류회로

실횻값 $E = \dfrac{E_m}{\sqrt{2}} = \dfrac{690}{\sqrt{2}} = 488$

$E_d = \dfrac{\sqrt{2}}{\pi}E = 0.45E = 220\,[V]$ $\therefore I_d = \dfrac{E_d}{R} = \dfrac{220}{10} = 22\,[A]$

정답 ①

(2) 3상 반파정류회로

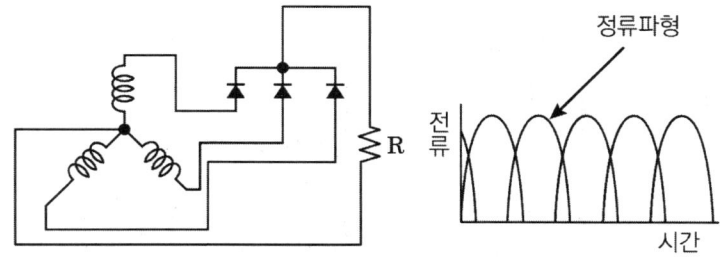

① 직류전압

$$E_d = \frac{3\sqrt{6}}{2\pi}E = 1.17E\,[\text{V}] \quad (E\text{는 상전압})$$

② 직류전류

$$I_d = \frac{3\sqrt{6}}{2\pi}\frac{E}{R} = 1.17\frac{E}{R}\,[\text{A}] \quad (E\text{는 상전압})$$

2 전파정류회로

(1) 단상 전파정류회로(다이오드 2개 사용)

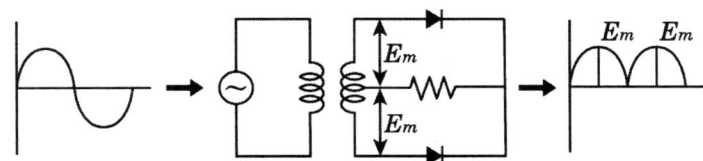

① 직류전압

$$E_d = \frac{2\sqrt{2}}{\pi}E = 0.9E\,[\text{V}] \quad (E\text{는 상전압})$$

② 직류전류

$$I_d = \frac{2\sqrt{2}}{\pi}\frac{E}{R} = 0.9\frac{E}{R}\,[\text{A}] \quad (E\text{는 상전압})$$

③ 최대역전압 : $PIV = 2\sqrt{2}\,E = \pi E_d$

(2) 3상 전파정류회로

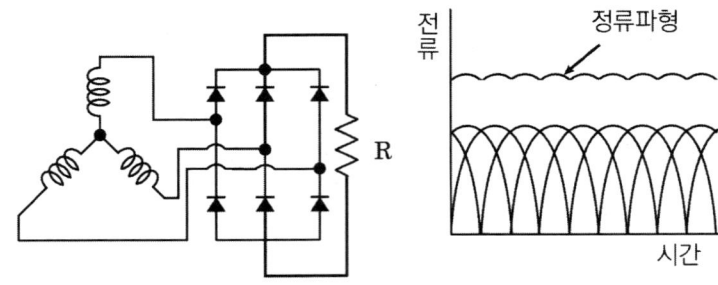

① 직류전압

$$E_d = \frac{3\sqrt{2}}{\pi} E = 1.35 E \text{ [V]} \quad (E\text{는 선간전압})$$

② 직류전류

$$I_d = \frac{E_d}{R} = 1.35 \frac{E}{R} \text{ [A]} \quad (E\text{는 선간전압})$$

예제 07

Y결선한 변압기의 2차 측이 다이오드 6개의 3상 전파정류회로로 구성하고 저항 R을 걸었을 때 직류 평균 전류는? (단, E는 교류 측 선간전압이다)

① $\dfrac{3\sqrt{2}}{\pi} \dfrac{E}{R}$
② $\dfrac{3\sqrt{6}}{2\pi} \dfrac{E}{R}$
③ $\dfrac{3\sqrt{6}}{\pi} \dfrac{E}{R}$
④ $\dfrac{6\sqrt{2}}{\pi} \dfrac{E}{R}$

해설 단상 반파정류회로

- 3상전파 $I_d = \dfrac{3\sqrt{6}}{\pi} \dfrac{E}{R} = 2.34 \dfrac{E}{R} \text{[A]}$

※ 단, 3상전파에서 E가 선간전압인 경우

$I_d = \dfrac{3\sqrt{2}}{\pi} \dfrac{E}{R} = 1.35 \dfrac{E}{R} \text{[A]}$

정답 ①

(3) 브리지정류회로(Diode 4개 사용)

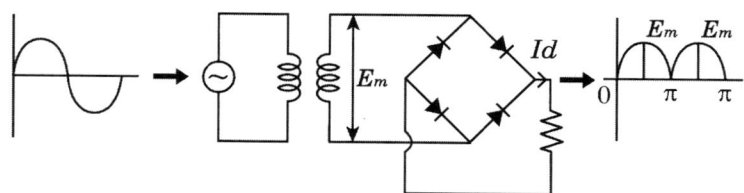

① 직류전압

$$E_d = \frac{2\sqrt{2}}{\pi} E = 0.9E \; [\text{V}]$$

② 직류전류

$$I_d = \frac{2\sqrt{2}}{\pi} \frac{E}{R} = 0.9 \frac{E}{R} \; [\text{A}]$$

③ 최대역전압 : $PIV = \sqrt{2}\, E = \frac{\pi}{2} E_d$

예제 08

단상 전파정류회로를 구성한 것으로 옳은 것은?

① 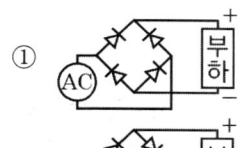 ②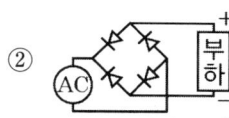

③ (AC 회로) ④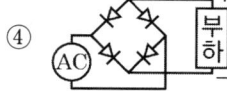

해설 단상 전파정류회로

아래 회로와 같이 부하에 전류가 한 방향으로 흐르게 하는 다이오드의 결선을 해야 한다.

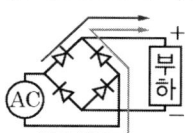

정답 ①

3 사이리스터 정류회로

(1) 단상 반파정류회로

① 저항만의 부하

$$E_d = \frac{\sqrt{2}\,E_a}{\pi}\left(\frac{1+\cos\alpha}{2}\right) = 0.45E\left(\frac{1+\cos\alpha}{2}\right)\,[\text{V}]$$

② 유도성 부하(부하전류가 연속하는 경우)

$$E_d = \frac{\sqrt{2}\,E_a}{\pi}\cos\alpha = 0.45E\cos\alpha\,[\text{V}]$$

(2) 단상 전파정류회로

① 저항만의 부하

$$E_d = \frac{2\sqrt{2}}{\pi}E_a\left(\frac{1+\cos\alpha}{2}\right) = 0.9E\left(\frac{1+\cos\alpha}{2}\right)\,[\text{V}]$$

② 유도성 부하(부하전류가 연속하는 경우)

$$E_d = \frac{2\sqrt{2}\,E_a}{\pi}\cos\alpha = 0.9E\cos\alpha\,[\text{V}]$$

예제 09

SCR을 이용한 단상 전파 위상제어 정류회로에서 전원전압은 실횻값이 220 [V], 60 [Hz]인 정현파이며, 부하는 순 저항으로 10 [Ω]이다. SCR의 점호각 a를 60°라 할 때 출력전류의 평균값(A)은?

① 7.54   ② 9.73   ③ 11.43   ④ 14.86

해설 단상 전파정류회로

순저항 부하이므로

$$E_d = 0.9E\left(\frac{1+\cos\theta}{2}\right) = 0.9 \times 220 \times \left(\frac{1+\frac{1}{2}}{2}\right) = 148.5\,[\text{V}]$$

$$\therefore I_d = \frac{E_d}{R} = \frac{148.5}{10} = 14.85\,[\text{A}]$$

정답 ④

(3) 3상 반파정류회로

$$E_d = 1.17E\cos\alpha \,[\text{V}]$$

(4) 3상 전파정류회로

$$E_d = 1.35E\cos\alpha \,[\text{V}]$$

예제 10

상전압 200 [V]의 3상 반파정류회로의 각 상에 SCR을 사용하여 정류제어 할 때 위상각을 $\pi/6$로 하면 순저항부하에서 얻을 수 있는 직류전압 [V]은?

① 90 ② 180 ③ 203 ④ 234

[해설] 단상 반파정류회로

$$E_d = \frac{3\sqrt{6}}{2\pi}E_a\cos\alpha$$
$$= 1.17 \times 200 \times \cos 30° = 203\,[\text{V}]$$

정답 ③

03 정류회로의 특성

1 정류효율과 맥동률

(1) 정류효율

$$\eta = \frac{\text{직류출력}}{\text{교류출력}} \times 100\,[\%]$$

(2) 맥동률

정류된 직류에 교류 성분이 얼마나 포함되어 있는지 나타낸 비율

$$\text{맥동률} = \frac{\text{교류분}}{\text{직류분}} \times 100\,[\%]$$

예제 11

어떤 정류기의 부하전압이 2000 [V]이고 맥동률이 3 [%]이면 교류분의 진폭 [V]은?

① 20　　　　② 30　　　　③ 60　　　　④ 70

해설 맥동률과 교류분

$$맥동률 = \frac{교류분}{직류분} \times 100\,[\%]$$

교류분 = 직류분 × 맥동률 = 2000 × 0.03 = 60 [V]

정답 ③

(3) 정류회로의 비교

※ 맥동률 : 파형이 출렁이는 정도

구분	정류효율[%]	맥동률[%]	맥동주파수
단상 반파	40.6	121	$f_0 = f_i$
단상 전파	81.2	48.2	$f_0 = 2f_i$
3상 반파	117	18.3	$f_0 = 3f_i$
3상 전파	135	4.2	$f_0 = 6f_i$

f_0 : 맥동(출력)주파수, f_i : 인가(입력)주파수

2 난조

(1) 난조 발생

① 브러시 위치가 중성축보다 뒤에 있을 때
② 부하가 급변할 때
③ 역률이 저하될 때
④ 저항이 리액턴스보다 클 때

(2) 방지 대책

① 제동권선을 사용
② 저항보다 리액턴스 값을 크게 할 것
③ 자극수를 적게 하여 기계각과 전기각의 차이를 작게 할 것

 제어정류기

1 직류전력변환기

(1) 인버터회로
  ① 직류전력을 교류전력으로 변환하는 장치
  ② 특징에 따른 분류 : 전압형, 전류형
  ③ 제어방식에 따른 분류 : VVVF, CVCF

(2) 초퍼
  ① 직류전력을 다른 크기의 직류전력으로 변환하는 장치
  ② 분류 : 벅 컨버터(강압용), 부스트 컨버터(승압용), 벅-부스트 컨버터
  ③ 스위칭 소자로 GTO, 파워 트랜지스터 등을 사용

예제 12

전력변환기기로 틀린 것은?
① 컨버터　　　　　② 정류기
③ 인버터　　　　　④ 유도전동기

해설 직류전력변환기

- 컨버터 : AC → DC　　　• 인버터 : DC → AC
- 초퍼 : DC → DC　　　　• 사이클로컨버터 : AC → AC

정답 ④

---

2 교류전력변환기

(1) 컨버터
  ① 교류전력을 직류전력으로 변환하는 장치
  ② 교류와 직류 간의 변환, 교류의 주파수 상호 변환

(2) 사이클론 컨버터
  ① 주파수의 교류전력을 더 낮은 주파수의 교류전력으로 변환하는 장치
  ② 속도 범위를 포괄하는 재생능력이 있지만 제어회로가 복잡
  ③ 출력 주파수는 입력주파수의 약 1/3 이하

CHAPTER 03 | 개념 체크 OX

1 허용전류를 증가하기 위해 다이오드를 병렬로 추가한다.　　　　　　　　　O X

2 SCR은 PNP 결합구조이다. 　　　　　　　　　　　　　　　　　　　　　　O X

3 SCR은 양방향성 소자이다. 　　　　　　　　　　　　　　　　　　　　　　O X

4 SCR이 도통하기 위해 게이트에 흘려야할 최소 전류는 80mA이다. 　　　　O X

5 GTO는 자기소호능력을 가지고 있다. 　　　　　　　　　　　　　　　　　O X

6 TRIAC의 SCR을 역병렬 접속한 것과 동일하다. 　　　　　　　　　　　　 O X

7 BJT는 Bipolar Junction Thyristor의 약자이다. 　　　　　　　　　　　　　O X

8 맥동률은 교류에 직류성분이 얼마나 포함되어 있는지를 나타낸 비율이다.　 O X

9 정류효율이 가장 높은 회로는 단상반파 정류회로이다. 　　　　　　　　　 O X

10 직류를 직류로 변환시키는 기기는 초퍼이다. 　　　　　　　　　　　　　　O X

정답　01 (O)　02 (X)　03 (X)　04 (O)　05 (O)　06 (O)　07 (X)　08 (X)　09 (X)　10 (O)

2 PNPN결합구조이다.
3 단방향성 3단자 소자이다.
7 Bipolar Junction Transistor의 약자이다.
8 정류된 직류에 교류 성분이 얼마나 포함되어 있는지 나타낸 비율
9 3상전파가 정류효율이 가장 높다.

CHAPTER 04 변압기

01 변압기의 원리 및 구조

1 변압기의 원리

(1) 변압기의 정의
   ① 발전소에서 발전된 전력을 공장이나 가정에서 필요로 하는 전압으로 변환하는 기기
   ② 전기 Energy → 자기 Energy → 전기적 Energy

(2) 전자유도작용(Electro Magnetic)
   ① 철심 양쪽에 코일을 감고 1차 측에 교류전압 V_1을 가하면 전류 I_1가 흐르면서 자속이 발생
   ② 자속이 2차 코일과 쇄교하면서 2차 측에 전압 E_2가 유기

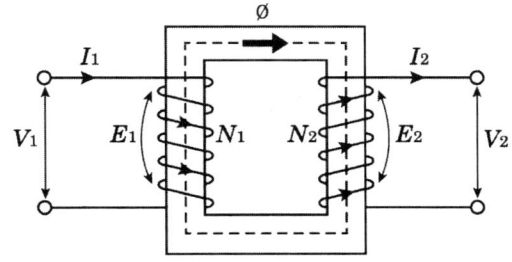

(3) 전압변성

	강압용	승압용
변성	고압 → 저압	저압 → 고압
결선	Y - △결선	△ - Y결선
전압	$V_2 = \dfrac{1}{\sqrt{3}} \times V_1 \angle -\dfrac{\pi}{6}$	$V_2 = \sqrt{3} \times V_1 \angle \dfrac{\pi}{6}$
전류	$I_2 = \sqrt{3} \times I_1$	$I_2 = \dfrac{1}{\sqrt{3}} \times I_1$

2 변압기의 구조

(1) 철심
   ① 철손을 줄이기 위해 규소강판(규소함량 3 ~ 4 [%], 0.35 ~ 0.5 [mm])을 성층하여 사용
   ② 자기 저항이 낮아야 좋음 (저항손 : 1 [%])
   ③ 고정손 : 철손 P_i이 대표적인 손실

(2) 권선
   ① 권선의 도체 : 소형(둥근 구리선), 대형(무명실, 에나멜 피복)
   ② 직권 : 철심에 직접 저압권선을 감고, 절연 후 고압권선 감는 방법으로 소형 내철형에 사용
   ③ 형권 : 목제 권형이나 절연통의 형틀에 코일을 감아서 조립하는 방법

(3) 절연체
   ① 변압기 절연
      • 철심과 권선 사이 절연
      • 권선 상호 간의 절연
      • 권선의 층간 절연
   ② 절연체는 절연물의 최고허용 온도로 구분
   ③ 변압기 절연물의 종류

종류	Y종	A종	E종	B종	F종	H종	C종
온도(℃)	90 이하	105 이하	120 이하	130 이하	155 이하	180 이하	180 초과

3 변압기의 권선법

(1) 내철형
   ① 철심이 안쪽에 있고 철심의 양쪽에 권선이 감겨져 있는 형태
   ② 고전압, 대용량에 적합

(2) 외철형
   ① 권선이 안쪽에 있고 권선 양쪽을 철심이 둘러싸고 있는 형태
   ② 저전압, 대전류에 적합

(3) 권철심형
   ① 규소철심을 소용돌이 모양으로 만들어 사용하는 구조
   ② 자기 특성이 매우 좋고 효율이 높은 특징
   ③ 주상변압기, 소형변압기에 사용

4 변압기유의 열화

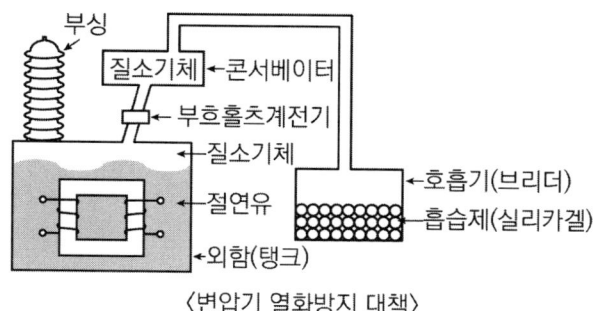

〈변압기 열화방지 대책〉

(1) 변압기유의 열화
   ① 열화 발생원인 : 변압기의 호흡작용에 의해 고온의 절연유가 외부 공기와의 접촉에 의해 발생
   ② 변압기 열화로 인한 문제점
      • 절연내력 저하
      • 냉각효과 감소
      • 침식작용 발생

(2) 열화에 대한 대책
   ① 콘서베이터 : 공기의 침입을 방지하여 기름의 열화 방지
   ② 브리더 : 브리더를 통해 공기 중의 습기 흡수(흡습제 사용)
   ③ 부흐홀츠계전기 : 변압기 내부 고장으로 인한 절연유의 온도 상승 시 발생하는 유증기를 검출하여 경보 및 차단
   ④ 봉상온도계 : 변압기유 유온 측정

(3) 변압기유 구비조건
   ① 절연 내력이 클 것
   ② 점도가 낮고 유동성이 풍부할 것
   ③ 비열이 커서 냉각효과가 클 것
   ④ 인화점이 높고 응고점이 낮을 것
   ⑤ 다른 물질과 화학반응을 일으키지 말 것
   ⑥ 산화되지 않을 것

예제 01

변압기유가 갖추어야 할 조건으로 옳은 것은?

① 절연내력이 낮을 것
② 인화점이 높을 것
③ 비열이 적어 냉각효과가 클 것
④ 응고점이 높을 것

해설 변압기유 구비 조건

- 절연내력이 높을 것
- 응고점이 낮을 것
- 비열이 커서 냉각효과가 클 것

정답 ②

(4) 변압기 냉각방식

냉각 방식		약호
건식	건식 자냉식	AN
	건식 풍냉식	AF
	건식 밀폐 자냉식	ANAN
유입식	유입 자냉식	ONAN
	유입 풍냉식	ONAF
	유입 수냉식	ONWF
	송유 자냉식	OFAN
	송유 풍냉식	OFAF
	송유 수냉식	OFWF

예제 02

변압기의 냉각 방식 중 유입자냉식의 표시 기호는?

① ANAN   ② ONAN   ③ ONAF   ④ OFAF

해설 냉각 방식의 분류

O : oil, F : forced, A : air, N : natural

정답 ②

02 변압기의 등가회로

1 변압기의 등가회로에 관련된 사항

(1) 변압기의 등가회로 - 변압기의 1,2차를 등가임피던스를 이용하여 단일회로로 표현

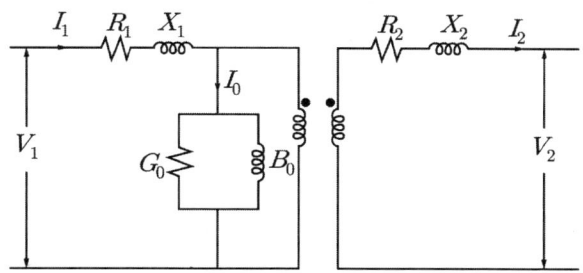

(2) 변압기의 유기기전력

$$1차 전압\ E_1 = 4.44 f_1 N_1 \phi_m K_w \fallingdotseq V_1$$
$$2차 전압\ E_2 = 4.44 f_2 N_2 \phi_m K_w \fallingdotseq V_2$$

(3) 변압기의 권수비

$$a = \frac{E_1}{E_2} = \frac{N_1}{N_2} = \frac{V_1}{V_2} = \frac{I_2}{I_1} = \sqrt{\frac{Z_1}{Z_2}} = \sqrt{\frac{R_1}{R_2}}$$

예제 03

변압기의 권수비 a = 6600/220, 철심의 단면적 0.02 [m²], 최대 자속밀도 1.2 [Wb/m²]일 때 1차 유도기전력은 약 몇 [V]인가? (단, 주파수는 60 [Hz]이다)

① 1407   ② 3521   ③ 42198   ④ 49814

해설 변압기의 유기기전력

$E_1 = 4.44 f N_1 \phi_m\ [\text{V}]$ 에서 $\phi_m = B_m \cdot A\ [\text{Wb}]$ 이므로

$\therefore E = 4.44 f N_1 B_m A$
$= 4.44 \times 60 \times 1.2 \times 0.02 \times 6600 = 42197.76\ [V]$

정답 ③

2 2차를 1차로 환산한 회로

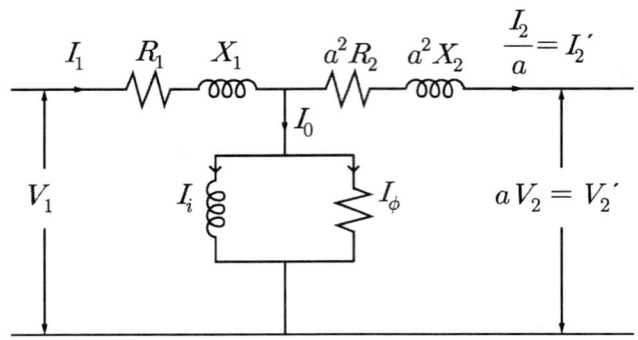

(1) 환산에 따른 변환값

① $V_2' = aV_2, \quad I_2' = \dfrac{I_2}{a}$

② $R_2' = a^2 R_2, \quad X_2' = a^2 X_2, \quad Z_2' = a^2 Z_2$

(2) 전체 임피던스

① $R_{12} = R_1 + a^2 R_2$

② $X_{12} = X_1 + a^2 X_2$

$$Z_{12} = Z_1 + a^2 Z_2 \qquad |Z_{12}| = \sqrt{R_{12}^2 + X_{12}^2}$$

예제 04

전압비 3300/110 [V], 1차 누설임피던스 $Z_1 = 12 + j13\,[\Omega]$, 2차 누설임피던스 $Z_2 = 0.015 + j0.013\,[\Omega]$인 변압기가 있다. 1차로 환산된 등가임피던스 $[\Omega]$는?

① 22.7 + j25.5
② 24.7 + j25.5
③ 25.5 + j22.7
④ 25.5 + j24.7

[해설] 1차로 환산한 등가임피던스

권수비 $a = \dfrac{V_1}{V_2} = \dfrac{3{,}300}{110} = 30$

$Z_{12} = Z_1 + a^2 Z_2$
$\quad = (12 + 30^2 \times 0.015) + j(13 + 30^2 \times 0.013) = 25.5 + j24.7\,[\Omega]$

정답 ④

3 1차를 2차로 환산한 회로

(1) 권수비에 따른 변환값

① $V_1' = \dfrac{1}{a}V_1, \quad I_1' = aI_1$

② $R_1' = \dfrac{1}{a^2}R_1, \quad X_1' = \dfrac{1}{a^2}X_1, \quad Z_1' = \dfrac{1}{a^2}Z_1$

(2) 임피던스 환산

① $R_{21} = \dfrac{1}{a^2}R_1 + R_2$ ② $X_{21} = \dfrac{1}{a^2}X_1 + X_2$

$$Z_{21} = \dfrac{1}{a^2}Z_1 + Z_2, \quad |Z_{21}| = \sqrt{R_{21}^2 + X_{21}^2}$$

03 전압강하 및 전압변동률

1 전압변동률의 계산

(1) 전압변동률

변압기의 전압 변동률은 2차 측의 전압 변화를 기준으로 계산

$$\varepsilon_2 = \dfrac{V_{20} - V_{2n}}{V_{2n}} \times 100[\%]$$

예제 05

권수비가 20 : 1인 단상변압기에서 전 부하 시 2차 전압이 120 [V]이고 전압변동률이 2 [%]일 때, 1차 단자전압은 몇 [V]인가?

① 2448   ② 2458   ③ 2468   ④ 2478

해설 전압변동률 (ϵ)

$\epsilon = \dfrac{V_{20} - V_{2n}}{V_{2n}} \times 100 = 2 \quad \rightarrow \quad \dfrac{V_{20}}{V_{2n}} = \dfrac{2}{100} + 1$

$V_{20} = 1.02\,V_{2n} = 1.02 \times 120 = 122.4$

$V_{10} = a\,V_{20} = 20 \times 122.4 = 2448[\text{V}]$

정답 ①

(2) %강하에 따른 전압변동률

$$\varepsilon = p\cos\theta \pm q\sin\theta \,(\text{지상시 } +, \text{진상시 } -)$$

TIP p : %저항 강하, q : %리액턴스 강하

① 전압변동률의 최댓값 $\varepsilon_{\max} = \sqrt{p^2+q^2} = \%Z$

② 전압변동률이 최대일 때 역률 : $\cos\theta_{\max} = \dfrac{p}{\sqrt{p^2+q^2}}$

③ 전압변동률이 최소일 때 역률 : $\cos\theta_{\min} = \dfrac{q}{\sqrt{p^2+q^2}}$

예제 06

어떤 변압기의 백분율 저항 강하가 2 [%], 백분율 리액턴스 강하가 3 [%]라 한다. 이 변압기로 역률이 80 [%]인 부하에 전력을 공급하고 있다. 이 변압기의 전압변동률은 몇 [%]인가?

① 2.4   ② 3.4   ③ 3.8   ④ 4.0

해설 변압기의 전압변동률

$\epsilon = p\cos\theta \pm q\sin\theta$
$\epsilon = 2.0 \times 0.8 + 3 \times 0.6 = 1.6 + 1.8 = 3.4\,[\%]$

정답 ②

예제 07

%저항 강하가 1.7이고 %리액턴스 강하는 2.0인 변압기의 전압 변동률의 최대일 때 부하 역률은 몇 [%]인가?

① 65   ② 75   ③ 85   ④ 95

해설 변압기의 전압 변동률

- 최대전압변동률 $\sqrt{p^2+q^2}$ 이고 그 때의 역률 $\cos\theta = \dfrac{p}{\sqrt{p^2+q^2}}$ 이므로

$\dfrac{p}{\sqrt{p^2+q^2}} = \dfrac{1.7}{\sqrt{1.7^2+2^2}} = 0.648$ ∴ $\cos\theta = 0.65$

정답 ①

2 전압강하

(1) 인가전압과 손실

① 임피던스 전압 : 변압기 2차 측 단락 상태에서 1차 측에 정격전류가 흐르게 하기 위한 1차 측 인가전압

$$V_s = I_{1n} Z_{12} \, [\text{V}]$$

② 임피던스 와트 : 1차 정격전류가 흐를 때 변압기 내에서 발생하는 동손

$$P_s = I_{1n}^2 R_{12} \, [\text{W}]$$

(2) 임피던스 강하

① %임피던스 강하 : 정격전류에 의한 임피던스 강하

$$\%Z = \frac{I_{2n} Z_{21}}{V_{2n}} \times 100 = \frac{I_{1n} Z_{12}}{V_{1n}} \times 100 = \frac{V_s}{V_{1n}} \times 100 \, [\%]$$

② %저항 강하 : 정격전류에 의한 저항 강하

$$p = \frac{I_{2n} R_{21}}{V_{2n}} \times 100 = \frac{I_{1n} R_{12}}{V_{1n}} \times 100 = \frac{I_{1n}^2 R_{12}}{V_{1n} I_{1n}} \times 100 = \frac{P_s}{P_n} \times 100 \, [\%]$$

③ %리액턴스 강하 : 정격전류에 의한 리액턴스 강하

$$q = \frac{I_{2n} X_{21}}{V_{2n}} \times 100 = \frac{I_{1n} X_{12}}{V_{1n}} \times 100 \, [\%]$$

예제 08

5 [KVA], 3300/210 [V], 단상 변압기의 단락시험에서 임피던스 전압 120 [V], 동손 150 [W]라 하면 퍼센트 저항 강하는 몇 [%]인가?

① 2　　　　② 3　　　　③ 4　　　　④ 5

해설 %저항 강하

$$\%R = \frac{I_{1n} R_{12}}{V_{1n}} \times 100 = \frac{P_c}{P_n} \times 100 \, [\%] = \frac{150}{5000} \times 100 = 3 \, [\%]$$

정답 ②

예제 09

10 [kVA], 2000/100 [V] 변압기에서 1차에 환산한 등가 임피던스는 6 + j8 [Ω]이다. 이 변압기의 퍼센트 리액턴스 강하는?

① 3.5   ② 2.5   ③ 3   ④ 2

해설 %리액턴스 강하

$$\%x = \frac{I_{1n} \times X_{12}}{V_{1n}} \times 100$$

$$= \frac{\frac{10 \times 10^3}{2 \times 10^3} \times 8}{2000} \times 100 = 2\,[\%]$$

정답 ④

예제 10

3300/200 [V], 10 [kVA] 단상 변압기의 2차를 단락하여 1차 측에 300 [V]를 가하니 2차에 120 [A]의 전류가 흘렀다. 이 변압기의 임피던스 전압 및 %임피던스 강하는 약 얼마인가?

① 125 V, 3.8%   ② 125 V, 3.5%
③ 200 V, 4.0%   ④ 200 V, 4.2%

해설 %임피던스 강하

$$V_s = I_{1n}\,Z_{12}\,[\text{V}]$$

$$I_{1n} = \frac{P}{V_{1n}}, \quad Z_{12} = \frac{V_{12}}{I_{12}} \text{이므로}$$

$$V_s = \frac{10}{3.3} \times \frac{300}{120 \times \frac{2}{33}} = 125\,[\text{V}]$$

$$\%Z = \frac{I_{1n}Z_{12}}{V_{1n}} \times 100 = \frac{V_s}{V_{1n}} \times 100 = \frac{125}{3300} \times 100 = 3.8\,[\%]$$

정답 ①

04 변압기의 3상 결선

1 변압기의 극성

(1) 극성시험

① 1, 2차 양단에 나타나는 유기기전력의 방향을 파악하기 위해 실시
② 가극성과 감극성으로 구분
③ 국내는 감극성이 표준

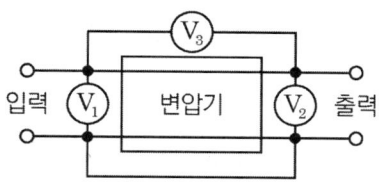

(2) 가극성

① 1, 2차 코일을 같은 방향으로 감아
   1, 2차 코일의 극성이 반대
② 역기전력 관점에서 기전력은 시계방향으로 동일
③ 1, 2차 코일 간 총전압 $V = V_1 + V_2$

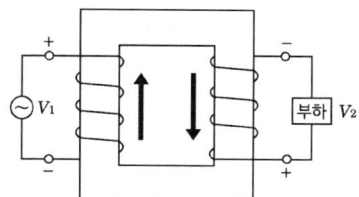

(3) 감극성

① 1, 2차 코일을 반대 방향으로 감아
   1, 2차 코일의 극성이 동일
② 1, 2차 코일 간 총전압 $V = V_1 - V_2$

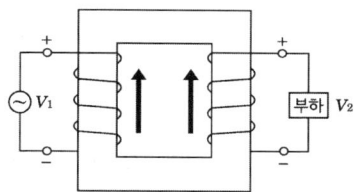

2 단상변압기의 3상 결선

(1) $\Delta - \Delta$ 결선

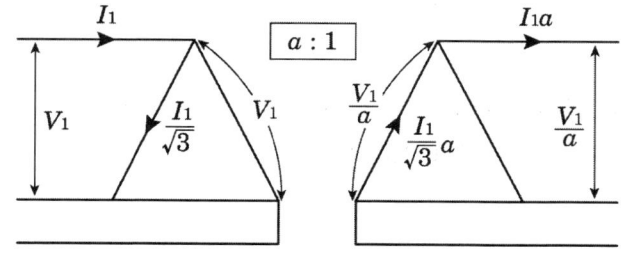

① 선간전압(V_ℓ) = 상전압(V_p)∠ 0°

② 선전류(I_ℓ) = $\sqrt{3}$ 상전류(I_p)∠ $-\dfrac{\pi}{6}$

③ 장점
- 제3고조파가 Δ결선 내를 순환하므로 변압기 외부로 제3고조파가 발생하지 않아 통신장애가 없음
- 1상이 고장 나면 나머지 그대로 V결선 운전이 가능
- 상전류는 선전류의 $\frac{1}{\sqrt{3}}$배로 대전류에 유리

④ 단점
- 중성점을 접지할 수 없으므로 이상전압 및 지락 사고에 대한 보호가 곤란
- 권수비가 다른 변압기를 결선하면 순환전류가 발생
- 각 상의 임피던스가 다른 경우 3상 부하가 평형이 되어도 변압기 부하 전류는 불평형 상태를 유지

(2) Y - Y결선

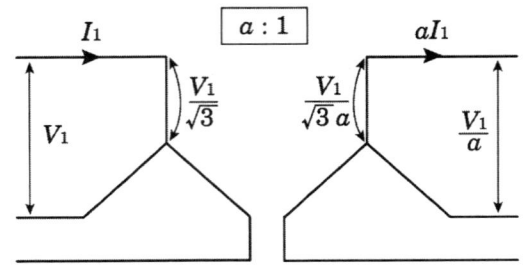

① 선간전압(V_ℓ) = $\sqrt{3}$ 상전압(V_p) ∠ $\frac{\pi}{6}$

② 선전류(I_ℓ) = 상전류(I_p) ∠ 0°

③ 장점
- 중성점을 접지할 수 있어서 보호계전기 동작이 확실
- 상전압이 선간전압의 $\frac{1}{\sqrt{3}}$배이므로 절연이 용이하고, 고전압에 유리

④ 단점
- 선로에 제3고조파가 흘러서 통신선에 유도장애가 발생
- 송·배전 계통에 거의 사용하지 않음

(3) Y - △결선

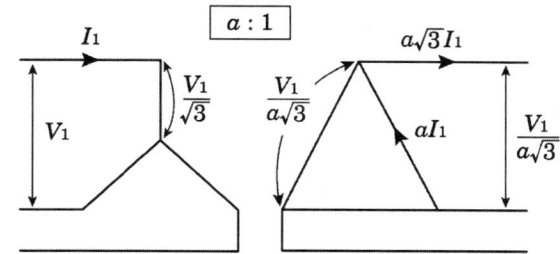

	Y - △결선	△ - Y결선
용도	강압용 변압기에 사용	승압용 변압기에 사용
전압	$V_2 = \dfrac{1}{\sqrt{3}} \times V_1 \angle -\dfrac{\pi}{6}$	$V_2 = \sqrt{3} \times V_1 \angle \dfrac{\pi}{6}$
전류	$I_2 = \sqrt{3} \times I_1 \angle -\dfrac{\pi}{6}$	$I_2 = \dfrac{1}{\sqrt{3}} \times I_1 \angle \dfrac{\pi}{6}$
위상	1차, 2차 사이 30° 차	
중성점 접지	가능	
3고조파 장해	적음	

예제 11

권수비가 a인 단상변압기 3대가 있다. 이것을 1차에 △, 2차에 Y로 결선하여 3상 교류 평형회로에 접속할 때 2차 측의 단자전압을 V[V], 전류를 I[A]라고 하면 1차 측의 단자전압 및 선전류는 얼마인가? (단, 변압기의 저항, 누설리액턴스, 여자전류는 무시한다)

① $\dfrac{aV}{\sqrt{3}}, \dfrac{\sqrt{3}\,I}{a}$ ② $\sqrt{3}\,aV, \dfrac{I}{\sqrt{3}\,a}$

③ $\dfrac{\sqrt{3}\,V}{a}, \dfrac{aI}{\sqrt{3}}$ ④ $\dfrac{V}{\sqrt{3}\,a}, \sqrt{3}\,aI$

해설 권수비

- $V_2 = \sqrt{3} \times V_1$, $V_1 = \dfrac{1}{\sqrt{3}} \times V_2$이고 권수비가 a 이므로 $V_1 = \dfrac{a}{\sqrt{3}} \times V_2$

- $I_2 = \dfrac{1}{\sqrt{3}} \times I_1$, $I_1 = \sqrt{3} \times I_2$이고 권수비가 a 이므로 $I_1 = \dfrac{\sqrt{3}}{a} \times I_2$

정답 ①

(4) V결선
　① $\Delta-\Delta$결선으로 운전 중 한 대의 변압기가 고장 시 남은 2대의 변압기로 3상 공급을 계속하는 방식
　② V결선의 3상 출력

$$P_V = \sqrt{3}\,P$$

예제 12

용량 P [kVA]인 동일 정격의 단상 변압기 4대로 낼 수 있는 3상 최대 출력 용량은?

① 3P　　② $\sqrt{3}\,P$　　③ 4P　　④ $2\sqrt{3}\,P$

해설 V결선의 출력

단상 변압기 4대 V결선 2 bank를 운영　$P_3 = 2P_V = 2\sqrt{3}\,P$ [kVA]

정답 ④

　③ Δ결선과 V결선의 출력비

$$출력비 = \frac{P_V}{P_\Delta} = \frac{\sqrt{3}\,P}{3P} = 0.577 = 57.7\,[\%]$$

　④ V결선한 변압기의 이용률

$$이용률 = \frac{P_V}{2P} = \frac{\sqrt{3}\,P}{2P} = 0.866 = 86.6\,[\%]$$

예제 13

△결선 변압기의 한 대가 고장으로 제거되어 V결선으로 공급할 때 공급할 수 있는 전력은 고장 전 전력에 대하여 몇 [%]인가?

① 57.7　　② 66.7　　③ 75.0　　④ 86.6

해설 V결선 출력비

• $출력비 = \dfrac{V결선\ 시\ 3상\ 출력}{\Delta\ 결선\ 시\ 3상\ 출력} = \dfrac{\sqrt{3}\,P_1}{3P_1} = 0.577$

정답 ①

05 상수의 변환

1 상수변환결선법

(1) 3상을 2상으로 변환
① 우드 브릿지(Wood-bridge)결선
② 스코트(Scott)결선
③ 메이어(Meyer)결선

(2) 3상을 6상으로 변환
① 2차 2중 △결선
② 2차 2중 Y결선
③ 대각결선
④ 환상결선
⑤ Fork결선

2 스코트결선(T결선)

(1) 특징
① 3상을 2상으로 변환하는 결선법
② 3상 전원에 대해 불평형 부하가 되지 않도록 하는 결선
③ 1차 측 : 입력(3상) 측, 2차 측 : 출력(단상) 측

(2) 탭 설치
① 주좌변압기 : 1차 권선의 $\frac{1}{2}$ 지점에 설치
② T좌변압기 : 1차 권선의 $\frac{\sqrt{3}}{2}$ 지점에 설치
③ T좌변압기의 권수비 : $a_T = a \times \frac{\sqrt{3}}{2}$

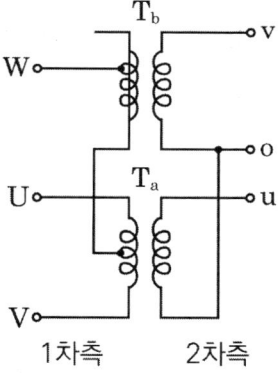

예제 14

T – 결선에 의하여 3300 [V]의 3상으로부터 200 [V], 40 [kVA]의 전력을 얻는 경우 T좌변압기의 권수비는 약 얼마인가?

① 10.2   ② 11.7   ③ 14.3   ④ 16.5

해설 T좌변압기의 탭비율 (a_T)

T좌변압기는 1차권선의 $\frac{\sqrt{3}}{2}$ 지점에 탭을 설치하며 탭비율에 의해 권수비가 결정되므로
$a_T = a \times \frac{\sqrt{3}}{2} = \frac{3300}{200} \times \frac{\sqrt{3}}{2} = 14.3$

정답 ③

06 변압기의 병렬운전

1 병렬운전 가능한 결선

Y-△의 비가 짝수비를 갖는 조합 병렬운전 가능

운전 가능			운전 불가능		
$Y-Y$	:	$Y-Y$	$Y-Y$	:	$Y-\triangle$
$\triangle-\triangle$	:	$\triangle-\triangle$	$\triangle-\triangle$	:	$\triangle-Y$
$Y-Y$	:	$\triangle-\triangle$	$Y-\triangle$	:	$\triangle-\triangle$
$\triangle-\triangle$	:	$Y-Y$	$\triangle-Y$	:	$Y-Y$
⋮		⋮	⋮		⋮
$Y, \triangle$의 개수가 짝수			$Y, \triangle$의 개수가 홀수		

예제 15

3상 변압기를 병렬운전하는 경우 불가능한 조합은?

① △-Y와 Y-△   ② △-△와 Y-Y   ③ △-Y와 △-Y   ④ △-Y와 △-△

해설 변압기의 병렬운전 조건

Y-△의 비가 홀수비를 갖는 조합은 병렬운전이 불가하다.

정답 ④

2 변압기의 병렬운전

(1) 병렬운전 조건
 ① 극성이 같을 것
 ② 권수비, 1차와 2차의 정격 전압이 같을 것
 ③ %임피던스 강하가 같을 것
 ④ 내부저항과 누설 리액턴스 비가 같을 것
 ⑤ 상회전 방향 및 위상 변위가 같을 것(3상일 때)

(2) 부하분담

$$\frac{P_A}{P_B} = \frac{[kVA]_A}{[kVA]_B} \times \frac{\%Z_B}{\%Z_A}$$

용량에 비례하고, %임피던스에는 반비례

예제 16

3300/220 [V] 변압기 A, B의 정격용량이 각각 400 [kVA], 300 [kVA]이고, %임피던스 강하가 각각 2.4 [%], 3.6 [%]일 때 그 2대의 변압기에 걸 수 있는 합성 부하용량은 몇 [kVA]인가?

① 550 ② 600 ③ 650 ④ 700

해설 변압기의 부하분담

$$\frac{P_B}{P_A} = \frac{P_b}{P_a} \times \frac{\%Z_a}{\%Z_b}$$

$$P_B = P_A \times \frac{P_b \times \%Z_a}{P_a \times \%Z_b} = 400 \times \frac{300 \times 2.4}{400 \times 3.6} = 200 \,[\text{kVA}]$$

$$P_A + P_B = 400 + 200 = 600 \,[\text{kVA}]$$

정답 ②

07 변압기의 손실 및 효율

1 손실

(1) 무부하손 : 대부분 철손

① 히스테리시스손 (P_h)
- 철손의 약 80 [%]
- 방지책 : 규소강판 사용

$$P_h \propto fB_m^2 \propto \frac{V^2}{f}$$

② 와류손 (P_e)
- 철손의 약 20 [%]
- 방지책 : 철심을 성층하여 사용

$$P_e \propto (tfB_m)^2 \propto V^2$$

(2) 부하손 : 대부분 동손

① 동손 : $P_c = I^2 \cdot R$

② 표유 부하손 : 누설자속에 의한 손실

예제 17

정격 전압, 정격 주파수가 6600/220 [V], 60 [Hz], 와류손이 720 [W]인 단상 변압기가 있다. 이 변압기를 3300 [V], 50 [Hz]의 전원에 사용하는 경우 와류손은 약 몇 [W]인가?

① 120 　　② 150 　　③ 180 　　④ 200

해설 변압기의 와류손

$P_e \propto E^2$

$P_e' = \left(\dfrac{3300}{6600}\right)^2 \times 720 = 180\,[\text{W}]$

정답 ③

2 효율

(1) 규약효율　$\eta = \dfrac{출력}{출력 + 손실} \times 100\,[\%]$

(2) 전부하 시 효율

$$\eta = \dfrac{V_{2n} I_{2n} \cos\theta}{V_{2n} I_{2n} \cos\theta + P_i + P_c} \times 100\,[\%]$$

(3) $\dfrac{1}{m}$ 부하로 운전 시 효율

$$\eta_{\frac{1}{m}} = \dfrac{\dfrac{1}{m} V_{2n} I_{2n} \cos\theta}{\dfrac{1}{m} V_{2n} I_{2n} \cos\theta + P_i + \left(\dfrac{1}{m}\right)^2 P_c} \times 100\,[\%]$$

(4) 최대효율 조건

① 전부하 시 : 철손(P_i) = 동손(P_c)

② $\dfrac{1}{m}$ 부하 시

$$P_i = \left(\dfrac{1}{m}\right)^2 P_c \qquad \dfrac{1}{m} = \sqrt{\dfrac{P_i}{P_c}}$$

예제 18

출력이 10 [kVA], 정격전압에서의 철손이 120 [W], 역률 0.7, 3/4부하에서 효율이 가장 큰 단상 변압기가 있다. 이 변압기가 3/4부하이고 역률이 1일 때의 최대 효율은 몇 [%]인가?

① 95.9　　　② 96.9　　　③ 97.9　　　④ 98.9

해설 최대효율

최대효율일 때 $\left(\dfrac{1}{m}\right)^2 P_c = 120$

효율 $\eta = \dfrac{\dfrac{1}{m}P}{\dfrac{1}{m}P + P_i + \left(\dfrac{1}{m}\right)^2 P_c}$ 이므로

$\eta = \dfrac{\dfrac{3}{4} \times 10^4}{\dfrac{3}{4} \times 10^4 + 120 + 120} = 0.969$　　　∴ $\eta = 96.9\,[\%]$

정답 ②

08 변압기의 시험 및 보수

1 무부하시험(개방시험)

(1) 무부하시험의 특징

　① 2차 측을 개방

　② 병렬부분 값을 측정

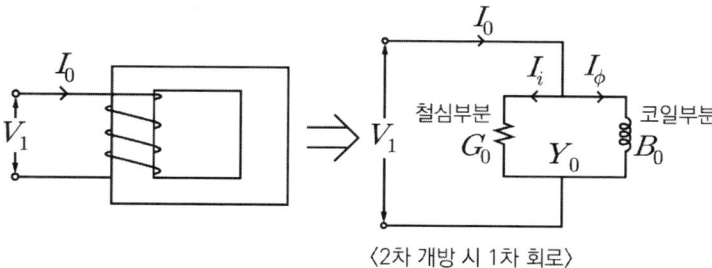

〈2차 개방 시 1차 회로〉

(2) 여자전류

① 철손전류 : $I_i = \dfrac{P_i}{V_1}$

② 자화전류 : $I_\phi = V_1 B_0$

③ 여자전류의 크기 : $|I_0| = \sqrt{I_i^2 + I_\phi^2}$

예제 19

정격 전압 120 [V], 60 [Hz]인 변압기의 무부하 입력 80 [W], 무부하 전류 1.4 [A]이다. 이 변압기의 여자 리액턴스는 약 몇 [Ω]인가?

① 97.6   ② 103.7   ③ 124.7   ④ 180

해설 무부하시험

- 철손 전류 $I_i = \dfrac{P}{V} = \dfrac{80}{120} = 0.67$ [A]
- 자화 전류 $I_\phi = \sqrt{1.4^2 - 0.67^2} = 1.23$ [A]
- 여자 리액턴스 $X = \dfrac{V}{I_\phi} = \dfrac{120}{1.23} = 97.6$ [Ω]

정답 ①

(3) 무부하시험으로 측정 가능한 값 : 전류, 철손, 여자 어드미턴스

① 여자 어드미턴스 $Y_0 = \sqrt{G_0^2 + B_0^2} = \dfrac{I_0}{V_1}$ [℧]

② 여자 컨덕턴스 $G_0 = \dfrac{I_i \times V_1}{V_1 \times V_1} = \dfrac{P_i}{V_1^2}$ [℧]

③ 여자 서셉턴스 $B_0 = \sqrt{Y_0^2 - G_0^2} = \sqrt{\left(\dfrac{I_0}{V_1}\right)^2 - \left(\dfrac{P_i}{V_1^2}\right)^2}$ [℧]

2 단락시험

(1) 단락시험의 특징

① 변압기의 2차 측을 단락

② 1차 정격 전류가 흐를 때 변압기 내에서 발생하는 전압강하와 동손을 계산

(2) 단락시험으로 측정 가능한 값

① 임피던스전압
- 변압기 2차 측 단락 상태에서, 1차 측에 전압을 가하면서 1차 전류가 정격전류에 도달했을 때 1차 측 전압
- 정격전류에 의한 변압기 내의 전압 강하

$$V_s = I_{1n} Z_{12} \, [\text{V}]$$

② 임피던스와트(동손)
- 1차 정격전류가 흐를 때 변압기 내에서 발생하는 손실

$$P_s = I_{1n}^2 R_{12} \, [\text{W}]$$

③ 전압변동률

3 온도상승시험

(1) 실부하법

① 소용량에만 적용

② 전력손실이 큰 단점

(2) 반환부하법

① 변압기가 2대 이상 있을 경우에 사용

② 현재 가장 많이 사용

4 그 외 시험

(1) 절연내력시험

① 유도시험
- 권선 간에 절연내력을 확인하는 층간절연을 시험
- 권선의 단사 사이에 상호유도전압의 2배 전압을 가하는 시험
- 유도시험시간 $= 60 \times \dfrac{2 \times 정격주파수}{시험주파수}$

② 가압시험
- 온도시험 직후에 절연저항과 절연내력을 확인
- 정현파에 가까운 전압으로 절연내력시험

③ 충격전압시험
- 변압기에 번개와 같은 충격전압을 가하여 견디는 정도를 확인
- 충격 표준파형으로 절연내력시험

(2) 정수측정시험

① 권선저항시험   ② 무부하시험   ③ 단락시험

5 변압기 보호

(1) 변압기 보호의 주된 목적
① 절연내력 저하 방지
② 변압기 자체 사고의 최소화
③ 다른 부분으로의 사고 확산 방지

(2) 변압기 보호용 계전기
① 차동 계전기 : 변압기 내부고장 발생 시 전류의 차에 의하여 동작
② 비율차동 계전기 : 변압기 내부 고장 발생 시 전류차가 일정 비율 이상이 되었을 때 동작되며 주로 변압기의 층간 단락 보호용으로 사용
③ 온도 계전기 : 설정한 온도 이상 또는 이하로 전기회로를 개폐하는 장치
④ 과전류 계전기 : 과부하 또는 단락, 지락 시 과전류를 검출
⑤ 부흐홀츠 계전기 : 유증기에 의하여 동작하며 기계적 보호에 사용
⑥ 충격압력 계전기 : 내압의 급격한 상승 감지
⑦ 방압안전장치 : 변압기 내부에서 일정 압력을 초과할 때 압력을 방출하여 변압기의 외함에 대한 변형이나 파손을 방지
⑧ 가스검출 계전기 : 변압기 내부 결함으로 발생하는 가스에 의해 동작

(3) 변압기 권선온도 측정 : 열동 계전기

예제 20

변압기의 내부 고장에 대한 보호용으로 사용되는 계전기는 어느 것이 적당한가?

① 방향 계전기 ② 온도 계전기
③ 접지 계전기 ④ 비율차동 계전기

해설 변압기 보호용 계전기

- 부흐홀츠 계전기
- 비율차동 계전기
- 차동 계전기
- 온도 계전기
- 압력 계전기

정답 ④

09 계기용 변성기

1 MOF(전력 수급용 계기용 변성기)

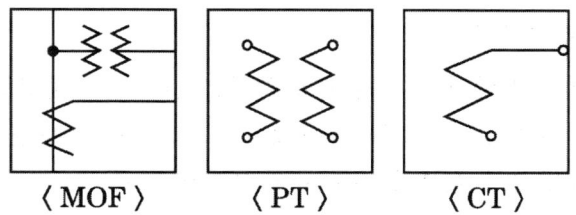

⟨ MOF ⟩   ⟨ PT ⟩   ⟨ CT ⟩

(1) MOF의 특징
  ① 고전압, 대전류에서 전력을 측정하기 위한 장치
  ② PT와 CT를 한 탱크 안에 구성

(2) PT(계기용 변압기)
  ① 전압을 측정하기 위한 변압기
  ② 2차 정격전압 : 110 [V]
  ③ 2차 부담 : 2차 회로의 부하를 의미
  ④ 2차 측은 반드시 접지

(3) CT(계기용 변류기)
   ① 전류를 측정하기 위한 변압기
   ② 2차 전류 : 5 [A]
   ③ 2차 측 개방 금지

예제 21

전기설비 운전 중 계기용 변류기(CT)의 고장 발생으로 변류기를 개방할 때 2차 측을 단락해야 하는 이유는?

① 2차 측의 절연보호
② 1차 측의 과전류 방지
③ 2차 측의 과전류 보호
④ 계기의 측정 오차 방지

해설 변류기 2차 개방 시 현상
- 1차 전류가 모두 여자전류가 됨
- 2차 측에 과전압을 유기하여 절연 파괴
- ∴ 절연 파괴 대책 : 변류기 2차 측 단락

정답 ①

---

2 GPT와 ZCT

(1) GPT
   ① 접지형 계기용 변압기
   ② 비접지 계통에서 지락사고 시의 영상 전압을 검출하여 불평형 사고를 보호
   ③ 지락전압계전기(OVGR)와 지락방향계전기(SGR,DGR)가 동시에 동작할 수 있을 정도의 지락전류(영상 유효분)를 흘려주기 위하여 사용

(2) ZCT
   ① 영상 변류기
   ② 지락사고 시 지락전류(영상전류)를 검출
   ③ GR(지락계전기)와 조합하여 차단기를 작동

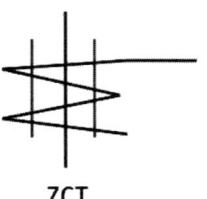

ZCT

10 특수변압기

1 3권선변압기

(1) 구조

① Y - Y - ⊿결선으로 구성

② 1대의 변압기 철심에 3개의 권선이 감겨진 변압기

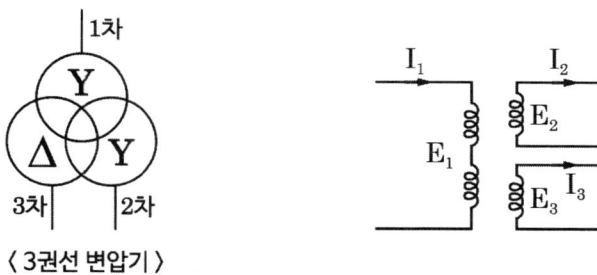

〈3권선 변압기〉

(2) 용도

① Y - Y - △결선을 하여 제3고조파를 제거

② 발전소에서 소내용 전력공급이 가능

③ 조상기를 접속하여 송전선의 전압과 역률을 조정 가능

④ 통신 유도 장해를 저감

2 단권변압기

(1) 구조와 종류

① 하나의 철심에 1차 권선과 2차 권선의 일부를 서로 공유

② 분로권선과 직렬권선으로 구분

③ 종류 : 단상 단권변압기, 3상 단권변압기

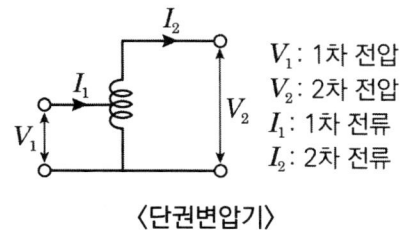

V_1: 1차 전압
V_2: 2차 전압
I_1: 1차 전류
I_2: 2차 전류

〈단권변압기〉

(2) 특징

① 소형 변압기

② 철심을 공유해 동량을 절약할 수 있어서 가격이 저렴

③ 동손이 적어서 효율이 좋음

④ 분로권선에서 누설자속이 없기 때문에 전압 변동률이 작음

(3) 용량비 (승압용)

사용 변압기	용량비
1대	$\dfrac{\text{자기용량}}{\text{부하용량}} = \dfrac{V_h - V_\ell}{V_h}$
2대(V결선)	$\dfrac{\text{자기용량}}{\text{부하용량}} = \dfrac{2}{\sqrt{3}}\left(\dfrac{V_h - V_\ell}{V_h}\right)$
3대(Y결선)	$\dfrac{\text{자기용량}}{\text{부하용량}} = \dfrac{V_h - V_\ell}{V_h}$
3대(△결선)	$\dfrac{\text{자기용량}}{\text{부하용량}} = \dfrac{V_h^2 - V_\ell^2}{\sqrt{3}\, V_h V_\ell}$

예제 22

자기용량 10 [kVA]의 단권변압기를 그림과 같이 접속하였을 때 부하역률이 80 [%]라면 부하에 몇 [kW]의 전력을 공급할 수 있는가?

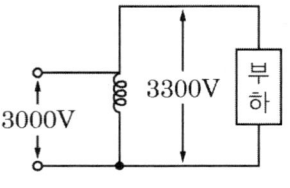

① 55　　　② 66　　　③ 77　　　④ 88

해설 변압기의 용량비

- $\dfrac{\text{자기 용량}}{\text{부하 용량}} = \dfrac{V_h - V_\ell}{V_h}$ 에서

- 부하 용량 = 자기 용량 $\times \left(\dfrac{V_h}{V_h - V_\ell}\right) = 10 \times \dfrac{3300}{3300 - 3000} = 110\,[\text{kVA}]$

- $\cos\theta = 0.8$ 이므로

∴ $P = 110 \times 0.8 = 88\,[\text{kW}]$

정답 ④

3 누설변압기

(1) 특징

① 누설자속을 크게 한 변압기로, 정전류변압기라고도 칭함

② 일정한 전류를 유지시키기 위해 자기회로 일부에 공극이 있는 누설 자속 통로를 만들어 부하전류 증가에 따른 전압강하를 크게 하려고 리액턴스를 증가시킨 변압기

③ 부하전류가 어느 정도 증가한 후 일정 값이 되는 수하특성

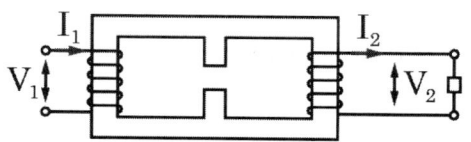

(2) 용도

① 아크 용접용 변압기

② 네온관 점등용 변압기

4 3상 변압기

(1) 구조와 특징

① 단상 변압기 3대를 철심으로 조합시켜 하나의 철심에 1·2차 권선을 감은 변압기

② 변압기 1대로 3상 변압을 할 수 있는 변압기

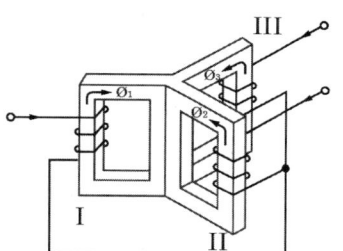

(2) 장점

① 철량이 적어서 철손도 경감되므로 효율이 좋음

② 경제적이고 설치면적이 작아짐

(3) 단점

① 1상만 고장 나도 사용이 불가

② 설치 뱅크가 적을 때는 예비기의 설치 비용이 커짐

5 기타 변압기

(1) 탭전환변압기

① 부하증감에 따른 전압변동을 최소화시키기 위해서 탭을 조정

② 1차 탭을 내리면 2차 전압은 상승

③ 1차 탭을 높이면 2차 전압은 강하

예제 23

탭전환변압기 1차 측에 몇 개의 탭이 있는 이유는?

① 예비용 단자
② 부하전류를 조정하기 위하여
③ 수전점의 전압을 조정하기 위하여
④ 변압기의 여자전류를 조정하기 위하여

해설 탭전환변압기

부하증감에 따른 전압 변동을 최소화시키기 위해서 탭을 조정
- 1차 탭을 내리면 2차 전압은 높아진다.
- 1차 탭을 높이면 2차 전압은 낮아진다.

정답 ③

(2) 몰드변압기

① 종래 유입·건식 변압기의 문제점 개선을 위해 코일을 에폭시수지로 몰드한 고체절연방식
② 자기 소화성이 우수
③ 소형 경량화가 가능
④ 건식변압기에 비해 작은 소음 발생
⑤ 유입변압기에 비해 낮은 절연레벨

CHAPTER 04 | 개념 체크 OX

1 Y-△결선은 승압용으로 사용된다. ☐O ☐X

2 변압기유는 점도가 높고 유동성이 풍부해야 한다. ☐O ☐X

3 변압기의 1차 측을 단락한 상태에서 1차 측에 정격전류를 흐르게 하기 위한 1차 측 인가전압을 임피던스 전압이라고 한다. ☐O ☐X

4 감극성은 1, 2차 코일을 반대 방향으로 감아 1, 2차 코일의 극성이 반대이다. ☐O ☐X

5 Y-Y결선은 제 3고조파로 인한 통신상의 유도장애가 발생한다. ☐O ☐X

6 V결선한 변압기의 출력비는 57.7 [%]이다. ☐O ☐X

7 스코트 결선은 3상을 6상으로 변환하기 위한 결선법이다. ☐O ☐X

8 변압기를 병렬운전하기 위해 두 변압기의 용량이 같아야 한다. ☐O ☐X

9 무부하시험을 통해서 동손과 임피던스 전압이 측정 가능하다. ☐O ☐X

10 온도상승시험으로는 반환부하법이 가장 널리 사용된다. ☐O ☐X

11 변압기의 층간 단락 보호용으로 사용되는 계전기는 비율차동계전기이다. ☐O ☐X

12 단권 변압기는 단상으로만 사용 가능하다. ☐O ☐X

정답 01 (X) 02 (X) 03 (X) 04 (X) 05 (O) 06 (O) 07 (X) 08 (X) 09 (X) 10 (O) 11 (O) 12 (X)

1 강압용으로 사용된다.
2 점도가 낮고 유동성이 풍부해야 한다.
3 2차 측을 단락한 상태여야 한다.
4 1, 2차 코일을 반대 방향으로 감으며 1, 2차 코일의 극성이 동일하다.
7 3상을 2상으로 변환하기 위한 결선법
8 용량은 달라도 가능하다.
9 단락시험을 통해 측정 가능하다.
12 3상 단권변압기도 가능

CHAPTER 05 유도전동기

01 유도전동기의 원리 및 구조

1 유도전동기의 회전원리

(1) 아고라의 원판
   ① 자석을 회전시키면 원판중심으로 향하는 유도기전력이 발생
   ② 플레밍의 오른손법칙에 의해 전류 발생
   ③ 플레밍의 왼손법칙에 의해 원판이 자석이 회전하는 방향과 같은 방향으로 회전

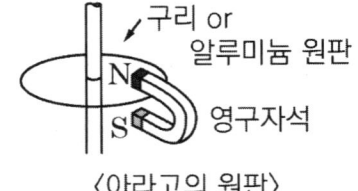
〈아라고의 원판〉

(2) 회전자기장의 발생
   ① 단상 유도전동기 : 교번자계 발생
   ② 3상 유도전동기 : 회전자계 발생

(3) 회전자계의 속도

$$N_s = \frac{120f}{P} \text{ [rpm]}$$

2 3상 유도전동기의 구조

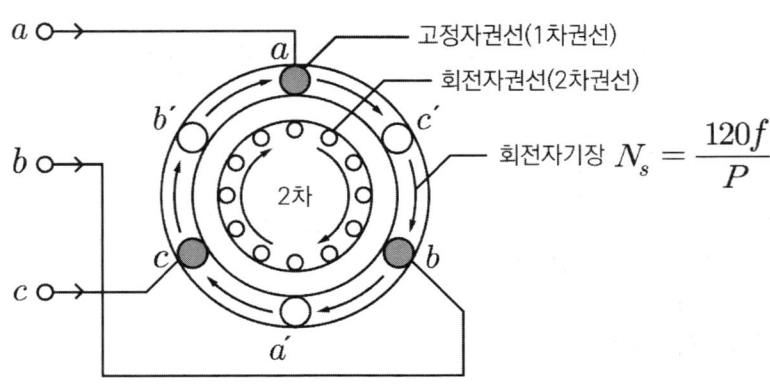

(1) 고정자(1차 측)
　① 유도전동기의 회전하지 않는 부분
　② 규소강판을 성층하여 3상 코일을 감은 것
　③ 철심 : 두께 0.35 ~ 0.5 [mm]로 성층된 규소강판

(2) 회전자(2차 측)
　① 유도전동기의 회전하는 부분
　② 규소 강판을 성층하여 둘레에 홈을 파고 코일을 감은 형태
　③ 코일의 종류에 따라 농형 회전자와 권선형 회전자로 구분
　④ 회전자가 고정자 내부에 위치

(3) 공극
　① 공극 넓이 : 0.3 ~ 2.5 [mm] 정도
　② 공극이 넓을 경우
　　• 자기저항과 여자전류가 커져서 전동기의 역률이 저하
　③ 공극이 좁을 경우
　　• 진동과 소음 발생　　　• 누설 리액턴스가 증가
　　• 철손 증가　　　　　　• 출력 감소

3 유도전동기의 분류

(1) 농형 유도전동기
　① 구조가 간단하고 견고하나 주로 소형 전동기에 많이 사용
　② 회전자는 개방할 수 없고 단락 상태이므로 전압 측정 불가
　③ 1차 3선 중 2선을 바꾸면 역회전 가능
　④ 소음 발생을 억제하기 위해 회전자 둘레에 사구(Skew)슬롯을 사용

(2) 권선형 유도전동기
　① 회전자 구조가 복잡하고 운전이 어려움
　② 기동 전류를 감소시킬 수 있으며 속도 조정이 자유로움
　③ 기동할 때에 회전자는 슬립링을 통하여 외부에 가감 저항기를 접속
　④ 전동기 속도가 상승함에 따라 외부저항을 점점 감소시키고 최후에는 슬립링을 단락

02 유도전동기의 슬립 및 등가회로

1 슬립

(1) 슬립

① 정의 : N_s와 N 사이에 회전 속도의 차를 비로 나타낸 것

$$s = \frac{N_s - N}{N_s} = 1 - \frac{N}{N_s}$$

② 회전자 속도

$$N = (1-s)N_s = (1-s)\frac{120f}{p}$$

③ 역방향 회전자 슬립

$$s' = \frac{N_s - (-N)}{N_s} = 2 - s$$

④ 전압과의 관계

$$s \propto \frac{1}{V^2}$$

예제 01

380 [V], 60 [Hz], 4극, 10 [kW]인 3상 유도전동기의 전부하 슬립이 4 [%]이다. 전원 전압을 10 [%] 낮추는 경우 전부하 슬립은 약 몇 [%]인가?

① 3.3 ② 3.6 ③ 4.4 ④ 4.9

해설 유도전동기의 슬립

$s \propto \dfrac{1}{V^2}$ 이므로

$$s' = s \times \left(\frac{1}{0.9}\right)^2 = 4 \times \left(\frac{1}{0.9}\right)^2 = 4.94 \,[\%]$$

정답 ④

예제 02

4극, 60 [Hz]인 3상 유도전동기가 1710 [rpm]으로 회전하고 있을 때, 전원의 a상과 b상을 바꾸면 슬립은 약 얼마인가?

① 1.85   ② 1.90   ③ 1.95   ④ 2.0

해설 유도전동기의 역회전

3상 유도전동기는 3개의 상 중에서 2개의 접속을 바꾸게 되면 역회전이 발생

$s = \dfrac{N_s - (-N)}{N_s}$ 에서

$N_s = \dfrac{120f}{p} = \dfrac{120 \times 60}{4} = 1800 \, [\text{rpm}]$

$\therefore s = \dfrac{1800 - (-1710)}{1800} = 1.95$

정답 ③

(2) 슬립의 영역

구분	유도발전기	유도전동기	유도제동기
Slip 영역	$s < 0$	$0 < s < 1$	$1 < s < 2$
	$N > N_s$	• 회전자 정지 상태 $N = 0, s = 1$ • 동기속도로 회전(무부하 시) $N = N_s, s = 0$	회전자의 회전 방향이 회전자계 회전 방향과 반대가 되어 제동기로 작용

(3) 슬립 측정법

① 스트로보 - 스코프법
② 수화기법
③ 직류밀리볼트계법
④ 회전계법

2 권선형 유도전동기의 등가회로

(1) 정지 시 등가회로

- $I_2 = \dfrac{E_2}{\sqrt{r_2^2 + x_2^2}}$

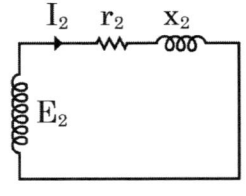

(2) 슬립 s로 회전 시 등가회로

① 2차 주파수 $f_{2s} = sf_1$

② 2차 유기기전력 $E_{2s} = sE_2$

③ 2차 누설리액턴스 $x_{2s} = sx_2$

④ $I_2 = \dfrac{sE_2}{\sqrt{r_2^2 + (sx_2)^2}} = \dfrac{E_2}{\sqrt{\left(\dfrac{r_2}{s}\right)^2 + x_2^2}}$

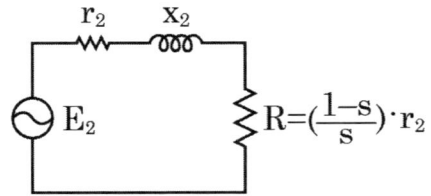

$I_2 = \dfrac{E_2}{\sqrt{(r_2 + R)^2 + x_2^2}}$ 에서 두 식이 같아야 하므로

$\dfrac{r_2}{s} = r_2 + R$

$\therefore \left(\dfrac{1-s}{s}\right)r_2 = R$: 기계적 출력을 대표하는 저항

예제 03

6극 200 [V], 10 [kW]의 3상 유도전동기가 960 [rpm]으로 회전하고 있을 때의 회전자 기전력의 주파수 [Hz]는? (단, 전원의 주파수는 60 [Hz]이다)

① 12 ② 8 ③ 6 ④ 4

해설 회전자 기전력의 주파수

회전 시 2차 주파수 $f_2 = s \cdot f_1$

$N_s = \dfrac{120f}{p} = \dfrac{120 \times 60}{6} = 1200 \,[\text{rpm}]$

$s = \dfrac{N_s - N}{N_s} = \dfrac{1200 - 960}{1200} = 0.2$ 　　$\therefore f_2 = 0.2 \times 60 = 12 \,[\text{Hz}]$

정답 ①

03 유도전동기의 특성

1 입력과 출력

(1) 1차 입력과 출력

① 1차 출력 : $P_2 = P_1 - (P_i + P_{c1})$

② 1차 동손 : $P_{c1} = I_1^2 \cdot R_1 [\text{W}]$

P_i : 철손, P_{c1} : 1차 동손, P_1 : 1차 입력

(2) 2차 입력과 출력

① 2차 입력 = 1차 출력

② 2차 동손 $P_{c2} = sP_2$

③ 2차 출력 = 2차 입력 - 2차 동손

$$P_0 = P_2 - P_{c2} = P_2 - sP_2 = P_2(1-s)$$

(3) 유도전동기 비례식

$$P_2 : P_{c2} : P_0 = 1 : s : 1-s$$

$P_{c2} : P_0 = s : 1-s$ 에서

$sP_0 = (1-s)P_{c2}$ → $P_0 = \dfrac{1-s}{s} P_{c2}$

예제 04

정격출력이 7.5 [kW]의 3상 유도전동기가 전부하 운전에서 2차 저항손이 300 [W]이다. 슬립은 약 몇 [%]인가?

① 3.85   ② 4.61   ③ 7.51   ④ 9.42

해설 2차 동손 (P_{2c})

$P_{c2} : P_0 = s : 1-s$ → $300 : 7500 = s : 1-s$ 에서

$7500s = 300(1-s)$ 이므로

∴ $s = 3.58$

정답 ①

(4) 2차 효율 (η_2)

$$\eta_2 = \frac{\text{기계적 출력}}{\text{2차입력}} = \frac{P_0}{P_2} = \frac{P_2 - P_{c2}}{P_2} = \frac{P_2(1-s)}{P_2} = (1-s)$$

예제 05

정격출력 50 [kW], 4극 220 [V], 60 [Hz]인 3상 유도전동기가 전부하 슬립 0.04, 효율 90 [%]로 운전되고 있을 때 다음 중 틀린 것은?

① 2차 효율 = 92 [%
② 1차 입력 = 55.56 [kW]
③ 회전자 동손 = 2.08 [kW]
④ 회전자 입력 = 52.08 [kW]

[해설] 유도전동기 계산

① $\eta_2 = 1 - s = 1 - 0.04 = 0.96\,(96\%)$

② $P_1 = \dfrac{P_o}{\eta} = \dfrac{50}{0.9} = 55.56\,[\text{kW}]$

③ $P_{2c} = sP_2 = 0.04 \times 52.08 = 2.08\,[\text{kW}]$

④ $P_2 = \dfrac{P_o}{1-s} = \dfrac{50}{0.96} = 52.08\,[\text{kW}]$

정답 ①

2 토크

(1) 토크

① 회전축을 중심으로 회전시키는 능력

$$\tau = \frac{P_2}{\omega} = \frac{P_2}{2\pi \dfrac{N_s}{60}} = \frac{60}{2\pi} \times \frac{P_2}{N_s} = 9.55 \times \frac{P_2}{N_s}\,[\text{N·m}]$$

② 단위변환

$$\tau = 9.55 \times \frac{1}{9.8} \times \frac{P_2}{N_s} = 0.975 \times \frac{P_2}{N_s}\,[\text{kg·m}]$$

$$1\,[\text{kg·m}] = 9.8\,[\text{N·m}]$$

③ 토크의 비례관계

$\tau = K\phi I, \quad \phi \propto V, \quad I \propto V, \quad \tau \propto V^2$

예제 06

4극, 60 [Hz]의 유도전동기가 슬립 5 [%]로 전부하 운전 하고 있을 때 2차 권선의 손실이 94.25 [W]라고 하면 토크는 약 몇 [N·m]인가?

① 1.02 ② 2.04 ③ 10.0 ④ 20.0

해설 유도전동기 토크

$$\tau = 9.55 \frac{P_2}{N_s} = 9.55 \frac{\frac{94.25}{0.05}}{1,800} = 10.0 \,[\text{N·m}] \qquad \because P_2 = \frac{P_c}{s}$$

정답 ③

(2) 동기와트

① 동기속도로 회전할 때 2차 입력을 토크로 표현한 것

② 동기와트 $P_2 = 2\pi \dfrac{N_s}{60} \tau = \dfrac{1}{9.55} N_s \tau$ (토크의 단위는 [N·m])

예제 07

4극, 60 [Hz]인 3상 유도전동기가 159 [N·m]의 토크를 발생시킬 때, 동기와트는 약 몇 [kW]인가?

① 30 ② 40 ③ 50 ④ 60

해설 동기와트(P_2)

$$N_s = \frac{120f}{p} = \frac{120 \times 60}{4} = 1800$$

토크 $\tau = 9.55 \dfrac{P_2}{N_s}$ 에서

$$159 = 9.55 \times \frac{P_2}{1800}$$

$$\therefore P_2 = \frac{159 \times 1800}{9.55} = 30000\,[\text{W}]$$

정답 ①

3 원선도

(1) 원선도
　① 유도전동기의 동작 특성을 부여하는 원형의 궤적
　② 원선도의 지름
　　• 1차 전압에 비례
　　• 1차로 환산한 누설 리액턴스에 반비례

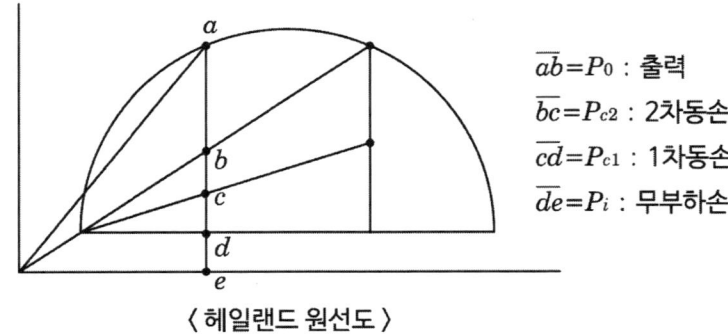

〈 헤일랜드 원선도 〉

$\overline{ab} = P_0$: 출력
$\overline{bc} = P_{c2}$: 2차동손
$\overline{cd} = P_{c1}$: 1차동손
$\overline{de} = P_i$: 무부하손

(2) 원선도 작성 시 필요요소
　① 송전단 전압
　② 수전단 전압
　③ 선로의 일반회로 정수

(3) 원선도 작성에 필요한 시험
　① 무부하시험 : 철손(P_i), 여자전류(무부하전류)를 구함
　② 구속 시험 : 동손(P_c)을 구함
　③ 권선 저항 측정 시험(1, 2차 저항 측정)

04 유도전동기의 기동 및 제동

1 농형 유도전동기의 기동법

(1) 전전압기동법(직입기동법)
　① 5 [kW] 이하의 전동기에 사용
　② 기동 전류는 정격 전류의 4 ~ 6배
　③ 기동 시간이 짧고 역률이 나쁘다.
　④ 전동기 단자에 직접 정격전압을 가한다.

(2) Y - △기동법
　① 기동 시 고정자 권선을 Y로 접속한 후 운전 속도에 도달하면 △결선으로 운전
　② 5 ~ 15 [kW] 정도의 농형 유도전동기에 사용
　③ Y기동 시 △기동 시에 비해 기동 전류 $\frac{1}{3}$ 배, 기동토크 $\frac{1}{3}$ 배, 정격전압 $\frac{1}{\sqrt{3}}$ 배

(3) 기동보상기법
　① 기동 시 공급 전압을 단권변압기에 의해서 일시 강하시켜서 기동전류를 제한하는 기동방법으로 기동 전류를 줄여 기동 후 전압을 점차로 높여 운전하는 방법
　② 15 [kW] 이상의 농형 유도전동기에 사용

(4) 리액터기동법
　① 전동기의 1차 측에 직렬로 철심이 든 리액터를 설치
　② 리액턴스 값을 조정하여 인가되는 전압을 제어함으로써 기동전류 및 토크를 제어

2 권선형 유도전동기의 기동법

(1) 2차 저항기동법
　① 2차 회로에 가변 저항기를 접속하고 비례추이의 원리에 의하여 기동전류를 억제하고 큰 기동토크를 얻는 방법
　② 기동초기에는 저항을 작게 하여 기동하고 최종적으로 단락하여 기동

(2) 2차 임피던스기동법
　① 회전자회로에 고정저항과 리액터를 병렬 접속한 것을 삽입하여 기동
　② 기동초기에는 전류가 저항으로 흐르고 점차 인덕턴스로 이동하여 기동

3 유도전동기의 이상기동현상

(1) 크로우링 현상
　① 농형 전동기에서 고정자와 회전자의 슬롯 수가 적당하지 않을 경우 발생
　② 농형 유도전동기에 고조파전류 등이 흐르게 되어 정격속도에 이르지 못하고 낮은 속도에서 안정화되어 버리는 현상(진동 및 소음 발생)
　③ 방지 대책 : 경사슬롯을 채용

(2) 게르게스 현상
　① 3상 권선형 유도전동기의 2차 회로가 1선이 단선된 경우 슬립이 0.5 정도에서 더 이상 가속되지 않는 현상
　② 전류가 증가하고 속도는 낮아지지만 회전은 가능

4 유도전동기 제동법

(1) 전기적 제동법

① 회생제동 : 유도전동기를 유도발전기로 동작시켜, 그 발생 전력을 전원에 회생시켜서 제동

② 발전제동 : 전동기 제동 시에 전원을 개방하여 공급하여 발전기로 동작시킨 후 발전된 전력을 저항에서 열로 소비시키는 방법

③ 역상제동 : 전동기의 1차 권선 3단자 중 임의의 2단자의 접속을 바꾸면 역방향의 토크가 발생되어 제동하는 방법

④ 단상제동 : 권선형 유도전동기의 고정자에 단상전압을 걸어주고 회전자회로에 큰 저항을 연결할 때 일어나는 전기적 제동
- 대형기중기에서 짐을 아래로 안전하게 내릴 때 사용

(2) 기계적 제동

회전 부분과 접지 부분 사이의 마찰을 이용하여 제동하는 방법

05 유도전동기의 제어

1 농형 유도전동기의 속도제어

(1) 극수 변환법

① 극수에 반비례 $\left(N_s = \dfrac{120f}{P}\right)$

② 효율이 좋은 장점

③ 단계적인 속도제어 가능

(2) 주파수 변환법

① 인버터 등을 이용하여 주파수를 변환하여 속도제어 $\left(N_s = \dfrac{120f}{P}\right)$

② 고속 회전이 가능하여 선박 추진용 및 전기자동차용 구동전동기의 속도제어에 사용

(3) 1차 전압제어법

토크를 변화시켜 슬립의 변동으로 속도를 제어하는 방법 $\left(s \propto \dfrac{1}{V^2}\right)$

2 권선형 유도전동기의 속도제어

(1) 2차 저항제어법

① 2차 저항의 크기를 조정해서 토크의 크기를 제어하는 방법

② 비례추이의 원리를 이용

③ 특징
- 구조가 간단하고 제어조작이 용이, 수리 및 보수 유지가 간편
- 장시간 운전 시 온도영향이 크고 효율이 낮으며 속도변동률 역시 크다.

(2) 2차 여자법

① 3상 권선형 유도전동기의 슬립링을 통하여 슬립주파수의 전압을 공급하여 속도를 제어하는 방법으로 일종의 전압제어법

② 2차 전류 $I_2 = \dfrac{sE_2 \pm E_c}{\sqrt{r_2^2 + sx_2^2}}$ 에 비례하여 속도변화

sE_2 : 2차 유기기전력, E_c : 주파수전압

- sE_2와 E_c가 동위상인 경우 : $sE_2 + E_c$
- sE_2와 E_c가 반대위상인 경우 : $sE_2 - E_c$

③ 특징 : 고효율, 광범위한 속도제어

④ 종류
- 크레머 방식 : 계자를 제어하여 회전수를 변환(정출력 제어)
- 세르비우스 방식 : 권선형 유도전동기의 회전자 출력을 3상 전파 정류한 후 얻어진 전지에너지를 사이리스터에 의해 3상 전원 측으로 회생시켜 되돌려주는 방식

예제 08

sE_2는 권선형 유도전동기의 2차 유기전압이고 E_c는 외부에서 2차 회로에 가하는 2차 주파수와 같은 주파수의 전압이다. E_c가 sE_2와 반대 위상일 경우 E_c를 크게 하면 속도는 어떻게 되는가? (단, $sE_2 - E_c$는 일정하다)

① 속도가 증가한다.
② 속도가 감소한다.
③ 속도에 관계없다.
④ 난조 현상이 발생한다.

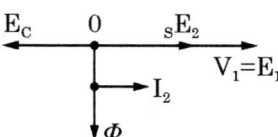

해설 2차 여자법 $I_2 = \dfrac{sE_2 \pm E_c}{\sqrt{r_2^2 + sx_2^2}}$

- $+E_c$인 경우 2차 전류 증가 ⇒ 속도 증가
- $-E_c$인 경우 2차 전류 감소 ⇒ 속도 감소

정답 ②

3 비례추이

(1) 비례추이

① 전압이 일정하면 전류나 회전력이 2차 저항에 비례하여 변화하는 현상

② 관계식(R : 외부저항)

$$\dfrac{r_2}{s} = \dfrac{r_2 + R}{s'}$$

③ 최대 토크를 얻기 위한 외부저항

$$R = \sqrt{r_1^2 + (x_1 + x_2)^2} - r_2$$

예제 09

전부하로 운전하고 있는 50 [Hz], 4극의 권선형 유도전동기가 있다. 전부하에서 속도를 1440 [rpm]에서 1000 [rpm]으로 변화시키자면 2차에 약 몇 [Ω]의 저항을 넣어야 하는가? (단, 2차 저항은 0.02 [Ω]이다)

① 0.147   ② 0.18   ③ 0.02   ④ 0.024

해설 비례추이 $\dfrac{r}{s} = \dfrac{r+R}{s'}$

- $N = \dfrac{120f}{P} = \dfrac{120 \times 50}{4} = 1500\,[\text{rpm}]$
- $s = \dfrac{1500 - 1440}{1500} = 0.04$
- $s' = \dfrac{1500 - 1000}{1500} = \dfrac{1}{3}$

$\dfrac{0.02}{0.04} = \dfrac{0.02 + R}{1/3}$, $R = 0.147\,[\Omega]$

정답 ①

예제 10

권선형 3상 유도전동기의 2차 회로는 Y로 접속되고 2차 각 상의 저항은 0.3 [Ω]이며 1차, 2차 리액턴스의 합은 1.5 [Ω]이다. 기동 시에 최대 토크를 발생하기 위해서 삽입하여야 할 저항 [Ω]은? (단, 1차 각 상의 저항은 무시한다)

① 1.2
② 1.5
③ 2
④ 2.2

해설 비례추이

최대토크 발생을 위한 삽입저항 $R = \sqrt{r_1^2 + (x_1+x_2)^2} - r_2$ 에서 $r_1 = 0$ 이므로

∴ $R = 1.5 - 0.3 = 1.2$

정답 ①

(2) 비례추이곡선

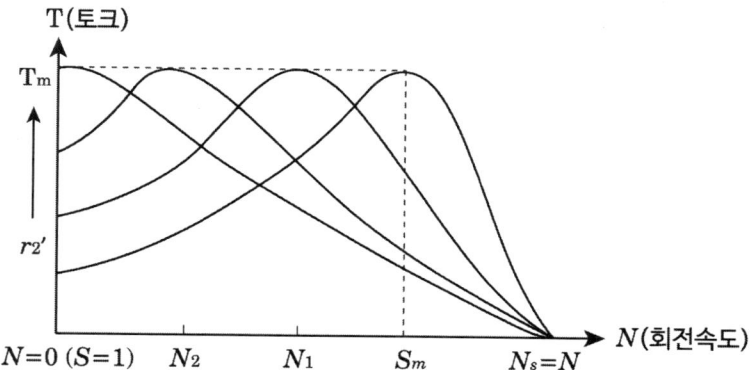

① 2차 저항(r_2') 증가 시 최대토크(T_m)에 더 빨리 도달
② 최대토크(T_m)는 항상 일정
③ 2차 저항 크기가 증가함에 따라 최대 토크가 $s : 0 \rightarrow 1$ 방향으로 이동
④ r_2'(2차 저항)값이 클수록 기동 토크가 커지고 기동 전류는 작아진다.

(3) 비례추이 적용

① 비례추이가 가능한 것 : 1차, 2차 전류, 역률, 토크, 1차 입력(P_1)
② 비례추이가 불가능한 것 : 2차 입력(P_2), 2차 출력(P_0), 효율, 2차 동손(P_{c2})

예제 11

슬립 s_t에서 최대 토크를 발생하는 3상 유도전동기에 2차 측 한 상의 저항을 r_2라 하면 최대 토크로 기동하기 위한 2차 측 한 상에 외부로부터 가해 주어야 할 저항은?

① $\dfrac{1-s_t}{s_t}r_2$ ② $\dfrac{1+s_t}{s_t}r_2$ ③ $\dfrac{r_2}{1-s_t}$ ④ $\dfrac{r_2}{s_t}$

[해설] 기동토크

$\dfrac{r_2}{s} = \dfrac{r_2+R}{s'}$ 에서 최대토크로 기동 시 $s'=1$이므로 $R = \dfrac{1-s_t}{s_t}r_2$

정답 ①

4 유도전동기의 종속법

2대 이상의 유도전동기를 사용하여 한쪽 고정자를 다른 쪽 회전자와 연결하고 기계적으로 축을 연결하여 속도를 제어하는 방법

(1) 직렬접속 : $N = \dfrac{120f}{p_1+p_2}$

(2) 차동접속 : $N = \dfrac{120f}{p_1-p_2}$

(3) 병렬접속 : $N = \dfrac{120f}{\dfrac{p_1+p_2}{2}} = \dfrac{240f}{p_1+p_2}$

예제 12

권선형 유도전동기 2대를 직렬종속으로 운전하는 경우 그 동기 속도는 어떤 전동기의 속도와 같은가?
① 두 전동기 중 적은 극 수를 갖는 전동기
② 두 전동기 중 많은 극 수를 갖는 전동기
③ 두 전동기의 극 수의 합과 같은 극 수를 갖는 전동기
④ 두 전동기의 극 수의 합의 평균과 같은 극 수를 갖는 전동기

[해설] 유도전동기의 종속법(직렬접속)

- $N_o = \dfrac{120f}{p_1+p_2}$ 이므로 극 수는 p_1+p_2 이다.

정답 ③

06 단상 유도전동기

1 단상 유도전동기의 원리와 구조

(1) 원리
① 고정자 권선에 단상전류를 흘리면 교번자계가 발생
② 회전자가 정지하고 있을 때는 회전력이 발생하지 않는다.
③ 역률과 효율이 나쁘고 무거워서 가정용과 소동력용으로 사용

(2) 구조
① 고정자 : 프레임에 0.35 [mm]의 얇은 규소강판을 성층한 것을 사용
② 회전자 : 철심에 구리나 알루미늄 막대를 끼우고 양단에 단락링으로 샤프트에 고정
③ 권선 : 주권선과 보조권선을 가지고 있으며 전기각 차이는 $\frac{\pi}{2}$ [rad]

(3) 특징
① 기동 시 기동토크가 존재하지 않으므로 반드시 기동 장치가 필요
② 0.75 [kW] 이하의 소형이 많으며, 가정용 또는 휴대용 전원으로 간단히 운전이 가능
③ 기동 장치의 종류에 따라 단상 유도전동기를 구분

2 단상 유도전동기의 구분

(1) 반발기동형
① 회전자 권선을 정류자와 브러시를 통해 단락시켜 회전자계 발생
② 정류자 불꽃으로 단락 장치의 고장이 쉽게 발생
③ 기동토크가 가장 큰 전동기
④ 기동 후 원심력 개폐기를 이용하여 정류자를 자동적으로 단락
⑤ 브러시의 위치를 돌려주거나 고정자의 권선의 접속을 바꾸어주면 역회전
⑥ 브러시를 이동시켜 속도를 조정

(2) 반발유도형
① 반발기동형의 회전자권선에 농형권선을 병렬 연결하여 사용
② 반발기동형에 비해 최대토크는 크지만 기동토크는 작다.
③ 역률 및 효율이 반발기동형보다 우수
④ 부하 변동에 대한 속도 변화가 크다.

(3) 콘덴서 기동형

　① 기동 전류에 비해 기동토크가 크지만, 커패시터를 설치해야 한다.
　② 보조권선(기동권선)에 직렬로 콘덴서 접속해서 분상
　③ 기동 완료 시 원심력에 의해 보조권선을 차단
　④ 진상용 콘덴서의 90° 앞선 전류에 의한 회전자계를 발생시켜 기동하는 방식
　⑤ 역률과 효율이 좋다.
　⑥ 선풍기, 전기냉장고, 세탁기 등에 사용

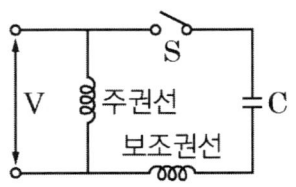

(4) 분상기동형

　① 주권선과 90° 위치에 보조권선(기동권선)을 두고, 두 권선의 위상차에 의해 기동토크가 발생
　② 보조권선은 주권선보다 가는 코일을 사용하여 권선 저항이 크다.
　③ 위상이 서로 다른 두 전류에 의해 회전자계 발생
　④ 동기 속도의 약 60 ~ 80 [%]가 되면 원심력 스위치에 의해 기동 권선이 분리
　⑤ 별도의 보조권선을 사용하여 회전자계를 발생시켜 기동
　⑥ 높은 토크를 발생시키려면 보조권선에 직렬로 저항을 삽입

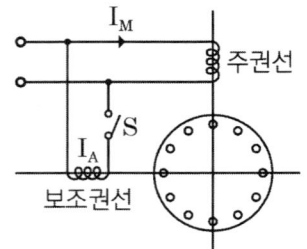

(5) 셰이딩코일형

　① 구조가 간단하고 기동토크가 매우 작은 간단한 구조
　② 효율과 역률이 좋지 않다.
　③ 어떠한 경우에도 역회전 불가

(6) 모노사이클릭 기동형

　① 3상 농형 전동기의 3상 권선에 저항과 리액턴스를 접속
　② 불평형 3상 교류를 각 권선에 흘려서 기동하는 방법
　③ 기동토크가 매우 작고 효율이 나쁘다.

3 기동 토크 크기에 대한 분류

(1) 기동 토크가 큰 순서

반발기동형 > 반발 유도형 > 콘덴서 기동형 > 분상기동형 > 셰이딩코일형

(2) 기동 토크의 크기

① 반발기동형 : 300 [%] 이상

② 콘덴서 기동형 : 200 ~ 250 [%] 이상

③ 분상기동형 : 125 [%] 이상

④ 셰이딩코일형 : 50 [%] 이상

예제 13

단상 유도전동기 중 기동 토크가 가장 작은 것은?

① 반발기동형   ② 분상기동형
③ 셰이딩코일형   ④ 커패시티 기동형

해설 기동 토크의 크기

반발기동형 > 반발유도형 > 콘덴서 기동형 > 영구 콘덴서형 > 분상기동형 > 셰이딩코일형

정답 ③

---

07 기타 유도기

1 유도전압조정기

(1) 단상 유도전압조정기

① 전압조정 범위 : $V_2 = V_1 + E_2 \cos\alpha$ [V]

② 정격 출력(부하용량) : $P_2 = E_2 I_2$ [VA]

③ 직렬권선과 분로권선으로 구성

④ 교번자계 이용(기동장치 필요)

⑤ 입·출력전압 사이에 위상차가 없음

⑥ 단락권선 필요

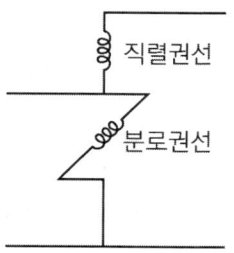

예제 14

단상 유도전압조정기의 2차 전압이 100 ± 30 [V]이고 직렬권선의 전류가 6 [A]이다. 이 전압조정기의 정격용량은 몇 [VA]인가?

① 780　　　② 420　　　③ 312　　　④ 180

[해설] 유도전압조정기

- 전압 조정 범위
  $V_2 = (V_1 + E_2 \cos\alpha)[V]$
- 정격 용량 $P = E_2 I_2 [VA]$
- $P_2 = 30 \times 6 = 180 [VA]$

[정답] ④

(2) 3상 유도전압조정기
　① 전압조정 범위　$V_2 = \sqrt{3}(E_1 \pm E_2)[V]$
　② 정격출력(부하용량) : $P_2 = \sqrt{3} E_2 I_2 [VA]$
　③ 회전자계를 이용
　④ 입·출력전압 사이에 위상차 존재
　⑤ 단락권선이 불필요

예제 15

3상 유도전압조정기의 원리는 다음 중 어느 기기를 응용한 것인가?

① 3상 동기발전기　　　② 3상 유도전동기
③ 3상 변압기　　　　　④ 3상 직권전동기

[해설] 3상 유도전압조정기

- 회전자계 이용
- 단락권선 불필요
- 입·출력전압 사이에 위상차가 있다.

[정답] ②

2 특수 농형 유도전동기

(1) 2중 농형 유도전동기
    ① 회전자의 홈을 두 개의 층으로 제작
    ② 기동 권선과 운전 권선으로 나뉘어져 있어 기동장치 불필요
    ③ 기동전류가 낮고 기동토크가 높아서 기동특성이 좋다.

(2) 티프슬롯 농형 유도전동기
    ① 회전자의 홈을 깊게 제작
    ② 기동전류가 높고 기동토크가 낮아서 기동특성이 좋지 않다.

CHAPTER 05 | 개념 체크 OX

1 3상 유도전동기는 회전자계를 발생시킨다. ☐O☐X

2 소음발생을 억제시키기 위해 사구슬롯을 사용한다. ☐O☐X

3 농형보다는 권선형 유도전동기의 구조가 더 간단하다. ☐O☐X

4 유도전동기의 토크는 공급전압에 비례한다. ☐O☐X

5 역회전이 발생할 때 슬립은 1+s이다. ☐O☐X

6 동기와트란 동기속도로 회전할 때 2차 출력을 토크로 표현한 것이다. ☐O☐X

7 원선도 작성 시 필요한 시험은 무부하시험, 구속시험, 권선저항측정시험이다. ☐O☐X

8 기동보상기법은 10 [kW] 이상의 농형 유도전동기에 사용한다. ☐O☐X

9 3상 권선형 유도전동기의 2차 회로가 1선이 단선된 경우 슬립이 0.5 정도에서 더 이상 가속되지 않는 현상을 크로우링 현상이라고 한다. ☐O☐X

10 권선형 유도전동기는 비례추이를 이용한 2차 저항제어법으로 속도를 제어한다. ☐O☐X

11 단상 유도전동기의 최대토크는 항상 일정하다. ☐O☐X

12 반발유도형의 기동토크가 가장 크다. ☐O☐X

13 3상 유도전압조정기는 단락권선이 필요 없다. ☐O☐X

정답 01 (O) 02 (O) 03 (X) 04 (X) 05 (X) 06 (X) 07 (O) 08 (X) 09 (X) 10 (O) 11 (X) 12 (X) 13 (O)

3 농형이 더 간단하다.
4 전압의 제곱에 비례한다.
5 2−s이다.
6 2차 입력을 토크로 표현한 것이다.
8 15 [kW] 이상의 농형 유도전동기에 사용
9 게르게스 현상이다.
11 3상 유도전동기의 최대토크는 항상 일정하다.
12 반발기동형이 더 크다.

CHAPTER 06 정류자기 및 제어기기

01 교류정류자기

1 교류정류자기의 분류

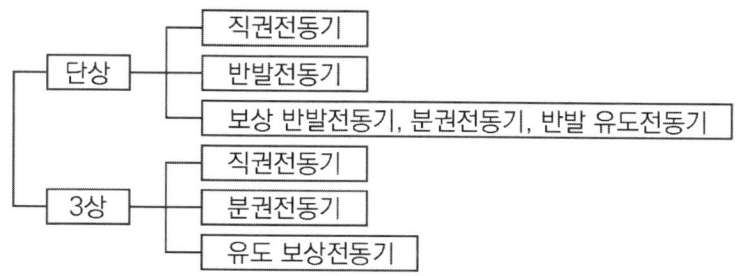

2 교류정류자기의 특징

(1) 교류정류자기의 장점
  ① 정류자의 주파수 변환 작용에 의해 동기 속도를 광범위하게 조정 가능
  ② 기동토크가 크고, 기동장치가 필요 없는 경우가 많은 기기
  ③ 역률이 높은 편이며, 연속적인 속도제어가 가능

(2) 교류정류자기의 단점
  ① 고장이 생기기 쉬우며 복잡한 구조
  ② 좋지 않은 효율
  ③ 가격이 비싸며 유지비가 많이 발생

02 단상 정류자전동기

1 단상 직권 정류자전동기

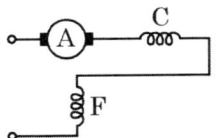

A : 전기자 C : 보상권선 F : 계자권선

(1) 종류 및 구조
   ① 직권형 : A, F가 직렬로 연결
   ② 보상 직권형 : A, C 및 F가 직렬로 연결
   ③ 유도보상 직권형 : A, F가 직렬로 되어 있고, C는 A에서 분리한 후 단락

(2) 특성
   ① 직류와 교류를 모두 사용 가능(만능전동기)
   ② 전기자 코일과 정류자편 사이 고저항의 도선을 사용하여 변압기 기전력에 의한 단락전류를 제한
   ③ 속도가 증가할수록 역률이 개선
   ④ 철손을 줄이기 위해 고정자와 회전자의 자로를 성층철심으로 제작
   ⑤ 전기자 권선 수가 증가하면 전기자반작용이 커지므로 보상권선을 설치
   ⑥ 전기자권선의 권수를 계자권선보다 많게 감는 이유(약계자 강전기자형)
      • 주자속을 크게 하고 토크를 증가시키기 위하여
      • 속도 기전력을 크게 하기 위하여
      • 역률 저하 방지 및 정류 개선을 위하여
      • 계자권선의 리액턴스 강하 때문에
      • 변압기 기전력을 적게 하여 역률 저하를 방지하기 위하여

(3) 용도 : 75 [W] 이하의 소출력
   ① 소형공구
   ② 영사기
   ③ 치과 의료용
   ④ 믹서기
   ⑤ 가정용 재봉틀

예제 01

다음 중 역률개선을 목적으로 하지 않는 것은?

① 동기조상기의 설치
② 전력용 콘덴서 설치
③ 분포권을 사용
④ 보상권선 사용

해설 역률개선

- 동기 조상기 : 역률을 1로 운전가능
- 전력용 콘덴서 : 지상전류를 보상
- 보상권선 : 단상 정류자 전동기의 역률개선

정답 ③

예제 02

단상 직권 정류자 전동기에서 주자속의 최대치를 ϕ_m, 자극수를 P, 전기자 병렬 회로수를 a, 전기자 전 도체수를 Z, 전기자의 속도를 $N\,[\text{rpm}]$이라 하면 속도 기전력의 실횻값 $E_r\,[\text{V}]$은? (단, 주자속은 정현파이다)

① $E_r = \sqrt{2}\dfrac{P}{a}Z\dfrac{N}{60}\phi_m$
② $E_r = \dfrac{1}{\sqrt{2}}\dfrac{P}{a}Z\phi_m N$
③ $E_r = \dfrac{P}{a}Z\dfrac{N}{60}\phi_m$
④ $E_r = \dfrac{1}{\sqrt{2}}\dfrac{P}{a}Z\dfrac{N}{60}\phi_m$

해설 속도기전력

- 최댓값 $E_m = \dfrac{PZ}{a}\phi_m\dfrac{N}{60}\,[\text{V}]$
- 실횻값 $E_r = \dfrac{E_m}{\sqrt{2}} = \dfrac{1}{\sqrt{2}}\dfrac{PZ}{a}\phi_m\dfrac{N}{60}\,[\text{V}]$

정답 ④

2 단상 반발 정류자전동기

(1) 종류
　　① 톰슨 전동기
　　② 데리 전동기
　　③ 애트킨슨 전동기

(2) 특성
　　① 간단한 구조로 제작이 용이
　　② 역률이 나쁘다.
　　③ 운전 속도에서 50 [%] 이상 이탈 시 정류작용의 약화가 심해진다.
　　④ 브러시를 이동하여 속도제어와 역회전이 가능

03 3상 정류자전동기

1 3상 직권 정류자전동기

(1) 구조와 원리
　　① 고정자 권선과 전기자 권선이 전원에 직렬로 연결
　　② 중간변압기를 이용하여 전압을 조정함으로써 속도제어가 가능

(2) 특징
　　① 속도변화가 가능
　　② 브러시 이동으로 기동을 하며, 최대 기동토크는 400 ~ 500 [%]
　　③ 토크는 전류의 제곱에 비례하고 회전 속도의 제곱에 반비례

(3) 용도 : 송풍기, 인쇄기, 공장기계 같이 기동토크가 크고 속도제어 범위가 넓은 곳에 사용

(4) 중간변압기의 사용목적
　　① 전원 전압의 크기에 관계없이 정류자 전압 조정이 가능
　　② 중간 변압기의 권수비를 조정하여 전동기 특성 조정이 가능
　　③ 경부하 시 직권특성에 따른 속도 상승 억제 가능

2 3상 분권 정류자전동기(시라게전동기)

(1) 구조와 원리
　① 고정자는 전원에 연결하고 전기자권선은 브러시에 연결
　② 브러시의 간격을 조절하여 속도를 제어
　③ 변압기를 사용하여 전원전압을 조정

(2) 특징
　① 특성이 가장 뛰어나 널리 사용되는 전동기
　② 정속도 특성
　③ 전기자 권선은 저전압, 대전류에 적합

04 정류자형 주파수 변환기

1 정류자형 주파수 변환기

(1) 구조
　① 회전자는 회전변류기의 전기자와 거의 같은 구조
　② 정류자와 3개의 슬립링이 연결
　③ 브러시의 간격 : 자극마다 전기각이 $\frac{2\pi}{3}$
　④ 소용량은 고정자 없이 회전자만으로 구성

(2) 특징
　① 유도전동기의 속도제어(2차 여자법)에 사용하며 역률 개선이 가능
　② 용량이 큰 것은 정류작용을 좋게 하기 위해 고정자에 보상권선과 보극권선을 설치
　③ 자기회로의 저항감소를 위해 권선이 없는 성층철심만으로 고정자를 설치
　④ 회전 방향과 속도에 따라 다양한 주파수를 얻는 것이 가능

예제 03

3선 중 2선의 전원 단자를 서로 바꾸어서 결선하면 회전 방향이 바뀌는 기기가 아닌 것은?
① 회전변류기
② 유도전동기
③ 동기전동기
④ 정류자형 주파수변환기

> **해설** 2차 주파수
>
> 정류자형 주파수 변환기는 3선 중 2선의 전원 단자를 서로 바꾸어서 결선해도 회전 방향이 바뀌지 않는다.
>
> 정답 ④

05 제어기기

1 스테핑모터

(1) 특징

① 모터의 회전각도는 입력하는 펄스 신호에 정확히 일치하므로 정확한 각도제어가 가능
② 최소 단계별 각도 1.5°까지 정밀제어
③ 가속과 감속은 펄스를 조정하면 간단히 제어
④ 정·역전 및 변속도 용이
⑤ 브러쉬 등이 필요 없으므로 유지보수가 용이
⑥ 회전 속도는 스테핑 주파수에 비례
⑦ 기동, 정지, 정·역회전의 높은 응답성

(2) 스텝각 : 1스텝당 회전하는 각도

$$1초당 스텝각(°) = 스텝각(°) \times 스테핑 주파수(pps)$$

(3) 회전 속도

$$n = \frac{1초당 스텝각}{360} \ [\text{rps}]$$

(4) 분해능 : 1회전당 스텝수

$$분해능 = \frac{360°}{스텝각}$$

예제 04

스텝각이 2°, 스테핑주파수(Pulse Rate)가 1800 [pps]인 스테핑모터의 축속도 [rps]는?

① 8
② 10
③ 12
④ 14

해설 스테핑전동기의 회전속도

- 1초당 회전 각도는 $1800 \times 2° = 3600°$
- 1초당 회전 속도는 $\frac{3600°}{360°} = 10$ [rps]

정답 ②

2 서보모터

(1) 특징

① 시동 토크는 크나, 회전부의 관성 모멘트가 작고 전기적 시정수가 짧음
② 발생토크는 입력신호에 비례하고 그 비가 큼
③ 직류 서보모터의 기동토크가 교류 서보모터의 기동토크보다 큼
④ 빈번한 시동, 정지, 역전 등의 가혹한 상태에 견디도록 견고하고, 큰 돌입전류에 견딜 수 있어야 함

(2) 2상 서보모터

① 2상 서보모터의 제어방식
- 전압제어
- 위상제어
- 전압·위상 혼합제어

② 2상 교류 서보모터를 구동 시 3상 전압을 얻는 방법 : 증폭기 내에서 위상을 조절

CHAPTER 06 | 개념 체크 OX

1 단상 직권 정류자 전동기의 보상직권형은 전기자, 보상권선, 계자권선의 구조로 되어 있다. ☐ O ☐ X

2 단상 직권 정류자 전동기는 직류만 사용가능하다. ☐ O ☐ X

3 단상 직권 정류자 전동기는 전기자권선의 권수를 계자권선보다 많게 감는다. ☐ O ☐ X

4 단상 반발전동기는 역률이 좋다. ☐ O ☐ X

5 3상 분권 정류자 전동기는 가장 널리 사용된다. ☐ O ☐ X

6 정류자형 주파수 변환기의 브러시는 간격은 $2\pi/3$이다. ☐ O ☐ X

7 스테핑 모터의 회전 속도는 주파수와 비례한다. ☐ O ☐ X

8 교류 서보모터의 기동토크가 직류 서보모터의 기동토크보다 크다. ☐ O ☐ X

정답 01 (O) 02 (X) 03 (O) 04 (X) 05 (O) 06 (O) 07 (O) 08 (X)

2 직류와 교류를 모두 사용 가능(만능전동기)
4 역률이 나쁘다.
8 직류 서보모터의 기동토크가 교류 서보모터의 기동토크보다 더 크다.

모아바 www.moa-ba.com
모아소방전기학원 www.moate.co.kr

02

필기
PART

모아 전기기사

최다빈출
N제 플러스

유형 1 | 직류기의 기전력

1 유기기전력

$$E = \frac{PZ\phi N}{60a} = V + I_a R_a = K\phi N \text{ [V]} \quad \left(K = \frac{PZ}{60a}\right)$$

2 역기전력

$$E_c = \frac{PZ\phi N}{60a} = V - I_a R_a = K\phi N \text{ [V]} \quad \left(K = \frac{PZ}{60a}\right)$$

P : 극수, Z : 도체수, ϕ : 자속, N : 회전수, a : 병렬회로수
V : 단자전압, I_a : 전기자전류, R_a : 전기자저항

난이도 下

01 정격전압 100 [V], 정격전류 50 [A]인 분권 발전기의 유기기전력은 몇 [V]인가? (단, 전기자 저항 0.2 [Ω], 계자전류 및 전기자 반작용은 무시한다)

① 110
② 120
③ 125
④ 127.5

해설 | 분권발전기의 유기기전력
- $E = V + I_a R_a$
- $E = 100 + 50 \times 0.2 = 110 \text{ [V]}$

정답 ①

> 난이도 中

02 600 [rpm]으로 회전하는 타여자 발전기가 있다. 이때 유기기전력은 150 [V], 여자전류는 5 [A]이다. 이 발전기를 800 [rpm]으로 회전하여 180 [V]의 유기기전력을 얻으려면 여자전류는 몇 [A]로 하여야 하는가? (단, 자기회로의 포화현상은 무시한다)

① 3.2   ② 3.7
③ 4.5   ④ 5.2

해설 | 직류발전기의 유기기전력

- $E = \dfrac{PZ\phi N}{60a} = K\phi N$ • $\phi \propto I_f$

유기기전력과 여자전류는 비례하고 회전수에 반비례

$$\therefore I_f' = I_f \times \left(\dfrac{600}{800}\right) \times \left(\dfrac{180}{150}\right) = 4.5 \,[\text{A}]$$

정답 ③

> 난이도 上

03 50 [Ω]의 계자저항을 갖는 직류 분권발전기가 있다. 이 발전기의 출력이 5.4 [kW]일 때 단자전압은 100 [V], 유기기전력은 115 [V]이다. 이 발전기의 출력이 2 [kW]일 때 단자전압이 125 [V]라면 유기기전력은 약 몇 [V]인가?

① 130   ② 145
③ 152   ④ 159

해설 | 직류 분권 발전기 유기기전력(E)

- $P = 5.4\,[\text{kW}]$ 일 때

$$I_a = I + I_f = \dfrac{P}{V} + \dfrac{V}{R_f} = \dfrac{5400}{100} + \dfrac{100}{50} = 56\,[\text{A}]$$

$$R_a = \dfrac{E - V}{I_a} = \dfrac{115 - 100}{56} = 0.27\,[\Omega]$$

- $P = 2\,[\text{kW}]$ 일 때

$$E = V + I_a R_a = 125 + \left(\dfrac{2000}{125} + \dfrac{125}{50}\right) \times 0.27 = 130\,[\text{V}]$$

정답 ①

유형 2 | 토크

1 토크 : 회전축을 중심으로 회전시키는 능력

$$\tau = \frac{P_2}{\omega} = \frac{P_2}{2\pi\frac{N_s}{60}} = \frac{60}{2\pi} \times \frac{P_2}{N_s} = 9.55 \times \frac{P_2}{N_s} [\text{N·m}]$$

2 동기와트 : 동기속도로 회전할 때 2차 입력을 토크로 표현한 것

$$P_2 = 2\pi \frac{N_s}{60} \tau = \frac{1}{9.55} N_s \tau$$

TIP 토크의 단위는 [N·m]

난이도 下

01 8극, 60 [Hz]인 3상 유도전동기가 212 [N·m]의 토크를 발생시킬 때, 동기와트는 약 몇 [kW]인가?

① 20
② 30
③ 40
④ 50

해설 | 동기와트

$$N_s = \frac{120f}{p} = \frac{120 \times 60}{8} = 900\,[\text{rpm}]$$

토크 $\tau = 9.55 \dfrac{P_2}{N_s}$ 에서

$$212 = 9.55 \times \frac{P_2}{900}$$

$$\therefore P_2 = \frac{212 \times 900}{9.55} = 19979\,[\text{W}] = 20\,[\text{kW}]$$

정답 ①

난이도 中

02 어떤 직류전동기가 역기전력 200 [V], 매 분 1200 회전으로 토크 158.76 [N·m]를 발생하고 있을 때의 전기자 전류는 약 몇 [A]인가? (단, 기계손 및 철손은 무시한다)

① 90
② 95
③ 100
④ 105

해설 | 직류전동기의 토크

토크 $\tau = 9.55\dfrac{P}{N} = 9.55\dfrac{EI_a}{N}$ [N·m]

$\therefore I_a = \dfrac{\tau \cdot N}{9.55E} = \dfrac{158.76 \times 1200}{9.55 \times 200} = 99.74$ [A]

정답 ③

난이도 上

03 단자전압 110 [V], 전기자 전류 15 [A], 전기자 회로의 저항 2 [Ω], 정격 속도 1800 [rpm]으로 전부하에서 운전하고 있는 직류 분권전동기의 토크는 약 몇 [N·m]인가?

① 6.0
② 6.4
③ 10.08
④ 11.14

해설 | 직류 분권전동기 토크

$\tau = 9.55\dfrac{P_2}{N_s} = 9.55\dfrac{E_c I_a}{N_s}$, $E_c = V - I_a R_a$

$\tau = 9.55\dfrac{P_2}{N_s} = 9.55\dfrac{(V - I_a R_a)I_a}{N_s}$

$= 9.55\dfrac{(110 - 15 \times 2)15}{1800}$

$= 6.36$ [N·m]

정답 ②

유형 3 | 변동률

1 속도변동률 : 정격속도에 대한 무부하 시 속도가 변하는 비율

$$\varepsilon = \frac{무부하속도 - 정격속도}{정격속도} \times 100 = \frac{N_o - N_n}{N_n} \times 100 \, [\%]$$

2 전압변동률 : 정격전압에 대한 무부하 시 전압이 변하는 비율

$$\varepsilon = \frac{무부하\ 전압 - 정격전압}{정격전압} \times 100 \, [\%] = \frac{V_0 - V_n}{V_n} \times 100 \, [\%]$$

$$\varepsilon = p\cos\phi + q\sin\phi$$

p:%저항 강하, q : %리액턴스 강하

난이도 下

01 변압기 내부의 %저항 강하와 %리액턴스 강하가 각각 1.5 [%], 4 [%]일 때 부하역률 80 [%] (뒤짐)에서의 전압변동률[%]은?

① 1.2　　　　　　　　② 1.5
③ 2.3　　　　　　　　④ 3.6

해설 | **전압변동률**
$\varepsilon = p\cos\phi + q\sin\phi$
$1.5 \times 0.8 + 4 \times 0.6 = 3.6$

정답 ④

난이도 中

02 권수비가 20인 단상변압기에서 전부하 시 2차 전압이 110 [V]이고 전압변동률이 4 [%]일 때 1차 단자전압은?

① 2288
② 2366
③ 2448
④ 2880

해설 | 전압변동률

$$\varepsilon = \frac{V_{20} - V_{2n}}{V_{2n}} \rightarrow 0.04 = \frac{V_{20} - 110}{110}$$

에서 $V_{20} = 114.4 \, [V]$
권수비가 20이므로
$V_{10} = aV_{20} = 20 \times 114.4 = 2288 \, [V]$

정답 ①

난이도 上

03 20 [kW], 200 [V]의 직류 분권 발전기가 있다. 전기자 권선의 저항이 0.2 [Ω]일 때 전압 변동률은 몇 [%]인가?

① 10.0
② 12.5
③ 13.5
④ 15.0

해설 | 전압변동률

$$\epsilon = \frac{V_0 - V_n}{V_n} \times 100 \, [\%], \quad V_n = 200 \, [V]$$

계자전류는 무시하면
$V_0 = E = V + I_a R_a$
$\quad = 200 + \frac{20 \times 10^3}{200} \times 0.2 = 220 \, [V]$

$\therefore \epsilon = \frac{220 - 200}{200} \times 100 = 10 \, [\%]$

정답 ①

유형 4 | 권선계수

1 분포권 계수

$$K_d = \frac{\text{분포권의 합성기전력}}{\text{집중권의 합성기전력}} = \frac{\sin\dfrac{n\pi}{2m}}{q\sin\dfrac{n\pi}{2mq}}$$

q : 매 극 매 상당 슬롯 수
m : 상수
n : 고조파

2 단절권 계수

$$K_p = \frac{\text{단절권의 합성기전력}}{\text{전절권의 합성기전력}} = \sin\frac{n\beta\pi}{2}$$

$\beta = \dfrac{\text{코일간격}}{\text{극 간격}} = \dfrac{\text{코일간격}}{\text{전 슬롯수/극수}}$

난이도 下

01 동기 발전기의 전기자 권선은 기전력의 파형을 개선하는 방법으로 분포권과 단절권을 쓴다. 분포권 계수를 나타내는 식은? (단, q는 매 극 매 상당의 슬롯 수, m은 상수, α는 슬롯의 간격)

① $\dfrac{\sin q\alpha}{q\sin\dfrac{\alpha}{2}}$

② $\dfrac{\sin\dfrac{\pi}{2m}}{q\sin\dfrac{\pi}{2mq}}$

③ $\dfrac{\cos\dfrac{\pi}{2m}}{q\cos\dfrac{\pi}{2mq}}$

④ $\dfrac{\cos q\alpha}{q\cos\dfrac{\alpha}{2}}$

해설 | 분포권 계수

$$K_d = \frac{\sin\dfrac{n\pi}{2m}}{q\sin\dfrac{n\pi}{2mq}}$$

정답 ②

> 난이도 中

02 3상 동기 발전기에서 권선 피치와 자극 피치의 비를 13/15의 단절권으로 하였을 때의 단절권 계수는?

① $\sin\dfrac{13}{15}\pi$
② $\sin\dfrac{13}{30}\pi$
③ $\sin\dfrac{16}{13}\pi$
④ $\sin\dfrac{15}{26}\pi$

해설 | 단절권 계수

- 단절권 계수 $= \sin\dfrac{n\beta\pi}{2}$
- $\beta = \dfrac{\text{코일 간격}}{\text{극 간격}} = \dfrac{13}{15}$
- $\therefore \sin\dfrac{n\beta\pi}{2} = \sin\dfrac{13}{30}\pi$
  (n은 고조파 값이므로 여기서 $n = 1$)

정답 ②

> 난이도 上

03 4극 3상 동기기가 48개의 슬롯을 가진다. 전기자 권선 분포계수 K_d를 구하면 약 얼마인가?

① 0.923
② 0.945
③ 0.957
④ 0.969

해설 | 분포권 계수(K_d)

- $K_d = \dfrac{\sin\dfrac{\pi}{2m}}{q\sin\dfrac{\pi}{2mq}}$ 에서

매 극 매 상당 슬롯 수 $q = \dfrac{48}{3\times 4} = 4$
상수 $m = 3$

- $K_d = \dfrac{\sin\dfrac{\pi}{2\times 3}}{4\times\sin\dfrac{\pi}{2\times 3\times 4}} = 0.957$

정답 ③

유형 5 | 정류회로의 직류전압

1 다이오드 정류회로

	반파	전파
단상	$E_d = \dfrac{\sqrt{2}}{\pi}E = 0.45E\,[\text{V}]$	$E_d = \dfrac{2\sqrt{2}}{\pi}E = 0.9E\,[\text{V}]$
3상	$E_d = \dfrac{3\sqrt{6}}{2\pi}E = 1.17E\,[\text{V}]$	$E_d = \dfrac{3\sqrt{2}}{\pi}E = 1.35E\,[\text{V}]$

2 사이리스터 정류회로

(1) 단상 반파정류회로

$$E_d = \frac{\sqrt{2}\,E_a}{\pi}\left(\frac{1+\cos\alpha}{2}\right) = 0.45E\left(\frac{1+\cos\alpha}{2}\right)\,[\text{V}]\ (\text{순저항부하})$$

(2) 단상 전파정류회로

$$E_d = \frac{2\sqrt{2}}{\pi}E_a\left(\frac{1+\cos\alpha}{2}\right) = 0.9E\left(\frac{1+\cos\alpha}{2}\right)\,[\text{V}]\ (\text{순저항부하})$$

(3) 3상 반파정류회로 $\quad E_d = \dfrac{3\sqrt{6}}{2\pi}E\cos\alpha = 1.17E\cos\alpha\,[\text{V}]$

(4) 3상 전파정류회로 $\quad E_d = \dfrac{3\sqrt{2}}{\pi}E\cos\alpha = 1.35E\cos\alpha\,[\text{V}]$

난이도 下

01 저항 부하인 사이리스터 단상 반파 정류기로 위상 제어를 할 경우 점호각 0°에서 60°로 하면 다른 조건이 동일한 경우 출력 평균 전압은 몇 배가 되는가?

① 3/4   ② 4/3   ③ 3/2   ④ 2/3

해설 | 단상반파 정류회로

$$V_{d0} = 0.45\,V_a\frac{(1+\cos 0°)}{2} = 0.45\,V_a\,[\text{V}]$$

$$V_{d1} = 0.45\,V_a\frac{(1+\cos 60°)}{2} = 0.45\,V_a \times \frac{3}{4}\,[\text{V}]$$

정답 ①

난이도 中

02 Y결선한 변압기의 2차 측이 사이리스터 6개의 3상 전파정류회로로 구성되었을 때, 직류 평균 전압은? (단, E는 교류 측 상전압, α는 점호제어각이다)

① $\dfrac{3\sqrt{2}}{\pi}E\cos\alpha\,[V]$ ② $\dfrac{3\sqrt{6}}{2\pi}E\cos\alpha\,[V]$

③ $\dfrac{3\sqrt{6}}{\pi}E\cos\alpha\,[V]$ ④ $\dfrac{3\sqrt{2}}{2\pi}E\cos\alpha\,[V]$

해설 | 정류회로 직류 평균 전압

- 3상전파 $\dfrac{3\sqrt{6}}{\pi}E\cos\alpha\,[V]$ (E는 상전압)

정답 ③

난이도 上

03 SCR을 이용한 단상 전파 위상제어 정류회로에서 전원전압은 실횻값이 220 [V], 60 [Hz]인 정현파이며, 부하는 순 저항으로 10 [Ω]이다. SCR의 점호각 a를 60°라 할 때 출력전류의 평균값(A)은?

① 7.54   ② 9.73
③ 11.43   ④ 14.86

해설 | 단상 반파정류회로
순저항 부하이므로

$E_d = 0.9E\left(\dfrac{1+\cos\theta}{2}\right)$ 이므로

$\quad = 0.9 \times 220 \times \left(\dfrac{1+\dfrac{1}{2}}{2}\right) = 148.5\,[V]$

$\therefore I_d = \dfrac{E_d}{R} = \dfrac{148.5}{10} = 14.85\,[A]$

정답 ④

유형 6 | 변압기의 등가회로

1 전압과 손실

(1) 임피던스 전압 $V_s = I_{1n} Z_{12}$ [V]

(2) 임피던스 와트 $P_s = I_{1n}^2 R_{12}$ [W]

2 임피던스 강하

(1) %임피던스 강하 : 정격전류에 의한 임피던스 강하

$$\%Z = \frac{I_{1n} Z_{12}}{V_{1n}} \times 100 = \frac{V_s}{V_{1n}} \times 100 \, [\%]$$

(2) %저항 강하 : 정격전류에 의한 저항 강하

$$p = \frac{I_{1n} R_{12}}{V_{1n}} \times 100 = \frac{I_{1n}^2 R_{12}}{V_{1n} I_{1n}} \times 100 = \frac{P_s}{P_n} \times 100 \, [\%]$$

(3) %리액턴스 강하 : 정격전류에 의한 리액턴스 강하

$$q = \frac{I_{2n} X_{21}}{V_{2n}} \times 100 = \frac{I_{1n} X_{12}}{V_{1n}} \times 100 \, [\%]$$

난이도 下

01 3 [kVA], 3000/200 [V]의 변압기의 단락시험에서 임피던스 전압 120 [V], 동손 150 [W]라 하면 %저항 강하는 몇 [%]인가?

① 1   ② 3
③ 5   ④ 7

해설 | %저항 강하

$$\%R = \frac{I_n R}{V_n} \times 100 = \frac{P_c}{P_n} \times 100 = \frac{150}{3000} \times 100 = 5 \, [\%]$$

정답 ③

난이도 中

02 3300/200 [V], 10 [kVA] 단상 변압기의 2차를 단락하여 1차 측에 300 [V]를 가하니 2차에 120 [A]의 전류가 흘렀다. 이 변압기의 임피던스 전압 및 %임피던스 강하는 약 얼마인가?

① 125 V, 3.8%
② 125 V, 3.5%
③ 200 V, 4.0%
④ 200 V, 4.2%

해설 | 임피던스 전압 (V_s)

$V_s = I_{1n} Z_{12} [\text{V}]$

$V_s = \dfrac{10}{3.3} \times \dfrac{300}{120 \times \dfrac{2}{33}} = 125 [\text{V}]$

$\%Z = \dfrac{I_{1n} Z_{12}}{V_{1n}} \times 100 = \dfrac{V_s}{V_{1n}} \times 100 = \dfrac{125}{3300} \times 100 = 3.8 [\%]$

정답 ①

난이도 上

03 정격용량 10 [kVA], 전압 2000/100 [V]의 변압기를 60[Hz]로 시험하여 $Z_1 = 6.2 + j7.0 [\Omega]$으로 결과값을 얻었다. 이때 틀린 것은? (단, Z_1은 1차 측으로 환산한 1차, 2차의 합계 임피던스이다)

① 정격전압을 가하였을 때의 단락전류 = 213.9 [A]
② 저항 강하율 = 1.55 [%]
③ 리액턴스 강하율 = 1.85 [%]
④ 임피던스 강하율 = 2.34 [%]

해설 | 변압기

① $I_s = \dfrac{V_1}{Z_1} = \dfrac{2000}{\sqrt{6.2^2 + 7^2}} = 213.88$

② $I_{1n} = \dfrac{P}{V_1} = \dfrac{10 \times 10^3}{2000} = 5$, $\quad \%R = \dfrac{I_{1n}R}{V_1} \times 100 = \dfrac{5 \times 6.2}{2000} \times 100 = 1.55$

③ $\%X = \dfrac{I_{1n}X}{V_1} \times 100 = \dfrac{5 \times 7}{2000} \times 100 = 1.75$

④ $\%Z = \dfrac{I_{1n}Z}{V_1} \times 100 = 5 \times \dfrac{\sqrt{6.2^2 + 7^2}}{2000} \times 100 = 2.43$

정답 ③

유형 7 | 변압기의 효율

1 효율

(1) 전부하 시 효율

$$\eta = \frac{V_{2n}I_{2n}\cos\theta}{V_{2n}I_{2n}\cos\theta + P_i + P_c} \times 100\, [\%]$$

(2) $\frac{1}{m}$ 부하로 운전 시 효율

$$\eta_{\frac{1}{m}} = \frac{\frac{1}{m}V_{2n}I_{2n}\cos\theta}{\frac{1}{m}V_{2n}I_{2n}\cos\theta + P_i + \left(\frac{1}{m}\right)^2 P_c} \times 100\, [\%]$$

2 최대효율 조건

(1) 전부하 시 : 철손(P_i) = 동손(P_c)

(2) $\frac{1}{m}$ 부하 시

$$P_i = \left(\frac{1}{m}\right)^2 P_c \qquad \frac{1}{m} = \sqrt{\frac{P_i}{P_c}}$$

난이도 下

01 변압기 운전에 있어 효율이 최대가 되는 부하는 전부하의 75 [%]였다고 하면, 전부하에서의 철손과 동손의 비는?

① 4 : 3 ② 9 : 16 ③ 10 : 15 ④ 18 : 30

해설 | 최대효율과의 관계

$\frac{1}{m} = \sqrt{\frac{P_i}{P_c}} = \frac{3}{4}$, $P_i : P_c = (3:4)^2 = 9:16$

정답 ②

난이도 中

02 50 [kVA]의 변압기의 철손이 1 [kW], 전부하동손이 2.5 [kW]이다. 역률 80 [%]에 있어서의 최대효율은 약 몇 [%]인가?

① 95 ② 96 ③ 97.4 ④ 98.5

해설 | 최대 효율일 때의 부분부하

- $\dfrac{1}{m} = \sqrt{\dfrac{P_i}{P_c}} = \sqrt{\dfrac{1}{2.5}} = 0.63$

- $\eta_{\frac{1}{m}} = \dfrac{\frac{1}{m}P}{\frac{1}{m}P + 2P_i} = \dfrac{0.63 \times 150 \times 0.8}{0.63 \times 150 \times 0.8 + 2 \times 1} \times 100 = 97.4\,[\%]$

정답 ③

난이도 上

03 100 [kVA], 2300/115 [V], 철손 1 [kW], 전부하동손 1.25 [kW]의 변압기가 있다. 이 변압기는 매일 무부하로 10시간, 1/2 정격부하 역률 1에서 8시간, 전부하 역률 0.8(지상)에서 6시간 운전하고 있다면 전일효율은 약 몇 [%]인가?

① 93.3
③ 95.3
② 94.3
④ 96.3

해설 | 변압기의 효율

$P_i' = 1 \times 24\,[\text{kWh}]$

$P_c = \left(\dfrac{1}{2}\right)^2 \times 1.25 \times 8 + 1.25 \times 6 = 10\,[\text{kWh}]$

$P' = \dfrac{1}{2} \times 100 \times 1 \times 8 + 100 \times 0.8 \times 6 = 880\,[\text{kWh}]$

$\therefore \eta = \dfrac{P}{P + P_i + P_c} = \dfrac{880}{880 + 24 + 10} \times 100 = 96.3$

정답 ④

유형 8 | 유도전동기의 슬립과 출력

1 슬립 : N_s와 N 사이에 회전 속도의 차를 비로 나타낸 것

$$s = \frac{N_s - N}{N_s} = 1 - \frac{N}{N_s}$$

2 입력과 출력

$$P_2 : P_{c2} : P_0 = 1 : s : 1-s$$

3 2차 효율

$$\eta_2 = \frac{\text{기계적 출력}}{\text{2차입력}} = \frac{P_0}{P_2} = \frac{P_2 - P_{c2}}{P_2} = \frac{P_2(1-s)}{P_2} = (1-s)$$

난이도 下

01 슬립 6 [%]인 유도전동기의 2차 측 효율[%]은?

① 94　　　　　　　　② 84
③ 90　　　　　　　　④ 88

해설 | 2차 효율
$$\eta_2 = \frac{P_0}{P_2} = (1-s) = 1 - 0.06 = 0.94$$

정답 ①

난이도 中

02 4극, 60 [Hz]인 3상 유도전동기가 1710 [rpm]으로 회전하고 있을 때, 전원의 a상과 b상을 바꾸면 슬립은 약 얼마인가?

① 1.85
② 1.90
③ 1.95
④ 2.0

해설 | 유도전동기의 역회전
3상 유도전동기는 3개의 상 중에서 2개의 접속을 바꾸게 되면 역회전이 발생

$s = \dfrac{N_s - (-N)}{N_s}$ 에서

$N_s = \dfrac{120f}{p} = \dfrac{120 \times 60}{4} = 1800 \, [\text{rpm}]$

$\therefore s = \dfrac{1800 - (-1710)}{1800} = 1.95$

정답 ③

난이도 上

03 정격출력 50 [kW], 4극 220 [V], 60 [Hz]인 3상 유도전동기가 전부하 슬립 0.04, 효율 90 [%]로 운전되고 있을 때 다음 중 틀린 것은?

① 2차 효율 = 92 [%]
② 1차 입력 = 55.56 [kW]
③ 회전자 동손 = 2.08 [kW]
④ 회전자 입력 = 52.08 [kW]

해설 | 3상 유도전동기
① $\eta_2 = 1 - s = 1 - 0.04 = 0.96 \, (96\%)$
② $P_1 = \dfrac{P_o}{\eta} = \dfrac{50}{0.9} = 55.56 \, [\text{kW}]$
③ $P_{2c} = sP_2 = 0.04 \times 52.08 = 2.08 \, [\text{kW}]$
④ $P_2 = \dfrac{P_o}{1-s} = \dfrac{50}{0.96} = 52.08 \, [\text{kW}]$

정답 ①

유형 9 | 비례추이

1 비례추이 : 전압이 일정하면 전류나 회전력이 2차 저항에 비례하여 변화하는 현상

(1) 관계식(R : 외부저항)

$$\frac{r_2}{s} = \frac{r_2 + R}{s'}$$

(2) 최대 토크를 얻기 위한 외부저항

$$R = \sqrt{r_1^2 + (x_1 + x_2)^2} - r_2$$

난이도 下

01 슬립 s_t에서 최대 토크를 발생하는 3상 유도전동기에 2차 측 한 상의 저항을 r_2라 하면 최대 토크로 기동하기 위한 2차 측 한 상에 외부로부터 가해 주어야 할 저항[Ω]은?

① $\dfrac{1-s_t}{s_t} r_2$ ② $\dfrac{1+s_t}{s_t} r_2$

③ $\dfrac{r_2}{1-s_2}$ ④ $\dfrac{r_2}{s_2}$

해설 | 비례추이

$\dfrac{r_2}{s} = \dfrac{r_2 + R}{s'}$ 에서 기동 시 $s' = 1$이므로

$R = \dfrac{1-s_t}{s_t} r_2$

정답 ①

난이도 中

02 권선형 유도전동기가 있다. 2차 회로는 Y접속으로 되어 있고, 그 각 상의 저항은 0.3[Ω]이며, 1차와 2차의 리액턴스의 합은 2차 측에서 보면 1.5[Ω]이다. 기동 때 최대 토크를 발생시키기 위한 외부 저항은 몇 [Ω]인가? (단, 1차 권선의 저항은 무시한다)

① 1.2
② 1.4
③ 1.55
④ 1.6

해설 | 권선형 유도전동기 외부저항
$R = \sqrt{r_1^2 + (x_1 + x_2)^2} - r_2$
$= 1.5 - 0.3 = 1.2$

정답 ①

난이도 上

03 전부하로 운전하고 있는 50 [Hz], 4극의 권선형 유도전동기가 있다. 전부하에서 속도를 1440 [rpm]에서 1000 [rpm]으로 변화시키자면 2차에 약 몇 [Ω]의 저항을 넣어야 하는가? (단, 2차 저항은 0.02 [Ω]이다)

① 0.147
② 0.18
③ 0.02
④ 0.024

해설 | 비례추이 $\dfrac{r_2}{s} = \dfrac{r_2 + R}{s'}$

- $N = \dfrac{120f}{P} = \dfrac{120 \times 50}{4} = 1500 \,[\text{rpm}]$
- $s = \dfrac{1500 - 1440}{1500} = 0.04$
- $s' = \dfrac{1500 - 1000}{1500} = \dfrac{1}{3}$

$\dfrac{0.02}{0.04} = \dfrac{0.02 + R}{1/3}$, $R = 0.147\,[\Omega]$

정답 ①

PART 03

필기

모아 전기기사

과년도 기출문제

2024년 1회

01 다음은 계자전류와 단자전압과의 관계를 나타낸 무부하 특성곡선이다. 포화율은 얼마인가?

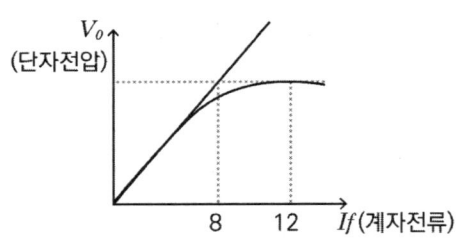

① 1/3
② 1/2
③ 3/2
④ 2

해설 | 무부하 특성곡선

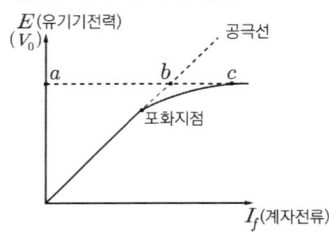

- 계자전류와 단자전압(유기기전력)과의 관계곡선
- 포화율 : $\dfrac{\overline{ab}}{\overline{bc}}$
- 유기기전력은 계자전류에 비례하여 증가하다가 철심의 자기포화로 인해 더 이상 증가하지 않음

02 외분권 차동복권발전기의 단자전압은? (단, ϕ_s : 직권계자의 자속, ϕ_f : 분권계자의 자속, R_s : 직권계자 저항, R_a : 전기자 저항, I : 부하전류, I_a : 전기자 전류, w_n : 각속도, $K = \dfrac{PZ}{2\pi a}$, 자기회로의 포화현상과 전기자 반작용은 무시한다)

① $V = K(\phi_f + \phi_s)w_n - I_a(R_a + R_s)$
② $V = K(\phi_f + \phi_s)w_n - I_aR_a - IR_s$
③ $V = K(\phi_f - \phi_s)w_n - I_a(R_a + R_s)$
④ $V = K(\phi_f - \phi_s)w_n - I_aR_a - IR_s$

해설 | 차동복권발전기
$E = V + I_a(R_a + R_s)$
$V = E - I_a(R_a + R_s)$
$E = K\phi w_n$에서 차동복권이므로
$\phi = \phi_f - \phi_s$
$\therefore V = K(\phi_f - \phi_s)w_n - I_a(R_a + R_s)$

03 다음 중 2차 효율을 나타내는 것은? (단, 2차입력 : P_2, 출력 : P_0, 슬립 : s, 동기속도 : N_s, 회전속도 : N, 2차동손 : P_{2c})

① $1 - s$
② P_{2c}/P_2
③ P_2/P_0
④ N_s/N

해설 | 2차 효율
$\eta_2 = \dfrac{P_0}{P_2} = 1 - s = \dfrac{N}{N_s}$

정답 01 ④ 02 ③ 03 ①

04 3상 동기 발전기에서 권선 피치와 자극 피치의 비를 13/15의 단절권으로 하였을 때의 단절권 계수는?

① $\sin\dfrac{13}{15}\pi$ ② $\sin\dfrac{13}{30}\pi$

③ $\sin\dfrac{16}{13}\pi$ ④ $\sin\dfrac{15}{26}\pi$

해설 | 단절권 계수

- 단절권 계수 $= \sin\dfrac{n\beta\pi}{2}$
- $\beta = \dfrac{코일\ 간격}{극\ 간격} = \dfrac{13}{15}$

∴ $\sin\dfrac{n\beta\pi}{2} = \sin\dfrac{13}{30}\pi$

(n은 고조파 값이므로 여기서 $n=1$)

06 와류손에 대한 설명으로 틀린 것은?

① 철판두께의 제곱에 비례한다.
② 주파수의 제곱에 비례한다.
③ 최대자속밀도의 제곱에 비례한다.
④ 저항률의 제곱에 비례한다.

해설 | 와류손

- 자속이 철심을 통과할 때 철심에 맴돌이 전류가 생성되면서 발생하는 열 손실

$P_e = K_e(K_f t f B_m)^2\ [\mathrm{W/m^3}]$

K_e : 재질계수
K_f : 전원전압의 파형률
t : 철판두께

05 4극, 60 [Hz]인 3상 유도전동기가 159 [N·m]의 토크를 발생시킬 때, 동기와트는 약 몇 [kW]인가?

① 30   ② 40
③ 50   ④ 60

해설 | 동기와트

$N_s = \dfrac{120f}{p} = \dfrac{120\times 60}{4} = 1800$

토크 $\tau = 9.55\dfrac{P_2}{N_s}$ 에서

$159 = 9.55 \times \dfrac{P_2}{1800}$

∴ $P_2 = \dfrac{159\times 1800}{9.55} = 30000\ [\mathrm{W}]$

07 20 [kW], 200 [V]의 직류 분권 발전기가 있다. 전기자 권선의 저항이 0.2 [Ω]일 때 전압 변동률은 몇 [%]인가?

① 10.0   ② 12.5
③ 13.5   ④ 15.0

해설 | 전압변동률

$\epsilon = \dfrac{V_0 - V_n}{V_n} \times 100[\%]$, $V_n = 200\ [\mathrm{V}]$

계자전류는 무시하면

$V_0 = E = V + I_a R_a$
$= 200 + \dfrac{20\times 10^3}{200} \times 0.2 = 220\ [\mathrm{V}]$

∴ $\epsilon = \dfrac{220-200}{200} \times 100 = 10\ [\%]$

정답 04 ② 05 ① 06 ④ 07 ①

08 1차 전압 6900 [V], 1차 권선 3000 [회], 권수비 30의 변압기가 60 [Hz]에 사용할 때 철심의 최대 자속 [Wb]은?

① 0.76×10^{-4} ② 8.63×10^{-3}
③ 80×10^{-3} ④ 90×10^{-3}

해설 | 유기기전력 $E = 4.44fN\phi$

$$\phi_m = \frac{E_1}{4.44fN_1} = \frac{6900}{4.44 \times 60 \times 3000}$$
$$= 8.63 \times 10^{-3}$$

09 Y결선한 변압기의 2차 측이 사이리스터 6개의 3상 전파정류회로로 구성되었을 때, 직류 평균 전압은? (단, E는 교류 측 상전압, α는 점호제어각이다)

① $\frac{3\sqrt{2}}{\pi}E\cos\alpha [V]$

② $\frac{3\sqrt{6}}{2\pi}E\cos\alpha [V]$

③ $\frac{3\sqrt{6}}{\pi}E\cos\alpha [V]$

④ $\frac{3\sqrt{2}}{2\pi}E\cos\alpha [V]$

해설 | 정류회로 직류 평균 전압
- 단상반파 $\frac{\sqrt{2}}{\pi}E\cos\alpha [V]$
- 단상전파 $\frac{2\sqrt{2}}{\pi}E\cos\alpha [V]$
- 3상반파 $\frac{3\sqrt{6}}{2\pi}E\cos\alpha [V]$
- 3상전파 $\frac{3\sqrt{6}}{\pi}E\cos\alpha [V]$

※ 단, 3상전파에서 선간전압인 경우
$E_d = \frac{3\sqrt{2}}{\pi}V_\ell \cos\alpha [V]$

10 출력이 10[kVA], 정격전압에서의 철손이 120 [W], 역률 0.7, 3/4부하에서 효율이 가장 큰 단상 변압기가 있다. 이 변압기가 3/4부하이고 역률이 1일 때의 최대 효율은 몇 [%]인가?

① 95.9 ② 96.9
③ 97.9 ④ 98.9

해설 | 최대 효율
최대효율일 때 $\left(\frac{1}{m}\right)^2 P_c = 120$

효율 $\eta = \dfrac{\frac{1}{m}P}{\frac{1}{m}P + P_i + \left(\frac{1}{m}\right)^2 P_c}$ 이므로

$$\eta = \frac{\frac{3}{4} \times 10^4}{\frac{3}{4} \times 10^4 + 120 + 120} = 0.969$$

∴ $\eta = 96.9 [\%]$

11 정격용량 100 [kVA]인 단상 변압기 3대를 △-△ 결선하여 300 [kVA]의 3상 출력을 얻고 있다. 한 상에 고장이 발생하여 V결선으로 운전하는 경우 각 변압기의 출력 [kVA]은?

① 126.5 ② 100
③ 86.6 ④ 75.6

해설 | V결선 시 3상 출력
$P_V = \sqrt{3}P_1 = \sqrt{3} \times 100 = 173 [kVA]$
1대당 출력
$P_0 = \dfrac{P_V}{2} = \dfrac{173.2}{2} = 86.6 [kVA]$

정답 08 ② 09 ③ 10 ② 11 ③

12 20 [kVA], 3300/200 [V], 60 [Hz]의 3상 변압기 2차 측에 3상 단락이 생겼을 경우 단락 전류는 약 몇 [A]인가? (단, %임피던스 전압은 4 [%]이다)

① 1125 ② 1310
③ 1365 ④ 1443

해설 | 2차 단락전류

$P = \sqrt{3}\, VI$에서 $I_{2n} = \dfrac{P}{\sqrt{3}\, V_{2n}}$

$I_{2s} = \dfrac{100}{\%Z} \times I_{2n} = \dfrac{100}{4} \times \dfrac{20 \times 10^3}{\sqrt{3} \times 200}$

$= 1443\,[A]$

13 다음 중 역률개선을 목적으로 하지 않는 것은?

① 동기조상기의 설치
② 전력용 콘덴서 설치
③ 분포권을 사용
④ 보상권선 사용

해설 | 역률개선
- 동기 조상기 : 역률을 1로 운전가능
- 전력용 콘덴서 : 지상전류를 보상
- 보상권선 : 단상 정류자 전동기의 역률개선

14 주상 변압기의 고압 측에 몇 개의 탭을 만드는 이유는?

① 부하 전류를 적게 하기 위하여
② 변압기의 역률을 조정하기 위하여
③ 수전점의 전압을 조정하기 위하여
④ 변압기의 철손을 조정하기 위하여

해설 | 변압기의 탭
- 부하증감에 따른 전압 변동을 최소화시키기 위해서 탭을 조정
- 1차 탭을 내리면 2차 전압은 높아진다.
- 1차 탭을 높이면 2차 전압은 낮아진다.

15 다음 회로도에서 C의 명칭은?

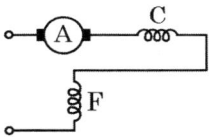

① 보상권선 ② 계자권선
③ 전기자 ④ 보극

해설 | 단상 직권 정류자 전동기
A : 전기자 C : 보상권선
F : 계자권선

16 변압기의 콘서베이터의 용도는?

① 통풍 ② 코로나 방지
③ 열화방지 ④ 냉각

해설 | 콘서베이터
공기와의 직접접촉을 막아 기름의 열화를 방지

17 110 [V], 60 [Hz]로 사용하는 유도전동기의 최대토크는 100 [V], 50 [Hz]로 사용할 때 최대토크의 몇 배인가?

① 0.9배　　② 1.1배
③ 1.21배　　④ 변함없다.

해설 | 최대토크
최대토크는 공급전압의 제곱에 비례하고 주파수에 반비례한다.

$\tau' = \tau \times \left(\frac{110}{100}\right)^2 \times \frac{50}{60}$ 인데

$\left(\frac{110}{100}\right)^2 \times \frac{50}{60} = 1.00833$ 으로 거의 변화가 없다.

18 동기발전기의 병렬 운전 시 한 쪽의 기전력의 크게 하면?

① 역률이 모두 낮아진다.
② 무효순환전류가 흐른다.
③ 위상차가 발생한다.
④ 동기화 전류가 흐른다.

해설 | 동기발전기 병렬운전조건
- 기전력의 파형이 일치할 것
- 기전력의 주파수가 일치할 것
- 기전력의 위상이 같을 것
- 기전력의 크기가 같을 것
※ 3상 동기발전기인 경우
　기전력의 상회전 방향이 같을 것

19 단상 반발 전동기의 회전방향을 바꾸려면?

① 보조권선의 2선을 바꾼다.
② 브러시의 접속을 바꾼다.
③ 주권선의 2선을 바꾼다.
④ 브러시의 위치를 조정한다.

해설 | 역회전
- 3상 유도전동기
　3선 중 임의의 2선을 바꾼다.
- 직류전동기
　전기자전류 또는 계자전류 중 하나를 반대로 한다.
- 분상기동형 유도전동기
　주권선에 대한 보조 권선의 접속을 반대로 한다.
- 단상 반발 전동기
　브러시를 이동

20 다음 중 농형 유도전동기에 사용되는 속도제어법은?

① 극수 변환법　　② 종속 접속법
③ 2차 저항 제어법　④ 2차 여자 제어법

해설 | 3상 유도전동기의 속도제어법
- 권선형 : 2차 여자법, 2차 저항 제어법, 종속법
- 농형 : 주파수 제어법, 극수 변환법, 전원전압변환법

정답　17 ④　18 ②　19 ④　20 ①

2024년 2회

01 100 [kVA] 단상변압기 3대를 △-△결선으로 사용하다가 1대의 고장으로 V-V결선으로 사용할 때 출력은 약 몇 [kVA]인가?

① 150　　② 173
③ 225　　④ 300

해설 | V결선 출력(P_V) 계산
$P_V = \sqrt{3}\, P = \sqrt{3} \times 100 = 173\,[\text{kVA}]$

02 변압기 내부고장 검출을 위해 사용하는 계전기가 아닌 것은?

① 과전압 계전기
② 비율차동 계전기
③ 부흐홀츠 계전기
④ 충격압력 계전기

해설 | 변압기 내부고장 보호용 계전기
- 온도 계전기
- 과전류 계전기
- 비율차동 계전기
- 부흐홀츠 계전기
- 충격압력 계전기
- 가스검출 계전기

03 권수비가 20 : 1인 단상변압기에서 전 부하 시 2차 전압이 120 [V]이고 전압변동률이 2 [%]일 때, 1차 단자전압은 몇 [V]인가?

① 2448　　② 2458
③ 2468　　④ 2478

해설 | 권수비
$\epsilon = \dfrac{V_{20} - V_{2n}}{V_{2n}} \times 100 = 2$

$\dfrac{V_{20}}{V_{2n}} = \dfrac{2}{100} + 1$

$V_{20} = 1.02\, V_{2n} = 1.02 \times 120 = 122.4$
$V_{10} = a\, V_{20} = 20 \times 122.4 = 2448\,[\text{V}]$

04 3상 동기발전기 각 상의 유기기전력 중 제5고조파를 제거하려면 코일 간격/극 간격을 어떻게 하면 되는가?

① 0.1　　② 0.3
③ 0.4　　④ 0.6

해설 | 단절권 계수
고조파를 제거할 때 단절권 계수 = 0
$K_p = \sin \dfrac{n\beta\pi}{2} = 0$

$\sin \dfrac{n\beta\pi}{2} = 0$이려면 $\dfrac{n\beta}{2} = 1$이어야 한다.

∴ $n = 5$일 때, $\beta = \dfrac{2}{5} = 0.4$

정답　01 ②　02 ①　03 ①　04 ③

05 단락비를 구하기 위한 시험으로 옳은 것은?

① 3상 단락시험, 무부하시험
② 3상 단락시험, 저항측정시험
③ 절연내력시험, 무부하시험
④ 절연내력시험, 저항측정시험

해설 | 동기발전기의 시험
- 단락시험으로 구할 수 있는 항목 : 동기임피던스, 동기 리액턴스, 동손, 임피던스 전압
- 무부하시험으로 구할 수 있는 항목 : 무부하전류, 여자전류, 여자어드미턴스, 철손, 기계손
- 단락시험, 무부하시험 동시 시행으로 구할 수 있는 항목 : 단락비

06 3상 유도전동기의 원선도 작성 시 필요한 시험이 아닌 것은?

① 슬립 측정
② 무부하시험
③ 구속시험
④ 고정자권선의 저항 측정

해설 | 원선도 작성 시 필요한 시험
- 무부하시험
- 구속시험
- 저항 측정시험

07 다음중 반작용전동기(Reaction Motor)가 사용되지 않는 것은?

① 전기측정계기   ② 전기시계
③ 팩시밀리   ④ 치과공구

해설 | 반작용전동기
- 여자권선 없이 자극만 존재하는 일종의 동기전동기
- 출력이 작고, 역률이 낮다.
- 직류전원이 불필요하다.
- 구조가 간단하다.
- 시계나 각종 측정장치에 주로 사용

08 단자전압 220 [V], 계자저항 50 [Ω], 부하전류 50 [A], 전기자저항 0.1 [Ω], 전기자 반작용에 의한 전압강하 2 [V]인 직류 분권 발전기가 정격속도로 회전하고 있다. 이때 발전기의 유도기전력은 약 몇 [V]인가?

① 201.4   ② 212.4
③ 227.4   ④ 235.4

해설 | 분권발전기의 유도기전력
$$E = V + I_a R_a + e_a$$
$$= V + (I + I_f) R_a + e_a$$
$$= 220 + \left(50 + \frac{220}{50}\right) \times 0.1 + 2$$
$$= 227.4 \,[V]$$

정답 05 ① 06 ① 07 ④ 08 ③

09
단상 유도 전압조정기의 V₁ = 100 [V], V₂ = 100 ± 50 [V], I₂ = 50 [A]이다. 이 전압조정기의 정격 용량은 약 몇 [kVA]인가?

① 1.5 ② 2.5
③ 5   ④ 6.5

해설 | 유도전압 조정기
- 전압 조정 범위
  $V_2 = (V_1 + E_2 \cos\alpha)[V]$
- 조정 용량 $P = E_2 I_2 \times 10^{-3} [kVA]$
- $P = 50 \times 50 \times 10^{-3} = 2.5 [kVA]$

10
단상 반파 정류 회로의 정류효율은?

① $\frac{\pi^2}{4} \times 100$ ② $\frac{4}{\pi^2} \times 100$
③ $\frac{\pi^2}{8} \times 100$ ④ $\frac{8}{\pi^2} \times 100$

해설 | 정류효율

구분	정류효율[%]
단상 반파	40.6
단상 전파	81.2
3상 반파	117
3상 전파	135

11
리액터 기동 시 리액터 대신 저항을 달아 기동전류를 제한하는 방법은?

① Y-△기동법
② 1차저항 기동법
③ 기동보상기를 이용한 보상기법
④ 전전압 기동법

해설 | 1차 저항 기동법(리액터 기동법)
- 전동기의 1차 측에 직렬로 철심이 든 리액터를 설치
- 단권변압기를 이용하여 기동 시 전동기의 단자전압을 감소
- 저항을 이용하여 기동전류 및 토크를 제어

12
동기전동기를 과여자로 운전하면?

① 리액터로 작용한다.
② 콘덴서로 작용한다.
③ 앞선 전류를 보상한다.
④ 뒤진 전류가 흐른다.

해설 | 동기전동기의 위상특성곡선 (V곡선)

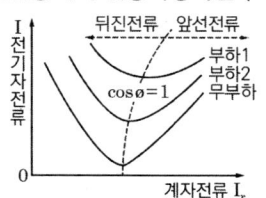

- 과여자 시
  계자전류를 기준전류보다 증가
  전기자 전류는 크기가 증가, 진상
- 부족여자 시
  계자전류를 기준전류보다 감소
  전기자 전류는 크기가 증가, 지상

정답 09 ② 10 ② 11 ② 12 ②

13 일반적인 농형 유도전동기에 비하여 2중 농형 유도전동기의 특징으로 옳은 것은?

① 손실이 적다.
② 슬립이 크다.
③ 최대 토크가 크다.
④ 기동 토크가 크다.

해설 | 특수농형(2중 농형, 심구홈 농형)의 특징
• 기동 시 기동전류가 작고, 기동토크가 크다.
• 최대토크가 작다.

14 단자전압이 600 [V], 전기자저항 0.2 [Ω], 계자저항이 50 [Ω], 출력이 100 [HP]인 직류 분권전동기의 역기전력은?

① 622.4 [V]   ② 586.4 [V]
③ 613.6 [V]   ④ 577.5 [V]

해설 | 분권전동기의 역기전력
• 역기전력 $E_c = V - I_a R_a$ 이므로
$I = \dfrac{P}{V} = \dfrac{74600}{600} = 124.33\,[\text{A}]$
$I_f = \dfrac{V}{R_f} = \dfrac{600}{50} = 12\,[\text{A}]$
$I_a = I - I_f = 124.33 - 12 = 112.33\,[\text{A}]$
∴ $E_c = V - I_a R_a$
　　　$= 600 - 112.33 \times 0.2 = 577.53\,[\text{V}]$

15 변압기의 효율이 최대가 되는 경우는?

① 전부하철손 = 동손
② 전부하철손 = 표유부하손
③ 기계손 = 전기자동손
④ 와류손 = 히스테리시스손

해설 | 변압기의 최대효율 조건
• 전부하 시 : 철손(P_i) = 동손(P_c)
• $\dfrac{1}{m}$ 부하 시 : $P_i = \left(\dfrac{1}{m}\right)^2 P_c$

16 직류 발전기의 정류 초기에 전류 변화가 크며 이때 발생되는 불꽃정류로 옳은 것은?

① 부족정류   ② 직선정류
③ 정현파정류 ④ 과정류

해설 | 정류작용

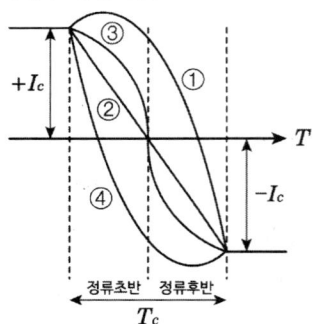

① 부족정류 : 정류 말기에 불꽃 발생
② 직선정류 : 이상적인 정류곡선
③ 정현정류 : 일반적인 곡선
④ 과정류 : 정류 초기에 불꽃 발생

17 다음 직류전동기 중에서 속도 변동률이 가장 큰 것은?

① 직권전동기　　② 분권전동기
③ 차동 복권전동기　④ 가동 복권전동기

해설 | 직권전동기의 토크
$$T \propto I^2 \propto \frac{1}{N^2}$$
• 직류전동기에서 직권전동기가 속도 변동률이 가장 크다.

18 정류회로에서 평활회로를 사용하는 이유는?

① 출력전압의 맥류분을 감소하기 위해
② 출력전압의 크기를 증가시키기 위해
③ 정류전압의 직류분을 감소하기 위해
④ 정류전압을 2배로 하기 위해

해설 | 맥류(Ripple Current)
• 직류에 교류성분이 포함된 맥동 전류
• 맥동 성분을 감소시키기 위해 각종 평활회로를 사용

19 직류기의 정류 작용에 관한 설명으로 틀린 것은?

① 리액턴스 전압을 상쇄시키기 위해 보극을 둔다.
② 정류작용은 직선 정류가 되도록 한다.
③ 보상권선은 정류작용에 큰 도움이 된다.
④ 보상권선이 있으면 보극은 필요 없다.

해설 | 정류작용
• 보극(전압정류)이나 탄소브러시(저항정류)를 사용하여 정류를 개선한다.
• 정류작용은 이상적인 직선정류가 되도록 한다.
• 단절권이나 보상권선을 적용하여도 불꽃 없는 정류를 만드는 데 많은 도움을 준다.

20 3상 유도전동기의 2차 입력 P_2, 슬립이 s일 때의 2차 동손 P_{c2}은?

① $P_{c2} = \dfrac{P_2}{s}$　　② $P_{c2} = sP_2$
③ $P_{c2} = s^2 P_2$　　④ $P_{c2} = (1-s)P_2$

해설 | 유도전동기 동손 (P_{c2})
$P_2 : P_{c2} : P_0 = 1 : s : 1-s$
$P_{c2} = sP_2 = \dfrac{s}{(1-s)}P_0$

정답　17 ①　18 ①　19 ④　20 ②

2024년 3회

01 3상 동기 발전기에서 권선 피치와 자극 피치의 비를 13/15의 단절권으로 하였을 때의 단절권 계수는?

① $\sin\frac{13}{15}\pi$ ② $\sin\frac{13}{30}\pi$
③ $\sin\frac{16}{13}\pi$ ④ $\sin\frac{15}{26}\pi$

해설 | 단절권 계수
- 단절권 계수 $= \sin\frac{n\beta\pi}{2}$
- $\beta = \dfrac{\text{코일 간격}}{\text{극 간격}} = \dfrac{13}{15}$
- $\therefore \sin\frac{n\beta\pi}{2} = \sin\frac{13}{30}\pi$

(n은 고조파 값이므로 여기서 $n=1$)

02 동기전동기의 용도로 맞지 않는 것은?

① 압축기   ② 분쇄기
③ 기중기   ④ 송풍기

해설 | 동기전동기의 용도
- 동기전동기는 동기속도로 운전하는 압축기, 분쇄기, 송풍기 등에 사용된다.
- 직권전동기는 큰 기동 토크를 요구하는 전기철도, 기중기 등에 사용된다.

03 유도전동기의 회전원리는?

① 전자유도와 플레밍의 왼손법칙
② 정전유도와 플레밍의 오른손법칙
③ 전자유도와 앙페르의 오른나사 법칙
④ 정전유도와 앙페르의 오른나사 법칙

해설 | 유도전동기의 회전원리
- 전자유도법칙에 의해 유도기전력이 발생
- 플레밍의 오른손법칙에 의해 전류 발생
- 플레밍의 왼손법칙에 의해 회전력 발생

04 스테핑 전동기의 내용으로 틀린 것은?

① 주파수는 속도에 반비례한다.
② 위치제어 시 각도오차가 적다.
③ 가속, 감속이 용이하며 정·역전 및 변속이 쉽다.
④ 회전각은 펄스 수에 비례한다.

해설 | 스테핑 전동기
- 속도 및 위치제어
- 디지털 신호를 직접 제어
- 가속, 감속이 용이하며 정·역전 및 변속이 쉬움
- 위치제어를 할 때 각도오차가 적음
- 회전각과 속도는 펄스 수에 비례

정답 01 ② 02 ③ 03 ① 04 ①

05 변압기의 전압이 증가하게 되면 철손은 어떻게 되는가?

① 증가한다.
② 감소한다.
③ 관계없다.
④ 부하에 따라 다르다.

해설 | 철손
철손 = 히스테리시스손 + 와류손
• 히스테리시스손 (P_h)

$$P_h \propto fB_m^2 \propto \frac{V^2}{f}$$

• 와류손 (P_e)

$$P_e \propto (tfB_m)^2 \propto V^2$$

06 직류 분권전동기의 전체 도체수는 100, 단중 중권이며 자극수는 4, 자속수는 극당 0.628 [Wb]이다. 부하를 걸어 전기자에 5 [A]가 흐르고 있을 때의 토크는 약 몇 [N·m]인가?

① 12.5
② 25
③ 50
④ 100

해설 | 분권전동기의 토크

$$\tau = K\phi I_a = \frac{PZ}{2\pi a}\phi I_a [\text{N·m}]$$

$$= \frac{4 \times 100}{2 \times 3.14 \times 4} \times 0.628 \times 5 = 50[\text{N·m}]$$

07 유도전동기 슬립 s의 범위는?

① 1 < s
② s < -1
③ -1 < s < 0
④ 0 < s < 1

해설 | 유도기의 슬립 영역
• 유도 발전기 : $s < 0$
• 유도전동기 : $0 < s < 1$
• 유도 제동기 : $s > 1$

08 IGBT의 특징으로 틀린 것은?

① MOSFET처럼 전압제어 소자이다.
② GTO처럼 역방향 전압저지 특성을 가진다.
③ BJT처럼 온드롭(On-drop)이 일정한 전류제어 소자이다.
④ 게이트-이미터 간 입력임피던스가 매우 작아 BJT보다 구동하기 쉽다.

해설 | IGBT의 특징
• MOSFET + BJT + GTO
• 고전압 대전류 고속도 스위칭을 위해 턴온 또는 턴오프 시 높은 서지전압이 발생
• 게이트와 이미터 사이의 입력 임피던스가 매우 커서 BJT보다 구동하기 쉽다.
• BJT처럼 On-drop이 전류에 관계없이 낮고 거의 일정하며, MOSFET보다 훨씬 큰 전류를 흘릴 수 있다.
• 게이트-이미터 간 전압이 구동되어 입력 신호에 의해서 온/오프가 생기는 자기소호형소자

정답 05 ① 06 ③ 07 ④ 08 ④

09 전기자 반작용을 줄이기 위한 가장 좋은 방법은?

① 제동권선을 설치한다.
② 브러시의 접촉저항을 크게 한다.
③ 전기자 권선수를 증가시킨다.
④ 보상권선을 설치한다.

해설 | 보상권선
- 전기자반작용 개선
- 역률 개선

10 %저항 강하가 1.7이고 %리액턴스 강하는 2.0인 변압기의 전압변동률의 최대일 때 부하 역률은 몇 [%]인가?

① 65   ② 75
③ 85   ④ 95

해설 | 전압변동률의 최대조건
- 최대전압변동률 $\sqrt{p^2+q^2}$
- 그 때의 역률 $\cos\theta = \dfrac{p}{\sqrt{p^2+q^2}}$ 이므로

$\dfrac{p}{\sqrt{p^2+q^2}} = \dfrac{1.7}{\sqrt{1.7^2+2^2}} = 0.648$

∴ $\cos\theta = 0.65$

11 정류를 양호하게 하기 위한 방법 중 틀린 것은?

① 보극을 설치한다.
② 접촉 저항이 큰 브러시를 사용한다.
③ 리액턴스 전압을 크게 한다.
④ 정류주기를 길게 한다.

해설 | 직류기 양호한 정류 얻는 조건
- 리액턴스전압을 작게 한다.
- 정류 주기를 길게 한다.
- 보극 설치한다.
- 인덕턴스를 작게 한다.
- 접촉저항이 큰 탄소브러시를 사용한다.

12 직류기의 전기자에 일반적으로 사용되는 전기자 권선법은?

① 고상권, 폐로권, 이층권
② 고상권, 개로권, 이층권
③ 환상권, 개로권, 단층권
④ 환상권, 폐로권, 단층권

해설 | 직류기 전기자권선법
고상권, 폐로권, 2층권(중권, 파권)

13 3상 유도전동기의 기계적 출력 P [kW], 회전수 N [rpm]인 전동기의 토크 [N·m]는?

① $0.46\dfrac{P}{N}$ ② $0.855\dfrac{P}{N}$

③ $975\dfrac{P}{N}$ ④ $9549.3\dfrac{P}{N}$

해설 | 전동기 토크(T)
$T = 9.55\dfrac{P\,[\text{W}]}{N\,[\text{rpm}]} = 9555\dfrac{P\,[\text{kW}]}{N\,[\text{rpm}]}$

정답 09 ④ 10 ① 11 ③ 12 ① 13 ④

14 극 수가 4극이고 전기자권선이 단중 중권인 직류발전기의 전기자전류가 40[A]이면 전기자권선의 각 병렬회로에 흐르는 전류 [A]는?

① 4
② 6
③ 8
④ 10

해설 | 직류발전기의 병렬회로
직류발전기가 중권이므로 병렬회로 수와 극 수는 같다.
$a = p = 4$
$I_a = \dfrac{I}{a} = \dfrac{40}{4} = 10[A]$

15 권선형 유도전동기의 저항제어법의 장점으로 틀린 것은?

① 제어조작이 쉽다.
② 역률이 좋고, 효율 조정이 가능하다.
③ 구조가 간단하다.
④ 수리 및 보수유지가 간편하다.

해설 | 권선형 유도전동기의 속도제어법
• 2차 저항제어법
  구조가 간단하고, 제어조작이 용이하며, 수리 및 보수 유지가 간편하다.
• 2차 여자법(전압제어법)
  미세한 조정이 가능하고, 광범위한 조정이 가능하며, 제어 효율이 우수하다.

16 동기발전기의 단락시험, 무부하시험에서 구할 수 없는 것은?

① 철손
② 기계손
③ 동기리액턴스
④ 전기자 반작용

해설 | 동기발전기의 시험
• 단락시험으로 구할 수 있는 항목
  : 동기 임피던스, 동기 리액턴스, 동손, 임피던스 전압
• 무부하시험으로 구할 수 있는 항목
  : 무부하전류, 여자전류, 여자어드미턴스, 철손, 기계손
• 단락시험, 무부하시험 동시 시행으로 구할 수 있는 항목 : 단락비

17 변압기의 병렬운전 조건이 아닌 것은?

① 극성이 같아야 한다.
② 용량이 같아야 한다.
③ %임피던스 강하가 같아야 한다.
④ 누설 리액턴스 비가 같아야 한다.

해설 | 변압기 병렬운전 조건
• 극성이 같을 것
• 권수비, 1, 2차 정격전압이 같을 것
• %임피던스 강하가 같을 것
• 저항/누설리액턴스의 비가 같을 것
• 상회전 방향 및 위상 변위가 같을 것(3상일 때)

정답 14 ④ 15 ② 16 ④ 17 ②

18 다음 중 회전계자형을 주로 사용하는 기기는?

① 유도전동기   ② 동기발전기
③ 동기전동기   ④ 회전변류기

해설 | 기기의 구조
- 회전계자형 : 동기발전기
- 회전전기자형 : 유도전동기, 동기전동기, 회전변류기, 직류기

19 3상 100 [kVA], 3000/200 [V] 변압기가 역률 80 [%] 전부하 운전 중일 때, 2차 측 무효전류는 몇 [A]인가?

① 105   ② 141
③ 173   ④ 210

해설 | 변압기의 2차 측 무효전류
$$I_\ell = \frac{P}{\sqrt{3}\,V} \times \sin\theta = \frac{100 \times 10^3}{\sqrt{3} \times 200} \times 0.6$$
$$= 100\sqrt{3} = 173.2\,[A]$$

20 용량 150 [kVA]의 단상 변압기의 철손이 1 [kW], 전부하 동손이 4 [kW]이다. 이 변압기의 최대 효율은 몇 [kVA]에서 나타나는가?

① 50   ② 75
③ 100   ④ 150

해설 | 최대 효율일 때의 부분부하
- $\dfrac{1}{m} = \sqrt{\dfrac{P_i}{P_c}}$
- $\dfrac{1}{m} = \sqrt{\dfrac{P_i}{P_c}} = \sqrt{\dfrac{1}{4}} = \dfrac{1}{2}$

∴ 50 [%] 부하에서 최대 효율
$150 \times \dfrac{1}{2} = 75$

정답 18 ② 19 ③ 20 ②

2023년 1회

01 4극, 중권 직류전동기의 전기자 전 도체수 160, 1극당 자속 수 0.01 [Wb], 부하전류 100 [A]일 때 발생 토크 [N·m]는?

① 36.2　　② 34.8
③ 25.5　　④ 23.4

해설 | 직류전동기의 토크
$$\tau = \frac{PZ}{2\pi a}\phi I_a = \frac{4 \times 160}{2\pi \times 4} \times 0.01 \times 100$$
$$= \frac{80}{\pi} = 25.5 \,[\text{N·m}]$$

02 10 [kVA], 2000/100 [V] 변압기에서 1차에 환산한 등가 임피던스는 6.2 + j7 [Ω]이다. 이 변압기의 퍼센트 리액턴스 강하는?

① 3.5　　② 0.175
③ 0.35　　④ 1.75

해설 | 1차 환산 %리액턴스 강하
$$\%X = \frac{I_{1n} \times X_{12}}{V_{1n}} \times 100$$
$$= \frac{\frac{10 \times 10^3}{2 \times 10^3} \times 7}{2000} \times 100$$
$$= 1.75 \,[\%]$$

03 3상 유도전압조정기의 원리는 다음 중 어느 기기를 응용한 것인가?

① 3상 동기발전기　② 3상 유도전동기
③ 3상 변압기　　　④ 3상 직권전동기

해설 | 3상 유도전압조정기
3상 권선형 유도전동기의 1차권선과 2차권선을 3상 단권변압기와 같이 접속하여 사용한다.

04 Y결선한 변압기의 2차 측이 다이오드 6개의 3상 전파정류회로로 구성하고 저항 R을 걸었을 때 직류 평균 전류는? (단, E는 교류 측 선간전압이다)

① $\dfrac{3\sqrt{2}}{\pi}\dfrac{E}{R}$　　② $\dfrac{3\sqrt{6}}{2\pi}\dfrac{E}{R}$

③ $\dfrac{3\sqrt{6}}{\pi}\dfrac{E}{R}$　　④ $\dfrac{6\sqrt{2}}{\pi}\dfrac{E}{R}$

해설 | 정류회로 직류 평균 전류
- 단상반파 $I_d = \dfrac{\sqrt{2}}{\pi}\dfrac{E}{R} = 0.45\dfrac{E}{R}$ [A]
- 단상전파 $I_d = \dfrac{2\sqrt{2}}{\pi}\dfrac{E}{R} = 0.9\dfrac{E}{R}$ [A]
- 3상반파 $I_d = \dfrac{3\sqrt{6}}{2\pi}\dfrac{E}{R} = 1.17\dfrac{E}{R}$ [A]
- 3상전파 $I_d = \dfrac{3\sqrt{6}}{\pi}\dfrac{E}{R} = 2.34\dfrac{E}{R}$ [A]

※ 단, 3상전파에서 E가 선간전압인 경우
$I_d = \dfrac{3\sqrt{2}}{\pi}\dfrac{E}{R} = 1.35\dfrac{E}{R}$ [A]

정답　01 ③　02 ④　03 ②　04 ①

05 VVVF(Variable Voltage Variable Frequency)는 주로 어떤 전동기의 속도 제어에 사용되는가?

① 직류 직권전동기
② 유도전동기
③ 직류 분권전동기
④ 동기전동기

해설 | 유도전동기의 속도제어
- CVCF(정전압 정주파수 공급장치) 전원공급장치에 주로 사용
- VVVF(가변전압 가변주파수 공급장치) 속도제어장치에 주로 사용

06 3상 유도전동기의 기계적 출력이 P [kW]이고 회전수가 N [rpm]일 때, 이 전동기의 토크(kg·m)는?

① $9.55 \dfrac{P}{N}$ ② $975 \dfrac{P}{N}$
③ $955 \dfrac{P}{N}$ ④ $0.975 \dfrac{P}{N}$

해설 | 전동기의 토크
- $\tau = 9.55 \dfrac{P(\mathrm{W})}{N(\mathrm{rpm})} [\mathrm{N \cdot m}]$
- $\tau = 0.975 \dfrac{P(\mathrm{W})}{N(\mathrm{rpm})} [\mathrm{kg \cdot m}]$

07 동기전동기에 설치된 제동권선의 효과는?

① 정지 시간의 단축
② 출력 전압의 증가
③ 기동 토크의 발생
④ 과부하 내량의 증가

해설 | 제동권선(Damper Winding)
- 난조를 방지
- 단락 사고 시 이상전압 발생 억제
- 기동 토크의 발생
- 부하 불평형 시 전압과 전류의 파형 개선

08 동기발전기에서 유기기전력과 전기자전류가 동상인 경우의 전기자 반작용은?

① 직축반작용   ② 감자작용
③ 증자작용   ④ 교차자화작용

해설 | 동기발전기의 전기자 반작용
- 감자작용 : 전류가 90° 뒤진 지상
- 증자작용 : 전류가 90° 앞선 진상

09 권수비가 20인 단상변압기에서 전부하 시 2차 전압이 110 [V]이고 전압변동률이 4 [%]일 때 1차 단자전압은?

① 2288   ② 2366
③ 2448   ④ 2880

해설 | 전압변동률
$\epsilon = \dfrac{V_{20} - V_{2n}}{V_{2n}} \rightarrow 0.04 = \dfrac{V_{20} - 110}{110}$
에서 $V_{20} = 114.4 \, [\mathrm{V}]$
권수비가 20이므로
$V_{10} = a V_{20} = 20 \times 114.4 = 2288 \, [\mathrm{V}]$

정답 05 ② 06 ② 07 ③ 08 ④ 09 ①

10 사이리스터에서의 래칭 전류에 관한 설명으로 옳은 것은?

① 게이트를 개방한 상태에서 사이리스터 도통 상태를 유지하기 위한 최소의 순전류
② 게이트 전압을 인가한 후에 급히 제거한 상태에서 도통 상태가 유지되는 최소의 순전류
③ 사이리스터의 게이트를 개방한 상태에서 전압을 상승하면 급히 증가하게 되는 순전류
④ 사이리스터가 턴온하기 시작하는 순전류

해설 | **래칭전류**
SCR을 턴-온 시키기 위하여 게이트에 흘려야 할 최소 전류(80 [mA] 이상)

11 극 수가 4극이고 전기자권선이 단중 중권인 직류발전기의 전기자전류가 40 [A]이면 전기자권선의 각 병렬회로에 흐르는 전류 [A]는?

① 4
② 6
③ 8
④ 10

해설 | **직류발전기의 병렬회로**
직류발전기가 중권이므로 병렬회로 수와 극 수는 같다.
$a = p = 4$
$I_a = \dfrac{I}{a} = \dfrac{40}{4} = 10[A]$

12 직류 발전기의 특성곡선 중 상호 관계가 옳지 않은 것은?

① 무부하 포화곡선 : 계자 전류와 단자전압
② 외부 특성곡선 : 부하전류와 단자전압
③ 부하 특성곡선 : 계자전류와 단자전압
④ 내부 특성곡선 : 부하전류와 단자전압

해설 | **직류 발전기의 특성곡선**
• 무부하 포화특성곡선 : $V(E) - I_f$
  계자 전류와 단자전압 (유기기전력)
• 부하 특성곡선 : $V - I_f$
  계자전류와 단자전압
• 외부 특성곡선 : $V - I$
  부하전류와 단자전압
• 내부 특성곡선 : $E - I$
  부하전류와 유기기전력

13 변압기의 층간 단락 보호 계전기로 가장 적당한 것은?

① 온도 계전기
② 비율차동 계전기
③ 과부하 계전기
④ 과전류 계전기

해설 | **보호용 계전기**
• 온도 계전기 : 절연유 및 권선의 온도 상승 검출용
• 비율차동 계전기 : 발전기 및 변압기의 층간 단락에 의한 내부고장 검출용
• 과부하 계전기 : 선로의 과부하 및 단락 검출용
• 과전류 계전기 : 과부하 또는 단락, 지락 시 과전류 검출용

정답 10 ④ 11 ④ 12 ④ 13 ②

14 10 [kVA] 단상변압기 2대를 V결선으로 운전할 때 과부하를 10 [%]까지 견딜 수 있다고 한다면 변압기 2대가 분담할 수 있는 최대 부하는 약 몇 [kVA]인가?

① 10　　② 16
③ 19　　④ 25

해설 | V결선의 최대부하
V결선 시 출력 $P_V = \sqrt{3}\,P$
$P_V = \sqrt{3} \times 10 = 17.32\,[\text{kVA}]$
10 [%]의 여유분이 있으므로
$P = 17.32 \times 1.1 = 19.05\,[\text{kVA}]$

---

15 %저항 강하가 1.7이고 %리액턴스 강하는 2.0인 변압기의 전압 변동률의 최대일 때 부하 역률은 몇 [%]인가?

① 65　　② 75
③ 85　　④ 95

해설 | 전압변동률의 최대조건
- 최대전압변동률 $\sqrt{p^2 + q^2}$
- 그 때의 역률 $\cos\theta = \dfrac{p}{\sqrt{p^2 + q^2}}$ 이므로

$\dfrac{p}{\sqrt{p^2 + q^2}} = \dfrac{1.7}{\sqrt{1.7^2 + 2^2}} = 0.648$

∴ $\cos\theta = 0.65$

---

16 자동제어장치에 쓰이는 서보모터의 특성을 나타내는 것 중 틀린 것은?

① 빈번한 시동, 정지, 역전 등의 가혹한 상태에 견디도록 견고하고 큰 돌입 전류에 견딜 것
② 시동토크는 크나, 회전부의 관성 모멘트가 작고 전기적 시정수가 짧을 것
③ 발생토크는 입력신호에 비례하고 그 비가 클 것
④ 직류서보모터에 비하여 교류서보모터의 시동토크가 매우 클 것

해설 | 서보모터
- 시동 토크는 크나, 회전부의 관성 모멘트가 작고 전기적 시정수가 짧음
- 발생토크는 입력신호에 비례하고 그 비가 큼
- 직류 서보모터의 기동토크가 교류 서보모터의 기동토크보다 큼

---

17 슬립 s_t에서 최대 토크를 발생하는 3상 유도전동기에 2차 측 한 상의 저항을 r_2라 하면 최대 토크로 기동하기 위한 2차 측 한 상에 외부로부터 가해 주어야 할 저항은?

① $\dfrac{1-s_t}{s_t}r_2$　　② $\dfrac{1+s_t}{s_t}r_2$

③ $\dfrac{r_2}{1-s_t}$　　④ $\dfrac{r_2}{s_t}$

해설 | 비례추이
$\dfrac{r_2}{s} = \dfrac{r_2 + R}{s'}$ 에서 기동 시 $s' = 1$이므로
$R = \dfrac{1-s_t}{s_t}r_2$

정답 14 ③　15 ①　16 ④　17 ①

18 100 [V]를 120 [V]로 승압하는 단권변압기의 자기용량(kVA)은? (단, 부하용량은 6 [kVA]이다)

① 1　　② 3.3
③ 5　　④ 10

해설 | 단권변압기의 용량비

$$\frac{자기용량}{부하용량} = \frac{V_h - V_\ell}{V_h}$$

$$자기용량 = \frac{V_h - V_\ell}{V_h} \times 부하용량$$

$$= \frac{120 - 100}{120} \times 6 = 1 \text{ [kVA]}$$

19 단상 유도 전압조정기의 2차 전압이 100 ± 20 [V]이고, 직렬 권선의 전류가 6 [A]인 경우 정격용량은 몇 [VA]인가?

① 120　　② 140
③ 160　　④ 180

해설 | 단상 유도 전압 조정기
- 전압 조정 범위
  $V_2 = V_1 + E_2 \cos\alpha \text{ [V]}$
- 정격 용량 : $P_2 = E_2 I_2 \times 10^{-3} \text{ [kVA]}$
- $P_2 = 20 \times 6 = 120 \text{ [VA]}$

20 부하전류 20 [A]가 흐르고 있는 도통상태의 SCR에 게이트 동작범위 내에서 전류를 1/2로 감소시키면 부하전류의 크기는 몇 [A]인가?

① 0　　② 10
③ 20　　④ 40

해설 | SCR의 부하전류
SCR은 도통이 되면 게이트에 흐르는 전류를 차단해도 통전상태를 그대로 유지한다.

정답　18 ①　19 ①　20 ③

2023년 2회

01 4극, 슬롯수가 24인 동기 발전기의 전기각은?

① 7.5°   ② 15°
③ 22.5° ④ 30°

해설 | 전기각

전기각 = 기계각 × $\dfrac{P}{2}$, 기계각 = $\dfrac{360°}{\text{슬롯 수}}$

∴ 전기각 = 15° × $\dfrac{4}{2}$ = 30°

02 다음 중 IGBT에 대한 설명으로 틀린 것은?

① 고속스위칭이 가능하다.
② Insulated Gate Bipolar Thyristor의 약자이다.
③ 전압제어 소자이다.
④ 역방향 저지의 특성이 있다.

해설 | IGBT(Insulated Gate Bipolar Transistor)
- 빠른 스위칭 속도
- 게이트와 이미터 사이의 입력 임피던스가 매우 커서 BJT보다 구동이 쉽다.
- GTO와 같은 역방향 전압저지 특성
- 고전압 대전류 고속도 스위칭을 위해 턴-온(Turn-on) 또는 턴-오프(Turn-off) 시 높은 서지전압이 발생
- BJT처럼 On-drop이 전류에 관계없이 낮고 거의 일정하며, MOSFET보다 훨씬 큰 전류를 흘려보내는 것이 가능

03 4극, 7 [kW], 200 [V], 60 [Hz]인 3상 유도전동기의 2차 입력이 7950 [W]일 때 2차 효율은?(단, 기계손은 150 [W]이다)

① 88 %   ② 89 %
③ 90 %   ④ 91 %

해설 | 2차 효율 $\eta = \dfrac{P_o}{P_2} \times 100$

$P_o = 7000 + 150 = 7150 [\text{W}]$ 이므로

$\eta = \dfrac{P_o}{P_2} \times 100 = \dfrac{7150}{7950} \times 100 = 89.94 [\%]$

04 반작용 전동기(Reaction Motor)에 관한 설명으로 옳은 것은?

① 분권 특성이다.
② 기동토크가 특히 큰 전동기이다.
③ 직권특성으로 부하 증가 시 속도가 상승한다.
④ 1/2 동기속도에서 정류가 양호하다.

해설 | 반작용 전동기
- 여자권선 없이 자극만 존재하는 일종의 동기전동기
- 출력이 작고, 역률이 낮다.
- 직류전원이 불필요하다.
- 구조가 간단하다.
- 시계나 각종 측정장치에 주로 사용

정답 01 ④ 02 ② 03 ③ 04 ②

05 극 수가 8극이고 전기자권선이 단중 중권인 직류발전기의 전기자전류가 40 [A]이면 전기자권선의 각 병렬회로에 흐르는 전류[A]는?

① 1
② 2
③ 5
④ 10

해설 | 직류 발전기의 병렬회로
직류발전기가 중권이므로 병렬회로 수와 극 수는 같다.
$a = p = 4$
$I_a = \dfrac{I}{a} = \dfrac{40}{8} = 5[A]$

06 A, B 두 대의 동기발전기를 병렬운전 중 계통주파수를 바꾸지 않고 B의 역률을 좋게 하는 방법은?

① A의 여자전류를 증가
② B의 여자전류를 증가
③ A의 원동기 출력을 증가
④ B의 원동기 출력을 증가

해설 | 병렬운전의 역률개선
B 기기의 역률을 좋게 하기 위해서 B의 여자전류를 감소하거나 A 기기의 여자전류를 증가하면 된다. A기기의 여자전류가 증가하면 코일에 의해 지상전류가 발생하게 되고 A는 역률이 저하되며, 이때 발생하는 순환전류에 의해 B기기의 지상전류는 상쇄됨으로 B 기기의 역률은 개선된다.

07 3300/200 [V], 10 [kVA] 단상 변압기의 2차를 단락하여 1차 측에 300 [V]를 가하니 2차에 120 [A]의 전류가 흘렀다. 이 변압기의 임피던스 전압 및 %임피던스 강하는 약 얼마인가?

① 125 V, 3.8 %
② 125 V, 3.5 %
③ 200 V, 4.0 %
④ 200 V, 4.2 %

해설 | 임피던스 전압 (V_s)
$V_s = I_{1n} Z_{12} [V]$
$I_{1n} = \dfrac{P}{V_{1n}}$, $Z_{12} = \dfrac{V_{12}}{I_{12}}$ 이므로
$V_s = \dfrac{10}{3.3} \times \dfrac{300}{120 \times \dfrac{2}{33}} = 125 [V]$
$\%Z = \dfrac{I_{1n} Z_{12}}{V_{1n}} \times 100 = \dfrac{V_s}{V_{1n}} \times 100$
$= \dfrac{125}{3300} \times 100 = 3.8 [\%]$

08 교류 전력에 의한 전자유도 작용을 이용한 기기는 어느 것인가?

① 정류기
② 충전기
③ 여자기
④ 변압기

해설 | 변압기의 원리
전자유도작용을 이용하여 교류전압과 전류의 크기를 변화시킨다.

09 저항 부하인 사이리스터 단상 반파 정류기로 위상 제어를 할 경우 점호각 0°에서 60°로 하면 다른 조건이 동일한 경우 출력 평균 전압은 몇 배가 되는가?

① 3/4 ② 4/3
③ 3/2 ④ 2/3

해설 | 단상반파 정류회로
$$V_d = \frac{V_m}{\pi}\left(\frac{1+\cos\alpha}{2}\right)$$
$$= \frac{\sqrt{2}\,V_a}{\pi}\left(\frac{1+\cos\alpha}{2}\right)$$
$$V_{d0} = 0.45\,V_a\frac{(1+\cos 0°)}{2} = 0.45\,V_a\ [\text{V}]$$
$$V_{d1} = 0.45\,V_a\frac{(1+\cos 60°)}{2}$$
$$= 0.45\,V_a \times \frac{3}{4}\ [\text{V}]$$

10 직류 직권전동기에서 단자전압이 일정할 때 부하토크가 2배가 되면 부하전류는? (단, 계자 회로는 포화되지 않았다고 한다)

① 2배로 증가 ② $\frac{1}{2}$배로 감소
③ $\frac{1}{\sqrt{2}}$배로 감소 ④ $\sqrt{2}$배 증가

해설 | 직권전동기의 토크
$T = K\phi I$에서 토크는 자기포화를 무시하면 $\phi \propto I$, $T \propto I^2$

11 단자전압 220 [V], 전기자 전류 10 [A], 전기자저항이 1 [Ω], 회전수가 1800 [rpm]인 전동기의 역기전력(V)은?

① 90 ② 140
③ 175 ④ 210

해설 | 직류전동기의 역기전력
$E = V - I_a R_a = 220 - 10 \times 1 = 210\ [\text{V}]$

12 60 [Hz], 6극, 200 [V], 10 [kW]의 3상 유도전동기가 1152 [rpm]으로 회전하고 있을 때, 2차 주파수는 몇 [Hz]인가?

① 2.4 ② 4.8
③ 6.8 ④ 8.2

해설 | 2차 주파수 (f_{2s})
- $N_s = \frac{120f}{p} = \frac{120 \times 60}{6} = 1200\ [\text{rpm}]$
- $s = \frac{1200 - 1152}{1200} = 0.04$
$f_{2s} = sf_1 = 0.04 \times 60 = 2.4\ [\text{Hz}]$

13 병렬운전 시 균압선을 설치해야 하는 발전기는?

① 동기발전기 ② 타여자발전기
③ 직권발전기 ④ 분권발전기

해설 | 균압선의 설치
직류발전기의 병렬운전 시 직권계자가 존재하는 직권발전기와 복권발전기는 균압선을 설치해서 사용한다.

정답 09 ① 10 ④ 11 ④ 12 ① 13 ③

14 3상 유도전동기의 슬립 범위를 1 ~ 2로 하여 3선 중 2선의 접속을 바꾸어 제동하는 방법은?

① 회생제동 ② 단상제동
③ 역상제동 ④ 직류제동

해설 | 유도전동기 제동
- 회생제동 : 발생전력을 전원에 반환하여 제동
- 발전제동 : 저항에서 열로 소비
- 역상제동 : 단자의 접속을 바꿔서 역회전 시켜 제동

15 컨버터(Converter)에 대한 설명으로 옳은 것은?

① DC → AC로 바꾸는 장치
② DC → DC로 바꾸는 장치
③ AC → AC로 바꾸는 장치
④ AC → DC로 바꾸는 장치

해설 | 전력변환 기기
- 컨버터 : 교류를 직류로
- 인버터 : 직류를 교류로
- 쵸퍼 : 직류를 직류로
- 사이클로 컨버터 : 교류를 교류로

16 변압기의 권수비 a = 6600/220, 철심의 단면적 0.02 [m²], 최대 자속밀도 1.2 [Wb/m²]일 때 1차 유도기전력은 약 몇 [V]인가? (단, 주파수는 60 [Hz]이다)

① 1407 ② 3521
③ 42198 ④ 49814

해설 | 변압기의 유도기전력
$E_1 = 4.44 f N_1 \phi_m$ [V] 에서
$\phi_m = B_m \cdot A$ [Wb]이므로
∴ $E = 4.44 f N_1 B_m A$
$= 4.44 \times 60 \times 1.2 \times 0.02 \times 6600$
$= 42197.76 [V]$

17 저항 부하의 단상 반파 정류회로에서 맥동률은 약 얼마인가?

① 0.48 ② 1.11
③ 1.21 ④ 1.41

해설 | 맥동률
- 단상 반파 121 [%]
- 단상 전파 48 [%]
- 3상 반파 17 [%]
- 3상 전파 4 [%]

정답 14 ③ 15 ④ 16 ③ 17 ③

18 다음 중 유도전동기의 슬립 $s<0$인 경우 틀린 것은?

① 동기속도 이상으로 회전
② 유도전동기 단독으로 동작이 가능
③ 유도발전기로 사용
④ 속도 증가 시 출력도 증가

해설 | 유도전동기의 슬립
$s = \dfrac{N_s - N}{N_s} < 0$이면 $N_s < N$이므로 동기속도 이상으로 회전하고 이는 유도발전기로 동작된다.

19 1200 [rpm]으로 회전하는 6극 교류발전기와 병렬로 운전하는 극 수가 8극인 발전기의 회전수는 몇 [rpm]인가?

① 1200
② 900
③ 800
④ 750

해설 | 동기발전기의 병렬운전
두 발전기의 주파수가 동일해야 하므로
회전속도 $N_s = \dfrac{120f}{P}$ 이므로
$1200 = \dfrac{120f}{6}$ 에서 $f = 60 \,[\text{Hz}]$
$\therefore N = \dfrac{120 \times 60}{8} = 900 \,[\text{rpm}]$

20 변압기 결선에서 제3고조파 전압이 발생하는 결선은?

① △-△결선
② △-Y결선
③ Y-△결선
④ Y-Y결선

해설 | 변압기의 결선
△결선의 순환전류에 의해 제3고조파는 소멸되므로 △결선이 없는 Y-Y결선은 사용하지 않는다.

정답 18 ② 19 ④ 20 ④

2023년 3회

01 사이리스터를 이용한 교류전압 크기 제어 방식은?

① 초퍼 방식
② 정지 레오나드 방식
③ 위상제어 방식
④ TRC 방식

해설 | 위상제어 방식
부하에 직렬로 SCR을 접속하여 교류전압을 가했을 때, 게이트에 전류를 흘려서 부하 양단 전압의 크기를 제어

02 3상 유도전동기에서 2차 저항을 증가하면 기동토크는?

① 증가한다. ② 감소한다.
③ 변하지 않는다. ④ 제곱에 비례한다.

해설 | 토크의 비례추이 곡선

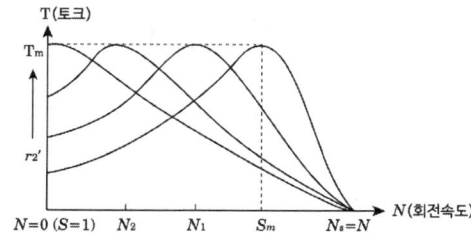

- 2차 저항 크기가 증가함에 따라 최대 토크가 $s : 0 \to 1$ 방향으로 이동
- r_2'(2차 저항)값이 클수록 기동 토크가 커지고 기동 전류는 작아진다.

03 4극, 60 [Hz]인 3상 유도전동기가 1710 [rpm]으로 회전하고 있을 때, 전원의 a상과 b상을 바꾸면 슬립은 약 얼마인가?

① 1.85 ② 1.90
③ 1.95 ④ 2.0

해설 | 유도전동기의 역회전
3상 유도전동기는 3개의 상 중에서 2개의 접속을 바꾸게 되면 역회전이 발생
$s = \dfrac{N_s - (-N)}{N_s}$ 에서
$N_s = \dfrac{120f}{p} = \dfrac{120 \times 60}{4} = 1800 \,[\text{rpm}]$
$\therefore s = \dfrac{1800 - (-1710)}{1800} = 1.95$

04 효율이 80 [%], 출력이 1 [kW]인 직류발전기의 고정손이 120 [W]일 때, 가변손은 몇 [W]인가?

① 100 ② 130
③ 150 ④ 180

해설 | 발전기의 손실
- 손실 = 가변손(부하손) + 고정손(무부하손)
- 발전기의 효율 $0.8 = \dfrac{1000}{1000 + 손실}$

$손실 = \dfrac{1000}{0.8} - 1000 = 250\,[\text{W}]$ 이므로
$\therefore 가변손 = 250 - 120 = 130\,[\text{W}]$

정답 01 ③ 02 ① 03 ③ 04 ②

05 반작용 전동기(Reaction Motor)에 관한 설명 중 틀린 것은?

① 여자를 약하게 하면 뒤진 전류가 흐르고 전기자 반작용은 계자를 강화시키는 작용을 한다.
② 뒤진 전류가 흐를 때는 직류여자가 없어도 계자가 여자되므로 계자권선이 없다.
③ 3상 교류를 가하면 전기자 전류의 무효분은 계자 자속을 만들며 전류의 유효분 사이의 토크가 발생한다.
④ 직류여자를 필요로 하고, 철극성 때문에 동기속도 이하로 회전한다.

해설 | 반작용 전동기
- 여자권선 없이 자극만 존재하는 일종의 동기전동기
- 출력이 작고, 역률이 낮다.
- 직류전원이 불필요하다.
- 구조가 간단하다.
- 시계나 각종 측정장치에 주로 사용

06 사이리스터에 의해 제어되는 것은?

① 전류　　② 주파수
③ 토크　　④ 위상각

해설 | 농형 유도전동기의 속도제어
농형유도전동기의 1차 전압제어는 사이리스터를 이용하여 위상각을 제어함으로써 1차 전압을 증감시켜 슬립으로 속도 제어하는 방식이다.

07 동기전동기에 대한 설명으로 틀린 것은?

① 동기전동기는 주로 회전계자형이다.
② 동기전동기는 무효전력을 공급할 수 있다.
③ 동기전동기는 제동권선을 이용한 기동법이 일반적으로 많이 사용된다.
④ 3상 동기전동기의 회전방향을 바꾸려면 계자권선 전류의 방향을 반대로 한다.

해설 | 전동기의 역회전
- 3상 동기전동기 : 3선 중 임의의 두 선을 바꾼다.
- 직류전동기 : I_a나 I_f 중 하나를 반대로 한다.
- 분상기동형 유도전동기 : 주권선에 대한 보조 권선의 접속을 반대로 한다.

08 동기전동기에 설치된 제동권선의 역할로 맞지 않는 것은?

① 송전선 단락 시 이상전압 방지
② 난조방지
③ 기동토크의 발생
④ 과부하 내량의 증대

해설 | 제동권선
- 기동토크 발생
- 동기기의 난조현상 방지
- 부하 불평형 시, 전압과 전류의 파형 개선
- 단락 사고 시 이상전압 발생 억제

정답　05 ④　06 ④　07 ④　08 ④

09 3상 100 [kVA], 3000/200 [V] 변압기가 역률 80 [%] 전부하 운전 중일 때, 2차 측 무효전류는 몇 [A]인가?

① 105　　② 141
③ 173　　④ 210

해설 | 변압기의 2차 측 무효전류
$I = \dfrac{P}{\sqrt{3}\,V} \times \sin\theta$
$= \dfrac{100 \times 10^3}{\sqrt{3} \times 200} \times 0.6$
$= 100\sqrt{3} = 173.2\,[A]$

10 권수비가 30인 변압기의 1차권수가 120이고 철심의 단면적이 0.05 [m²], 최대자속밀도가 2 [Wb/m²]일 때, 이 변압기가 주파수 60 [Hz]에서 작동하면 1차 측에 발생하는 전압의 실효치는 약 몇 [V]인가?

① 3197　　② 2986
③ 4012　　④ 3563

해설 | 변압기의 유기기전력
$E_1 = 4.44 f_1 N_1 \phi_m\,[V]$
$\phi_m = B_m \times A = 0.05 \times 2 = 0.1$
$E_1 = 4.44 \times 60 \times 120 \times 0.1 = 3197\,[V]$

11 %임피던스 강하가 5 [%]인 변압기가 운전 중 단락되었을 때 단락전류는 정격전류의 몇 배가 흐르는가?

① 15　　② 20
③ 25　　④ 30

해설 | 변압기의 단락전류
$I_s = \dfrac{100}{\%Z} I_n = \dfrac{100}{5} \times I_n = 20 I_n$

12 단상 변압기에서 임피던스 전압을 구하기 위해 필요한 시험은?

① 단락시험　　② 구속시험
③ 무부하시험　④ 저항시험

해설 | 단락시험
단락시험을 통해 임피던스 와트(동손), 임피던스 전압(전압강하), 전압변동률을 구할 수 있다.

13 유도전동기의 주파수가 60 [Hz]이고 전부하에서 회전수가 매분 1176 [회]이면 극수는? (단, 슬립은 2 [%]이다)

① 4　　② 6
③ 8　　④ 10

해설 |
• $N = (1-s)N_s$에서 $1176 = 0.98 \times N_s$
∴ $N_s = 1200$
$N_s = \dfrac{120f}{p}$ 이므로 $p = \dfrac{120 \times 60}{1200} = 6$

정답　09 ③　10 ①　11 ②　12 ①　13 ②

14 직류기에서 양호한 정류를 얻는 조건으로 틀린 것은?

① 정류주기를 크게 할 것
② 리액턴스 전압을 크게 할 것
③ 브러시의 접촉저항을 크게 할 것
④ 전기자 코일의 인덕턴스를 작게 할 것

해설 | 양호한 정류 대책
- 리액턴스 전압을 작게 한다.
- 인덕턴스를 작게 한다.
- 브러시는 접촉저항이 큰 탄소브러시를 사용한다.
- 정류 주기를 길게 한다.

15 전기철도나 기중기처럼 기동토크가 큰 기기에 사용되는 전동기는?

① 타여자 전동기   ② 직권전동기
③ 분권전동기   ④ 가동복권전동기

해설 | 직권전동기
- 속도 조정이 쉽다.
- 기동토크가 크다.
- 토크는 전류의 제곱에 비례
- 정출력 특성

16 유도전동기의 극 수가 4이고 주파수가 60 [Hz]일 때 매분 회전수(rpm)는? (단, 슬립은 3 [%]이다)

① 1440   ② 1260
③ 1746   ④ 1455

해설 | 유도전동기의 슬립

$$s = \frac{N_s - N}{N_s},$$

$$N_s = \frac{120f}{p} = \frac{120 \times 60}{4} = 1800$$

$$0.03 = \frac{1800 - N}{1800}$$

$$\therefore N = 1746 \text{ [rpm]}$$

17 3상 직권 정류자 전동기의 특성으로 틀린 것은?

① 송풍기나 인쇄기에 사용된다.
② 토크의 거의 전류의 제곱에 비례한다.
③ 기동토크가 크다.
④ 역률은 동기속도 근처에서 나빠진다.

해설 | 3상 직권 정류자 전동기
- 고정자 권선과 전기자 권선이 전원에 직렬로 연결
- 중간변압기를 이용하여 전압을 조정함으로써 속도제어가 가능
- 토크는 전류의 제곱에 비례하고 회전 속도의 제곱에 반비례
- 역률은 동기속도 근처나 그 이상에서 매우 양호하다.

18 3상 직권 정류자 전동기에서 중간 변압기를 사용하는 주된 이유는?

① 발생 토크를 증가시키기 위해
② 역회전 방지를 위해
③ 직권 특성을 얻기 위해
④ 경부하 시 급속한 속도 상승 억제를 위해

해설 | 중간변압기 사용 목적(3상 직권 정류자 전동기)
- 전원 전압 크기에 관계없이 정류자 전압 조정
- 중간 변압기의 권수비를 조정하여 전동기 특성 조정
- 경부하 시 직권 특성에 따른 속도 상승 억제

19 10 [kVA], 2000/100 [V] 변압기에서 1차에 환산한 등가 임피던스는 6 + j8 [Ω]이다. 이 변압기의 퍼센트 리액턴스 강하는?

① 3.5   ② 2.5
③ 3   ④ 2

해설 | 1차 환산 %리액턴스 강하

$$\%X = \frac{I_{1n} \times X_{12}}{V_{1n}} \times 100$$

$$= \frac{\frac{10 \times 10^3}{2 \times 10^3} \times 8}{2000} \times 100$$

$$= 2\,[\%]$$

20 변압기유의 구비조건으로 틀린 것은?

① 절연 내력이 커야 한다.
② 인화점이 낮고 응고점이 높아야 한다.
③ 비열이 커야 한다.
④ 유동성이 풍부해야 한다.

해설 | 변압기유의 구비조건
- 절연 내력이 클 것
- 점도가 낮고 유동성이 풍부할 것
- 비열이 커서 냉각효과가 클 것
- 인화점이 높고 응고점이 낮을 것
- 다른 물질과 화학반응을 일으키지 말 것
- 산화되지 않을 것

정답   18 ④   19 ④   20 ②

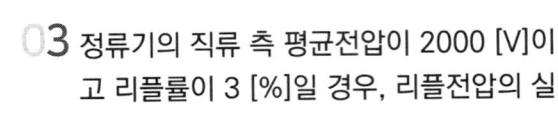

01
SCR을 이용한 단상 전파 위상제어 정류회로에서 전원전압은 실횻값이 220 [V], 60 [Hz]인 정현파이며, 부하는 순저항으로 10 [Ω]이다. SCR의 점호각 α를 60°라 할 때 출력전류의 평균값(A)은?

① 7.54 ② 9.73
③ 11.43 ④ 14.86

해설 | 단상 반파정류회로
순저항 부하이므로
$E_d = 0.9E\left(\dfrac{1+\cos\alpha}{2}\right)$ 이므로
$= 0.9 \times 220 \times \left(\dfrac{1+\dfrac{1}{2}}{2}\right) = 148.5\,[\text{V}]$

$\therefore I_d = \dfrac{E_d}{R} = \dfrac{148.5}{10} = 14.85\,[\text{A}]$

02
직류발전기가 90 [%] 부하에서 최대효율이 된다면 이 발전기의 전부하에 있어서 고정손과 부하손의 비는?

① 0.81 ② 0.9
③ 1.0 ④ 1.1

해설 | 발전기의 최대효율 조건
고정손 = 철손, 부하손 = 동손
$P_i = \left(\dfrac{1}{m}\right)^2 P_c$

$\dfrac{P_i}{P_c} = 0.9^2 = 0.81$

03
정류기의 직류 측 평균전압이 2000 [V]이고 리플률이 3 [%]일 경우, 리플전압의 실횻값(V)은?

① 20 ② 30
③ 50 ④ 60

해설 | 리플전압
리플률(맥동률) $= \dfrac{\text{교류분}}{\text{직류분}} \times 100$

교류분 $=$ 리플률 $\times$ 직류분
$= 0.03 \times 2000 = 60\,[\text{V}]$

04
단상 직권 정류자 전동기에서 보상권선과 저항도선의 작용에 대한 설명으로 틀린 것은?

① 보상권선은 역률을 좋게 한다.
② 보상권선은 변압기의 기전력을 크게 한다.
③ 보상권선은 전기자 반작용을 제거해 준다.
④ 저항도선은 변압기 기전력에 의한 단락 전류를 작게 한다.

해설 | 단상 직권 정류자 전동기
• 단상 직권 정류자 전동기 보상권선
 전기자 반작용 개선, 역률개선을 위해 설치
• 단상 직권 정류자 전동기 저항도선
 전기자 코일과 정류자편 사이에 고 저항의 도선을 사용하여 변압기 기전력에 의한 단락전류를 제한

정답 01 ④ 02 ① 03 ④ 04 ②

05 3상 동기발전기에서 그림과 같이 1상의 권선을 서로 똑같은 2조로 나누어 그 1조의 권선전압을 E [V], 각 권선의 전류를 I [A]라 하고 지그재그 Y형(Zigzag Star)으로 결선하는 경우 선간전압(V), 선전류(A) 및 피상전력(VA)은?

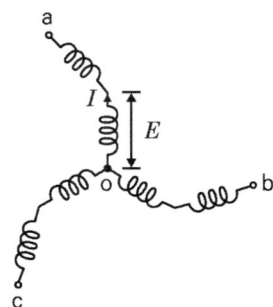

① $3E$, I, $\sqrt{3} \cdot 3E \cdot I = 5.2EI$
② $\sqrt{3}E$, $2I$, $\sqrt{3} \cdot \sqrt{3}E \cdot 2I = 6EI$
③ E, $2\sqrt{3}I$, $\sqrt{3} \cdot E \cdot 2\sqrt{3}I = 6EI$
④ $\sqrt{3}E$, $\sqrt{3}I$, $\sqrt{3} \cdot \sqrt{3}E \cdot \sqrt{3}I = 5.2EI$

해설 | 지그재그 결선
이중 Y결선형태로 Y결선의 특성을 중복해서 가지므로
- $V_\ell = \sqrt{3} \cdot \sqrt{3}\, V_p = 3E$
- $I_\ell = I_p$
- $P = \sqrt{3}\, V_\ell I_\ell = \sqrt{3} \cdot 3E \cdot I$

06 비돌극형 동기발전기 한 상의 단자전압을 V, 유도기전력을 E, 동기리액턴스를 X_s, 부하각이 δ이고, 전기자저항을 무시할 때 한 상의 최대출력(W)은?

① $\dfrac{EV}{X_s}$ ② $\dfrac{3EV}{X_s}$

③ $\dfrac{E^2V}{X_s}$ ④ $\dfrac{EV^2}{X_s}$

해설 | 비돌극형 동기발전기의 출력
- 단상 $P = \dfrac{EV}{x_s}\sin\delta$
- 3상 $P = 3\dfrac{EV}{x_s}\sin\delta$

출력이 최대가 되려면 부하각이 90°일 때 이므로 $P = \dfrac{EV}{x_s}$

07 다음 중 비례추이를 하는 전동기는?

① 동기 전동기
② 정류자 전동기
③ 단상 유도전동기
④ 권선형 유도전동기

해설 | 비례추이
- 전압이 일정하면 전류나 회전력이 2차 저항에 비례하여 변화하는 현상
- 3상 권선형 유도전동기 속도제어법 중 2차 저항제어법에 적용

정답 05 ① 06 ① 07 ④

08 단자전압 200 [V], 계자저항 50 [Ω], 부하전류 50 [A], 전기자저항 0.15 [Ω], 전기자반작용에 의한 전압강하 3 [V]인 직류 분권발전기가 정격속도로 회전하고 있다. 이때 발전기의 유도기전력은 약 몇 [V]인가?

① 211.1 ② 215.1
③ 225.1 ④ 230.1

해설 | 분권발전기의 유도기전력
$$E = V + I_a R_a + e_a$$
$$= V + (I + I_f) R_a + e_a$$
$$= 200 + \left(50 + \frac{200}{50}\right) \times 0.15 + 3$$
$$= 211.1 \, [V]$$

09 동기기의 권선법 중 기전력의 파형을 좋게 하는 권선법은?

① 전절권, 2층권 ② 단절권, 집중권
③ 단절권, 분포권 ④ 전절권, 집중권

해설 | 동기기의 전기자 권선법
- 집중권과 전절권은 고조파로 인해 파형이 고르지 못해서 사용하지 않는다.
- 동기발전기의 파형을 개선하기 위해서는 분포권과 단절권을 사용한다.

10 변압기에 임피던스 전압을 인가할 때의 입력은?

① 철손 ② 와류손
③ 정격용량 ④ 임피던스 와트

해설 | 임피던스 전압
임피던스 전압이란 변압기 2차 측 단락 상태에서 1차 측에 정격전류가 흐르게 하기 위한 1차 측 인가전압을 말하며 이 때의 입력을 임피던스 와트라고 한다.

11 불꽃 없는 정류를 하기 위해 평균 리액턴스 전압(A)과 브러시 접촉면 전압강하(B) 사이에 필요한 조건은?

① A > B ② A < B
③ A = B ④ A, B에 관계없다.

해설 | 양호한 정류 대책
- 리액턴스 전압을 작게 한다.
- 인덕턴스를 작게 한다.
- 브러시는 접촉저항이 큰 탄소브러시를 사용한다.
- 정류 주기를 길게 한다.

12 유도전동기 1극의 자속을 ϕ, 2차 유효전류 $I_2 \cos\theta_2$, 토크 τ의 관계로 옳은 것은?

① $\tau \propto \phi \propto I_2 \cos\theta_2$
② $\tau \propto \phi \propto (I_2 \cos\theta_2)^2$
③ $\tau \propto \dfrac{1}{\phi \times I_2 \cos\theta_2}$
④ $\tau \propto \dfrac{1}{\phi \times (I_2 \cos\theta_2)^2}$

해설 | 유도전동기의 토크
$\tau = K\phi I_a$
따라서 토크는 자속에 비례하고 2차 유효전류에 비례한다.

정답 08 ① 09 ③ 10 ④ 11 ② 12 ①

13 회전자가 슬립 s로 회전하고 있을 때 고정자와 회전자의 실효 권수비를 α라고 하면 고정자 기전력 E₁과 회전자 기전력 E₂ₛ의 비는?

① $s\alpha$　　② $(1-s)\alpha$
③ α/s　　④ $\alpha/1-s$

해설 | 권선형 유도전동기

$$\frac{E_1}{E_{2s}} = \frac{4.44 f_1 N_1 \phi}{4.44 f_{2s} N_2 \phi}$$

$$= \frac{f_1}{f_{2s}} = \frac{f_1}{sf_1} = \frac{1}{s}$$

게다가 $\frac{E_1}{E_2} = \alpha$ 이므로 비는 $\frac{\alpha}{s}$

---

14 직류 직권전동기의 발생 토크는 전기자 전류를 변화시킬 때 어떻게 변하는가? (단, 자기포화는 무시한다)

① 전류에 비례한다.
② 전류에 반비례한다.
③ 전류의 제곱에 비례한다.
④ 전류의 제곱에 반비례한다.

해설 | 직권전동기의 토크
$\tau = K\phi I$ 에서 토크는 자기포화를 무시하면
$\phi \propto I$, $\tau \propto I^2$

---

15 동기발전기의 병렬운전 중 유도기전력의 위상차로 인하여 발생하는 현상으로 옳은 것은?

① 무효전력이 생긴다.
② 동기화전류가 흐른다.
③ 고조파 무효순환전류가 흐른다.
④ 출력이 요동하고 권선이 가열된다.

해설 | 동기화 전류 (유효순환전류)
- 두 동기발전기 사이에 위상이 다를 경우 발생하는 전류
- 동기화전류 $I_s = \frac{E_A}{Z_s} \sin\frac{\delta}{2}$ [A]

---

16 3상 유도기의 기계적 출력(P_o)에 대한 변환식으로 옳은 것은? (단, 2차 입력은 P_2, 2차 동손은 P_{2c}, 동기속도는 N_s, 회전자속도는 N, 슬립은 s이다)

① $P_o = P_2 + P_{2c} = \frac{N}{N_s} P_2 = (2-s)P_2$

② $(1-s)P_2 = \frac{N}{N_s} P_2 = P_o - P_{2c} = P_o - sP_2$

③ $P_o = P_2 - P_{2c} = P_2 - sP_2 = \frac{N}{N_s} P_2$
　　$= (1-s)P_2$

④ $P_o = P_2 + P_{2c} = P_2 + sP_2 = \frac{N}{N_s} P_2$
　　$= (1+s)P_2$

해설 | 유도전동기의 관계식
- $P_o = P_2 - P_{2c} = (1-s)P_2$
- $P_{2c} = sP_2$

정답　13 ③　14 ③　15 ②　16 ③

17 변압기의 등가회로 구성에 필요한 시험이 아닌 것은?

① 단락시험　　② 부하시험
③ 무부하시험　④ 권선저항 측정

해설 | 변압기의 시험
- 단락시험 : 변압기의 2차 측을 단락하여 1차 정격 전류가 흐를 때 변압기 내에서 발생하는 전압강하와 동손을 계산
- 무부하시험 : 2차 측을 개방하여 병렬부분 값을 측정

18 단권변압기 두 대를 V결선하여 전압을 2000 [V]에서 2200 [V]로 승압한 후 200 [kVA]의 3상 부하에 전력을 공급하려고 한다. 이때 단권변압기 1대의 용량은 약 몇 [kVA]인가?

① 4.2　　② 10.5
③ 18.2　④ 21

해설 | 단상변압기의 용량비
V결선 시
$$\frac{자기용량}{부하용량} = \frac{2}{\sqrt{3}} \left(\frac{V_h - V_\ell}{V_h} \right) \text{이므로}$$
$$자기용량 = \frac{2}{\sqrt{3}} \left(\frac{2200 - 2000}{2200} \right) \times 200$$
$$= 20.99 \, [\text{kVA}]$$
∴ 1대의 용량은 약 10.5 [kVA]

19 권수비 a = 6600/220, 주파수 60 [Hz], 변압기의 철심 단면적 0.02 [m²], 최대자속밀도 1.2[Wb/m²]일 때 변압기의 1차 측 유도기전력은 약 몇 [V]인가?

① 1407　　② 3521
③ 42198　④ 49814

해설 | 변압기의 유도기전력
$E_1 = 4.44 f N_1 \phi_m [\text{V}]$ 에서
$\phi_m = B_m \cdot A \,[\text{Wb}]$ 이므로
∴ $E = 4.44 f N_1 B_m A$
$= 4.44 \times 60 \times 1.2 \times 0.02 \times 6600$
$= 42197.76 [\text{V}]$

20 회전형전동기와 선형전동기(Linear Motor)를 비교한 설명으로 틀린 것은?

① 선형의 경우 회전형에 비해 공극의 크기가 작다.
② 선형의 경우 직접적으로 직선운동을 얻을 수 있다.
③ 선형의 경우 회전형에 비해 부하관성의 영향이 크다.
④ 선형의 경우 전원의 상 순서를 바꾸어 이동 방향을 변경한다.

해설 | 선형전동기
선형은 회전형에 비해 공극이 커서 역률과 효율이 나쁘다.

정답　17 ②　18 ②　19 ③　20 ①

2022년 2회

01 단상 변압기의 무부하 상태에서 $V_1 = 200\sin(\omega t + 30°)$ [V]의 전압이 인가되었을 때, $I_0 = 3\sin(\omega t + 60°) + 0.7\sin(3\omega t + 180°)$ [A]의 전류가 흘렀다. 이때 무부하손은 약 몇 [W]인가?

① 150 ② 259.8
③ 415.2 ④ 512

해설 | 무부하손의 계산
$P = VI\cos\theta$
$P = \dfrac{200}{\sqrt{2}} \times \dfrac{3}{\sqrt{2}} \cos(60-30)°$
$= 300 \times \dfrac{\sqrt{3}}{2} = 259.81$ [W]

02 전부하 시의 단자전압이 무부하 시의 단자전압보다 높은 직류발전기는?

① 분권발전기 ② 평복권발전기
③ 과복권발전기 ④ 차동복권발전기

해설 | 무부하전압과 단자전압의 비교

구분	$V_0(V)$	$V(V)$
과복권	V_0	$< V$
직권 발전기	V_0	$< V$
복권(평복권)	V_0	$= V$
타여자	V_0	$> V$
분권 발전기	V_0	$> V$
차동복권	V_0	$> V$

03 단상 직권 정류자 전동기의 전기자 권선과 계자 권선에 대한 설명으로 틀린 것은?

① 계자 권선의 권수를 적게 한다.
② 전기자 권선의 권수를 크게 한다.
③ 변압기 기전력을 적게 하여 역률 저하를 방지한다.
④ 브러시로 단락되는 코일 중의 단락전류를 크게 한다.

해설 | 단상 직권 정류자 전동기
• 직류, 교류 모두 사용 가능(만능전동기)
• 전기자 코일과 정류자편 사이 고저항의 도선을 사용하여 변압기 기전력에 의한 단락전류를 제한
• 속도가 증가할수록 역률이 개선
• 철손을 줄이기 위해 고정자와 회전자의 자로를 성층철심으로 제작
• 전기자 권선 수가 증가하면 전기자반작용이 커지므로 보상권선을 설치

정답 01 ② 02 ③ 03 ④

04 직류기의 다중 중권 권선법에서 전기자 병렬회로 수 a와 극 수 P 사이의 관계로 옳은 것은? (단, m은 다중도이다)

① a = 2　　② a = 2m
③ a = P　　④ a = mP

해설 | 중권과 파권의 비교

	중권	파권
구분	병렬권	직렬권
전압	저전압	고전압
전류	대전류	소전류
병렬회로 수 (m : 다중도)	pm	$2m$
브러시 수	p	2
균압환	필요	불필요

05 슬립 s_t에서 최대 토크를 발생하는 3상 유도전동기에 2차 측 한상의 저항을 r_2라 하면 최대 토크로 기동하기 위한 2차 측 한 상에 외부로부터 가해 주어야 할 저항(Ω)은?

① $\dfrac{1-s_t}{s_t}r_2$　　② $\dfrac{1+s_t}{s_t}r_2$

③ $\dfrac{r_2}{1-s_2}$　　④ $\dfrac{r_2}{s_2}$

해설 | 비례추이

$\dfrac{r_2}{s} = \dfrac{r_2+R}{s'}$ 에서 기동 시 $s'=1$이므로

$R = \dfrac{1-s_t}{s_t}r_2$

06 단상 변압기를 병렬 운전할 경우 부하전류의 분담은?

① 용량에 비례, 누설 임피던스에 비례
② 용량에 비례, 누설 임피던스에 반비례
③ 용량에 반비례, 누설 리액턴스에 비례
④ 용량에 반비례, 누설 리액턴스의 제곱에 비례

해설 | 변압기의 부하 분담
용량에 비례하고, %임피던스에는 반비례

$\dfrac{P_A}{P_B} = \dfrac{[kVA]_A}{[kVA]_B} \times \dfrac{\%Z_B}{\%Z_A}$

07 스텝 모터(Step Motor)의 장점으로 틀린 것은?

① 회전각과 속도는 펄스 수에 비례한다.
② 위치제어를 할 때 각도 오차가 적고 누적된다.
③ 가속, 감속이 용이하며 정·역전 및 변속이 쉽다.
④ 피드백 없이 오픈 루프로 손쉽게 속도 및 위치제어를 할 수 있다.

해설 | 스텝(스테핑) 모터
- 모터의 회전 각도는 입력하는 펄스 신호에 정확히 일치하기 때문에 정확한 각도 제어가 가능하다.
- 가속과 감속은 펄스를 조정하면 간단히 제어할 수 있다.
- 정·역전 및 변속도 용이하다.
- 브러시 등이 필요 없으므로, 유지 보수가 쉽다.

정답　04 ④　05 ①　06 ②　07 ②

08 380 [V], 60 [Hz], 4극, 10 [kW]인 3상 유도전동기의 전부하 슬립이 4 [%]이다. 전원 전압을 10 [%] 낮추는 경우 전부하 슬립은 약 몇 [%]인가?

① 3.3
② 3.6
③ 4.4
④ 4.9

해설 | 유도전동기의 슬립

$s \propto \dfrac{1}{V^2}$ 전압의 제곱에 반비례한다.

$s : s' = V'^2 : V^2$ 에서

$V' = 0.9V$ 이므로

$s : s' = (0.9V)^2 : V^2 = (0.9)^2 : 1^2$

$\therefore s' = \dfrac{1}{0.81} \times 4 = 4.94 \,[\%]$

09 3상 권선형 유도전동기의 기동 시 2차 측 저항을 2배로 하면 최대토크 값은 어떻게 되는가?

① 3배로 된다.
② 2배로 된다.
③ 1/2로 된다.
④ 변하지 않는다.

해설 | 권선형 유도전동기 2차저항 삽입
- 슬립 증가, 속도 감소
- 기동토크 증가, 기동전류 억제
- 최대토크 일정
- 외부저항 감소

$(R = \sqrt{r_1^2 + (x_1 + x_2)^2} - r_2)$

10 직류 분권전동기에서 정출력 가변속도의 용도에 적합한 속도제어법은?

① 계자제어
② 저항제어
③ 전압제어
④ 극수제어

해설 | 직류전동기 속도제어
- 계자제어 : 정출력 제어, 효율은 양호하지만 정류가 불량
- 전압제어 : 정토크 제어, 광범위한 속도제어, 제어효율이 우수, 압연기와 엘리베이터에 사용
- 저항제어 : 효율 불량, 속도변동 범위가 좁아 잘 사용하지 않음

11 직류 분권전동기의 전기자전류가 10 [A] 일 때 5 [N·m]의 토크가 발생하였다. 이 전동기의 계자의 자속이 80 [%]로 감소되고, 전기자전류가 12 [A]로 되면 토크는 약 [N·m]인가?

① 3.9
② 4.3
③ 4.8
④ 5.2

해설 | 분권전동기의 토크

$\tau = K\phi I_a = \dfrac{PZ}{2\pi a}\phi I_a \,[\text{N·m}]$

따라서, 토크는 자속에 비례, 전기자 전류에 비례

$\tau = 5 \times 0.8 \times 1.2 = 4.8 \,[\text{N·m}]$

12 권수비가 a인 단상변압기 3대가 있다. 이것을 1차에 △, 2차에 Y로 결선하여 3상 교류 평형회로에 접속할 때 2차 측의 단자전압을 V[V], 전류를 I[A]라고 하면 1차 측의 단자전압 및 선전류는 얼마인가? (단, 변압기의 저항, 누설리액턴스, 여자전류는 무시한다)

① $\dfrac{aV}{\sqrt{3}}, \dfrac{\sqrt{3}I}{a}$ ② $\sqrt{3}aV, \dfrac{I}{\sqrt{3}a}$

③ $\dfrac{\sqrt{3}V}{a}, \dfrac{aI}{\sqrt{3}}$ ④ $\dfrac{V}{\sqrt{3}a}, \sqrt{3}aI$

해설 | △ - Y결선

- $V_2 = \sqrt{3} \times V_1$, $V_1 = \dfrac{1}{\sqrt{3}} \times V_2$

  권수비가 a이므로 $V_1 = \dfrac{a}{\sqrt{3}} \times V_2$

- $I_2 = \dfrac{1}{\sqrt{3}} \times I_1$, $I_1 = \sqrt{3} \times I_2$

  권수비가 a이므로 $I_1 = \dfrac{\sqrt{3}}{a} \times I_2$

13 3상 전원전압 380[V]를 3상 반파정류회로의 각 상에 SCR을 사용하여 정류제어할 때 위상각을 60°로 하면 순 저항부하에서 얻을 수 있는 출력전압 평균값은 약 몇 [V]인가?

① 128.65 ② 148.55
③ 257.3 ④ 297.1

해설 | 3상 반파정류회로
$E_d = 1.17 E \cos\alpha \,[\text{V}]$
$E = \dfrac{380}{\sqrt{3}} = 220 \,[\text{V}]$, $\cos\alpha = \dfrac{1}{2}$

∴ $E_d = 1.17 \times 220 \times \dfrac{1}{2} = 128.7\,[\text{V}]$

※ 문제 출제 오류로 인하여 맞게 수정

14 유도자형 동기발전기의 설명으로 옳은 것은?

① 전기자만 고정되어 있다.
② 계자극만 고정되어 있다.
③ 회전자가 없는 특수 발전기이다.
④ 계자극과 전기자가 고정되어 있다.

해설 | 유도자형 동기발전기
- 계자와 전기자가 고정되고 중앙에 유도자라는 회전자를 설치
- 1000 ~ 20000 [Hz]의 고주파를 발생하는 데 사용
- 고주파 발전기로 사용

15 3상 동기발전기의 여자전류 10 [A]에 대한 단자전압이 1000√3 [V], 3상 단락전류가 50 [A]인 경우 동기임피던스는 몇 [Ω]인가?

① 5   ② 11
③ 20 ④ 34

해설 | 동기발전기의 동기임피던스
동기발전기의 전기자저항의 크기는 매우 작기 때문에 무시한다.

$Z_s = X_s = \dfrac{E}{I_s} = \dfrac{\dfrac{1000\sqrt{3}}{\sqrt{3}}}{50} = 20\,[\Omega]$

정답 12 ① 13 ① 14 ④ 15 ③

16 동기발전기에서 무부하 정격전압일 때의 여자전류를 I_{fo}, 정격부하 정격전압일 때의 여자전류를 I_{f1}, 3상 단락 정격전류에 대한 여자전류를 I_{fs}라 하면 정격속도에서의 단락비 K는?

① $K = \dfrac{I_{fs}}{I_{fo}}$ ② $K = \dfrac{I_{fo}}{I_{fs}}$

③ $K = \dfrac{I_{fs}}{I_{f1}}$ ④ $K = \dfrac{I_{f1}}{I_{fs}}$

해설 | 정격속도에서의 단락비
정격회전속도에서 무부하로 정격 전압을 발생시키는데 필요한 계자(여자)전류 I_{fo}와 3상 단락 시 정격전류와 동등한 전류를 흘리는데 필요한 계자전류 I_{fs}의 비

17 변압기의 습기를 제거하여 절연을 향상시키는 건조법이 아닌 것은?

① 열풍법 ② 단락법
③ 진공법 ④ 건식법

해설 | 변압기 건조법
- 열풍법 : 절열기로 뜨거운 바람을 불어넣어 건조시키는 방법
- 단락법 : 1차 또는 2차 권선의 단락에 의해 발생하는 열손실을 이용하여 건조시키는 방법
- 진공법 : 변압기에 높은 온도의 증기를 넣고 진공펌프를 이용하여 증기와 수분을 같이 빼내는 방법으로 주로 공장에서 사용하며 변압기 건조법 중에서 건조가 빠르고 결과도 좋다.

18 극 수 20, 주파수 60 [Hz]인 3상 동기발전기의 전기자권선이 2층 중권, 전기자 전 슬롯 수 180, 각 슬롯 내의 도체 수 10, 코일피치 7슬롯인 2중 성형결선으로 되어 있다. 선간전압 3300 [V]를 유도하는 데 필요한 기본파 유효자속은 약 몇 [Wb]인가? (단, 코일피치와 자극피치의 비 β = 7/9이다)

① 0.004 ② 0.062
③ 0.053 ④ 0.07

해설 | 동기발전기의 유도기전력
$E = 4.44 f N \phi_m K_w \, [\text{V}]$ 에서

- $E = \dfrac{3300}{\sqrt{3}} = 1905, \quad f = 60$

- $N = \dfrac{\text{총 도체수}}{2 \times \text{상수}} = \dfrac{180 \times 10}{2 \times 3} = 300$이고
2층 중권이므로 한 상의 권수는 150

- $K_w = K_d \times K_p$이므로

$K_d = \dfrac{\sin \dfrac{n\pi}{2m}}{q \sin \dfrac{n\pi}{2mq}}$ q : 매 극 매 상당 슬롯 수
m : 상수
n : 고조파

$= \dfrac{\sin \dfrac{\pi}{2 \times 3}}{3 \times \sin \dfrac{\pi}{2 \times 3 \times 3}} = 0.9597$

$K_p = \sin \dfrac{n\beta\pi}{2}$ $\beta = \dfrac{\text{코일간격}}{\text{극 간격}}$

$= \sin \dfrac{\dfrac{7}{9}\pi}{2} = 0.9396$

→ $K_w = K_d \times K_p = 0.9017$

∴ $\phi = \dfrac{E}{4.44 f N K_w}$

$= \dfrac{1905}{4.44 \times 60 \times 150 \times 0.9017}$
$= 0.053 \, [\text{Wb}]$

정답 16 ② 17 ④ 18 ③

19 2방향성 3단자 사이리스터는 어느 것인가?

① SCR
② SSS
③ SCS
④ TRIAC

해설 | 반도체 소자

구분	단방향성	양방향성
2단자	Diode	SSS, DIAC
3단자	SCR	TRIAC
	GTO	
	LA SCR	
4단자	SCS	-

20 일반적인 3상 유도전동기에 대한 설명으로 틀린 것은?

① 불평형 전압으로 운전하는 경우 전류는 증가하나 토크는 감소한다.
② 원선도 작성을 위해서는 무부하시험, 구속시험, 1차 권선저항 측정을 하여야 한다.
③ 농형은 권선형에 비해 구조가 견고하며, 권선형에 비해 대형전동기로 널리 사용된다.
④ 권선형 회전자의 3선 중 1선이 단선되면 동기속도의 50%에서 더 이상 가속되지 못하는 현상을 게르게스 현상이라 한다.

해설 | 유도전동기의 구분
- 권선형 : 구조가 복잡하며 대형
- 농형 : 구조가 간단하고 토크가 작아서 소형전동기에 사용

정답 19 ④ 20 ③

2022년 3회

01 200 [kW], 200 [V]의 직류 분권 발전기가 있다. 전기자 권선의 저항이 0.025 [Ω]일 때 전압변동률은 몇 [%]인가?

① 6.0
② 12.5
③ 20.5
④ 25.0

해설 | 전압변동률 (ϵ)

$$\epsilon = \frac{V_0 - V_n}{V_n} \times 100 = \frac{E - V}{V} \times 100 [\%]$$

$E = V + I_a R_a$
$= 200 + (\frac{200 \times 10^3}{200}) \times 0.025 = 225 [V]$

$\epsilon = \frac{225 - 200}{200} \times 100 = 12.5 [\%]$

02 단상 직권전동기의 종류가 아닌 것은?

① 직권형
② 아트킨손형
③ 보상 직권형
④ 유도보상 직권형

해설 | 단상 정류자 전동기
- 단상 직권전동기
  직권형, 보상 직권형, 유도보상 직권형
- 단상 반발 전동기
  톰슨 전동기, 데리 전동기, 아트킨손 전동기

03 권선형 유도전동기 기동 시 2차 측에 저항을 넣는 이유는?

① 회전수 감소
② 기동전류 증대
③ 기동 토크 감소
④ 기동전류 감소와 기동 토크 증대

해설 | 비례추이
2차 측에 저항을 넣을 경우 기동전류를 감소시키고 기동토크를 증가시킨다.

04 유도전동기의 부하를 증가시켰을 때 옳지 않은 것은?

① 속도는 감소한다.
② 1차 부하전류는 감소한다.
③ 슬립은 증가한다.
④ 2차 유도기전력은 증가한다.

해설 | 유도전동기의 부하 증가 시
- 속도 감소
- 속도가 감소하는 경우 슬립은 증가
- 슬립증가 시 2차 기전력($E_2' = sE_2$)도 증가
- 1차 부하전류는 증가

정답 01 ② 02 ② 03 ④ 04 ②

05 유도전동기의 동작원리로 옳은 것은?

① 전자유도와 플레밍의 왼손법칙
② 전자유도와 플레밍의 오른손법칙
③ 정전유도와 플레밍의 왼손법칙
④ 정전유도와 플레밍의 오른손법칙

해설 | 발전기, 전동기의 동작 원리
- 전동기 : 플레밍의 왼손법칙
- 발전기 : 플레밍의 오른손법칙

06 직류기에서 계자자속을 만들기 위해서 전자석의 권선에 전류를 흘리는 것을 무엇이라 하는가?

① 여자   ② 보극
③ 자화   ④ 대전

해설 | 용어의 정의
여자(勵磁) : 자석이 힘쓰게 하다.

07 동기전동기의 설명 중 옳지 않은 것은?

① 기동 토크가 작다.
② 난조가 일어나기 쉽다.
③ 역률 조정이 어렵다.
④ 일정한 속도로 운전이 가능하다.

해설 | 동기전동기의 특징
- 정속도 전동기이다.
- 역률 1로 운전할 수 있다.
- 유도전동기에 비하여 효율이 좋다.
- 기동 토크가 발생하지 않아서 기동장치, 여자전원이 필요하다.

08 용량 150 [kVA]의 단상 변압기의 철손이 1 [kW], 전부하 동손이 4 [kW]이다. 이 변압기의 최대 효율은 몇 [kVA]에서 나타나는가?

① 50   ② 75
③ 100   ④ 150

해설 | 최대 효율일 때의 부분부하

- $\dfrac{1}{m} = \sqrt{\dfrac{P_i}{P_c}}$

- $\dfrac{1}{m} = \sqrt{\dfrac{P_i}{P_c}} = \sqrt{\dfrac{1}{4}} = \dfrac{1}{2}$

∴ 50 [%] 부하에서 최대 효율

$150 \times \dfrac{1}{2} = 75$

09 10 [kVA], 2000/100 [V] 변압기에서 1차에 환산한 등가 임피던스는 3 + j4 [Ω]이다. 이 변압기의 퍼센트 리액턴스 강하는?

① 1.5   ② 0.75
③ 1.35   ④ 1

해설 | 1차 환산 %리액턴스 강하

$\%X = \dfrac{I_{1n} \times X_{12}}{V_{1n}} \times 100$

$= \dfrac{\dfrac{10 \times 10^3}{2 \times 10^3} \times 4}{2000} \times 100$

$= 1 [\%]$

정답 05 ① 06 ① 07 ③ 08 ② 09 ④

10 단상 유도전동기의 기동 방법 중 기동 토크가 가장 큰 것은?

① 반발 기동형
② 분상 기동형
③ 세이딩 코일형
④ 콘덴서 분상 기동형

해설 | 기동토크의 크기
반발 기동형 > 반발 유도형 > 콘덴서 기동형 > 영구 콘덴서형 > 분상 기동형 > 세이딩 코일형

11 직류 분권전동기의 전체 도체수는 100, 단중 중권이며 자극수는 4, 자속수는 극당 0.628 [Wb]이다. 부하를 걸어 전기자에 5 [A]가 흐르고 있을 때의 토크는 약 몇 [N·m]인가?

① 12.5 ② 25
③ 50   ④ 100

해설 | 분권전동기의 토크
$$\tau = K\phi I_a = \frac{PZ}{2\pi a}\phi I_a [\text{N·m}]$$
$$= \frac{4 \times 100}{2 \times 3.14 \times 4} \times 0.628 \times 5 = 50[\text{N·m}]$$

12 변압기의 온도상승에 관계가 가장 적은 손실은?

① 철손   ② 동손
③ 기계손 ④ 와류손

해설 | 변압기 손실
기계손은 회전기에서 발생하는 손실이다.

13 직류 직권전동기에 대한 설명으로 틀린 것은?

① 직권전동기는 전기자 권선과 계자 권선이 직렬로 되어 있다.
② 전기자 전류, 계자 전류 및 부하전류의 크기는 동일하다.
③ 부하 전류의 증감에 따라서 자속은 변하지 않는다.
④ 부하전류가 변하면 속도가 변한다.

해설 | 직권전동기의 특징

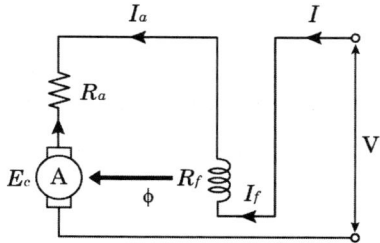

직권전동기는 전기자 권선과 계자 권선이 직렬로 연결되어 $I = I_a = I_f$ 이므로 부하전류 I가 변함에 따라 계자전류 I_f가 변하고 자속도 변하게 된다.

14 단상 직권 정류자 전동기에서 주자속의 최대치를 ϕ_m, 자극수를 P, 전기자 병렬회로 수를 a, 전기자 전 도체수를 Z, 전기자의 속도를 $N\,[\text{rpm}]$이라 하면 속도 기전력의 실횻값 $E_r\,[\text{V}]$은? (단, 주자속은 정현파이다)

① $E_r = \sqrt{2}\,\dfrac{P}{a}Z\dfrac{N}{60}\phi_m$

② $E_r = \dfrac{1}{\sqrt{2}}\,\dfrac{P}{a}Z\phi_m N$

③ $E_r = \dfrac{P}{a}Z\dfrac{N}{60}\phi_m$

④ $E_r = \dfrac{1}{\sqrt{2}}\,\dfrac{P}{a}Z\dfrac{N}{60}\phi_m$

해설 | 속도기 전력
- $E_m = \dfrac{PZ}{a}\phi_m\dfrac{N}{60}\,[\text{V}]$
- 실횻값
$$E_r = \dfrac{E_m}{\sqrt{2}} = \dfrac{1}{\sqrt{2}}\,\dfrac{PZ}{a}\phi_m\dfrac{N}{60}\,[\text{V}]$$

15 직류발전기에서 자속을 끊어 기전력을 유기시키는 부분을 무엇이라 하는가?

① 계자　　② 계철
③ 전기자　　④ 정류자

해설 | 직류기 3대 요소
- 계자 : 자속을 만든다.
- 전기자 : 자속을 끊어 기전력을 만든다.
- 정류자 : 전기자 권선에서 유도된 교류를 직류로 바꾼다.

16 변압기의 부하가 증가할 때의 현상으로서 틀린 것은?

① 동손이 증가한다.
② 온도가 상승한다.
③ 철손이 증가한다.
④ 여자전류는 변함없다.

해설 | 변압기의 손실
철손은 무부하손이므로 부하의 증가와는 무관하다.

17 3상 동기 발전기에서 권선 피치와 자극 피치의 비를 13/15의 단절권으로 하였을 때의 단절권 계수는?

① $\sin\dfrac{13}{15}\pi$　　② $\sin\dfrac{13}{30}\pi$

③ $\sin\dfrac{16}{13}\pi$　　④ $\sin\dfrac{15}{26}\pi$

해설 | 단절권 계수
- 단절권 계수 $= \sin\dfrac{n\beta\pi}{2}$
- $\beta = \dfrac{\text{코일 간격}}{\text{극 간격}} = \dfrac{13}{15}$
- $\therefore \sin\dfrac{n\beta\pi}{2} = \sin\dfrac{13}{30}\pi$
(n은 고조파 값이므로 여기서 $n=1$)

정답　14 ④　15 ③　16 ③　17 ②

18 8극, 60 [Hz]인 3상 유도전동기가 212 [N·m]의 토크를 발생시킬 때, 동기와트는 약 몇 [kW]인가?

① 20   ② 30
③ 40   ④ 50

해설 | 동기와트

$N_s = \dfrac{120f}{p} = \dfrac{120 \times 60}{8} = 900 \,[\text{rpm}]$

토크 $\tau = 9.55 \dfrac{P_2}{N_s}$ 에서

$212 = 9.55 \times \dfrac{P_2}{900}$

$\therefore P_2 = \dfrac{212 \times 900}{9.55} = 19979 \,[\text{W}]$
$= 20 \,[\text{kW}]$

19 병렬운전을 하고 있는 두 대의 3상 동기발전기 사이에 무효순환전류가 흐르는 것은 두 발전기의 기전력이 어떠할 때인가?

① 기전력의 위상이 다를 때
② 기전력의 파형이 다를 때
③ 기전력의 크기가 다를 때
④ 기전력의 주파수가 다를 때

해설 | 무효 순환 전류
- 발전기의 기전력의 크기가 다를 경우
- 무효순환 전류 $I_c = \dfrac{E_1 - E_2}{2Z_s} \,[\text{A}]$

20 비철극형 3상 동기발전기의 동기 리액턴스 X_s = 2 [Ω], 유도기전력 E = 1200 [V] 단자전압 V = 1000 [V] 부하각 δ = 30°일 때 출력은 몇 [kW]인가? (단, 전기자 권선저항은 무시한다)

① 500   ② 700
③ 900   ④ 1200

해설 | 3상 동기 발전기의 출력

$P = 3 \dfrac{EV}{x_s} \sin\delta$

$P_3 = 3 \times \dfrac{1200 \times 1000}{2} \times \sin 30°$
$= 900000 \,[\text{W}]$
$= 900 \,[\text{kW}]$

2021년 1회

01 3300/220 [V]의 단상 변압기 3대를 △-Y결선하고 2차 측 선간에 15 [kW]의 단상 전열기를 접속하여 사용하고 있다. 결선을 △-△로 변경하는 경우 이 전열기의 소비전력은 몇 [kW]로 되는가?

① 5 ② 12
③ 15 ④ 21

해설 | 전열기의 소비전력
- Y결선의 출력
$$P_Y = \frac{V^2}{R} = \frac{(\sqrt{3} \cdot 220)^2}{R} = 3 \cdot \frac{220^2}{R}$$
- △결선의 출력 $P_\triangle = \frac{V^2}{R} = \frac{220^2}{R}$

$\therefore P_\triangle = \frac{1}{3} P_Y = \frac{1}{3} \times 15 = 5 \, [\text{kW}]$

02 히스테리시스 전동기에 대한 설명으로 틀린 것은?

① 유도전동기와 거의 같은 고정자이다.
② 회전자 극은 고정자 극에 비하여 항상 각도 δ_h만큼 앞선다.
③ 회전자가 부드러운 외면을 가지므로 소음이 적으며, 순조롭게 회전시킬 수 있다.
④ 구속 시부터 동기속도만을 제외한 모든 속도 범위에서 일정한 히스테리시스 토크를 발생한다.

해설 | 히스테리시스 전동기
회전자 극은 고정자 극에 비하여 각도가 δ_h만큼 뒤진다.

03 직류기에서 계자자속을 만들기 위하여 전자석의 권선에 전류를 흘리는 것을 무엇이라 하는가?

① 보극 ② 여자
③ 보상권선 ④ 자화작용

해설 | 여자(勵磁)
전류를 통해 자속(ϕ)을 발생시키는 것을 여자라고 한다.

04 사이클로 컨버터(Cyclo Converter)에 대한 설명으로 틀린 것은?

① DC-DC Buck 컨버터와 동일한 구조이다.
② 출력주파수가 낮은 영역에서 많은 장점이 있다.
③ 시멘트공장의 분쇄기 등과 같이 대용량 저속 교류전동기 구종에 주로 사용된다.
④ 교류를 교류로 직접변환하면서 전압과 주파수를 동시에 가변하는 전력변환기이다.

해설 | 전력변환 기기
- 컨버터 : AC → DC
- 인버터 : DC → AC
- 초퍼 : DC → DC
- 사이클로컨버터 : AC → AC

정답 01 ① 02 ② 03 ② 04 ①

05 1차 전압은 3300 [V]이고 1차 측 무부하 전류는 0.15 [A], 철손은 330 [W]인 단상 변압기의 자화전류는 약 몇 [A]인가?

① 0.112 ② 0.145
③ 0.181 ④ 0.231

해설 | 무부하 전류

$I_o = \sqrt{I_i^2 + I_\phi^2}$

$I_i = \dfrac{P_i}{V_1} = \dfrac{330}{3300} = 0.1\,[A]$

$\therefore I_\phi = \sqrt{I_o^2 - I_i^2}$
$= \sqrt{0.15^2 - 0.1^2} = 0.112\,[A]$

06 유도전동기의 안정 운전의 조건은? (단, T_m : 전동기 토크, T_L : 부하 토크, n : 회전수)

① $\dfrac{dT_m}{dn} < \dfrac{dT_L}{dn}$ ② $\dfrac{dT_m}{dn} = \dfrac{dT_L^2}{dn}$

③ $\dfrac{dT_m}{dn} > \dfrac{dT_L}{dn}$ ④ $\dfrac{dT_m}{dn} \neq \dfrac{dT_L^2}{dn}$

해설 | 유도전동기

• 안정운전조건 : $\dfrac{dT_m}{dn} < \dfrac{dT_L}{dn}$

• 불안정운전조건 : $\dfrac{dT_m}{dn} > \dfrac{dT_L}{dn}$

07 3상 권선형 유도전동기 기동 시 2차 측에 외부 가변저항을 넣는 이유는?

① 회전수 감소
② 기동전류 증가
③ 기동토크 증가
④ 기동전류 감소와 기동토크 증가

해설 | 유도전동기 가변 저항기
권선형 유도전동기에 가변저항기를 접속하여 비례추이의 원리에 의하여 기동전류를 억제하고 큰 기동 토크를 얻는다.

08 극 수 4이며 전기자 권선은 파권, 전기자 도체수가 250인 직류발전기가 있다. 이 발전기가 1200 [rpm]으로 회전할 때 600 [V]의 기전력을 유기하려면 1극당 자속은 몇 [Wb]인가?

① 0.04 ② 0.05
③ 0.06 ④ 0.07

해설 | 유기기전력

$E = \dfrac{PZ\phi N}{60a}$

$\phi = \dfrac{60a \cdot E}{PZN} = \dfrac{600 \times 60 \times 2}{4 \times 250 \times 1200}$
$= 0.06\,[Wb]$

09 발전기 회전자에 유도자를 주로 사용하는 발전기는?

① 수차발전기 ② 엔진발전기
③ 터빈발전기 ④ 고주파발전기

해설 | 고주파 발전기
고주파 발전기는 동기발전기를 고속으로 회전시켜서 고주파 전압을 얻기 때문에 구조가 튼튼하고 극 수가 많은 유도자형 동기기를 사용한다.

10 BJT에 대한 설명으로 틀린 것은?

① Bipolar Junction Thyristor의 약자이다.
② 베이스 전류로 컬렉터 전류를 제어하는 전류제어 스위치이다.
③ MOSFET, IGBT 등의 전압제어 스위치보다 훨씬 큰 구동전력이 필요하다.
④ 회로기호 B, E, C는 각각 베이스(Base), 이미터(Emitter), 컬렉터(Collerctor)이다.

해설 | BJT
- Bipolar Junction Transistor의 약자이다.
- 전극에 가해진 전압이나 전류를 제어해서 신호를 증폭하거나, 스위치 역할을 하는 반도체 소자
- 일반적으로 턴온 상태에서의 전압강하가 전력용 MOSFET보다 작아 전력손실이 적다.
- 베이스전류로 콜렉터와 이미터 간의 전류를 제어(전류제어형 소자)
- PNP형과 NPN형이 있다.
- 반도체 3개를 합쳐 놓은 전류증폭소자

11 3상 유도전동기에서 회전자가 슬립 s로 회전하고 있을 때 2차 유기전압 E_{2s} 및 2차 주파수 f_{2s}와 s와의 관계는? (단, E_2는 회전자가 정지하고 있을 때 2차 유기기전력이며 f_1은 1차 주파수이다)

① $E_{2s} = sE_2$, $f_{2s} = sf_1$

② $E_{2s} = sE_2$, $f_{2s} = \dfrac{f_1}{s}$

③ $E_{2s} = \dfrac{E_2}{s}$, $f_{2s} = \dfrac{f_1}{s}$

④ $E_{2s} = (1-s)E_s$, $f_{2s} = (1-s)f_1$

해설 | 3상 유도전동기
- 2차 유기전압 $E_{2s} = sE_2$
- 2차 주파수 $f_{2s} = sf_1$

12 전류계를 교체하기 위해 우선 변류기 2차 측을 단락시켜야 하는 이유는?

① 측정오차 방지
② 2차 측 절연 보호
③ 2차 측 과전류 보호
④ 1차 측 과전류 방지

해설 | 변류기
변류기 2차권선 절연파괴에 의한 소손을 막기 위해 단락시킨다.

정답 09 ④ 10 ① 11 ① 12 ②

13 단자전압 220 [V], 부하전류 50 [A]인 분권발전기의 유도 기전력은 몇 [V]인가? (단, 여기서 전기자 저항은 0.2 [Ω]이며, 계자전류 및 전기자 반작용은 무시한다)

① 200
② 210
③ 220
④ 230

해설 | 분권발전기의 유기기전력
$E = V + I_a R_a$
  $= 220 + 50 \times 0.2 = 230 [V]$

14 기전력(1상)이 E_o이고 동기임피던스(1상)가 Z_s인 2대의 3상 동기발전기를 무부하로 병렬 운전시킬 때 각 발전기의 기전력 사이에 δ_s의 위상차가 있으면 한 쪽 발전기에서 다른 쪽 발전기로 공급되는 1상당의 전력 [W]은?

① $\dfrac{E_o}{Z_s} \sin\delta_s$
② $\dfrac{E_o}{Z_s} \cos\delta_s$
③ $\dfrac{E_o^2}{2Z_s} \sin\delta_s$
④ $\dfrac{E_o^2}{2Z_s} \cos\delta_s$

해설 | 수수 전력
위상을 같게 만들기 위해 주고받는 전력
수수전력 $P = \dfrac{E_o^2}{2Z_s} \sin\delta_s$

15 전압이 일정한 모선에 접속되어 역률 1로 운전하고 있는 동기전동기를 동기조상기로 사용하는 경우 여자전류를 증가시키면 이 전동기는 어떻게 되는가?

① 역률은 앞서고, 전기자 전류는 증가한다.
② 역률은 앞서고, 전기자 전류는 감소한다.
③ 역률은 뒤지고, 전기자 전류는 증가한다.
④ 역률은 뒤지고, 전기자 전류는 감소한다.

해설 | 위상특성곡선(V곡선)
• 여자 전류를 증가시키면 역률은 앞서고 전기자 전류는 증가하고,
• 여자 전류를 감소시키면 역률은 뒤지고 전기자 전류는 증가한다.

16 직류발전기의 전기자 반작용에 대한 설명으로 틀린 것은?

① 전기자 반작용으로 인하여 전기적 중성축을 이동시킨다.
② 정류자 편간 전압이 불균일하게 되어 섬락의 원인이 된다.
③ 전기자 반작용이 생기면 주자속이 왜곡되고 증가하게 된다.
④ 전기자 반작용이란, 전기자 전류에 의하여 생긴 자속이 계자에 의해 발생되는 주자속에 영향을 주는 현상을 말한다.

해설 | 전기자 반작용
• 주자속 감소
• 중성축 이동
• 브러시에 불꽃 발생

정답 13 ④ 14 ③ 15 ① 16 ③

17 단상 변압기 2대를 병렬 운전할 경우, 각 변압기의 부하전류를 I_a, I_b, 1차 측으로 환산한 임피던스를 Z_a, Z_b, 백분율 임피던스 강하를 z_a, z_b, 정격용량을 P_{an}, P_{bn}이라 한다. 이때 부하 분담에 대한 관계로 옳은 것은?

① $\dfrac{I_a}{I_b} = \dfrac{Z_a}{Z_b}$
② $\dfrac{I_a}{I_b} = \dfrac{P_{bn}}{P_{an}}$
③ $\dfrac{I_a}{I_b} = \dfrac{z_b}{z_a} \times \dfrac{P_{an}}{P_{bn}}$
④ $\dfrac{I_a}{I_b} = \dfrac{Z_a}{Z_b} \times \dfrac{P_{an}}{P_{bn}}$

해설 | 부하분담
변압기의 부하전류는 %임피던스에 반비례하고 변압기 용량에 비례한다.

18 단상 유도전압조정기에서 단락권선의 역할은?

① 철손 경감
② 절연 보호
③ 전압강하 경감
④ 전압조정 용이

해설 | 단상 유도전압조정기의 단락권선
누설 리액턴스에 의한 전압 강하를 줄여 준다.

19 동기리액턴스 X_s = 10 [Ω], 전기자권선저항 r_a = 0.1 [Ω], 3상 중 1상의 유도기전력 E = 6400 [V], 단자전압 V = 4000 [V], 부하각 δ = 30°이다. 비철극기인 3상 동기발전기의 출력은 약 몇 [kW]인가?

① 1280
② 3840
③ 5560
④ 6650

해설 | 동기발전기의 출력
• 단상 $P = \dfrac{EV}{Z_s} \sin\delta$ [W]
• 3상 $P = \dfrac{3EV}{Z_s} \sin\delta$ [W]
• $Z_s = \sqrt{r_s^2 + X_s^2}$ (r = 작아서 무시)
∴ $P = \dfrac{3 \times 6400 \times 4000}{10} \times \sin 30° \times 10^{-3}$
　　= 3840 [kW]

20 60 [Hz], 6극의 3상 권선형 유도전동기가 있다. 이 전동기의 정격 부하 시 회전수는 1140 [rpm]이다. 이 전동기를 같은 공급전압에서 전부하 토크로 기동하기 위한 외부저항은 몇 [Ω]인가? (단, 회전자 권선은 Y결선이며 슬립링 간의 저항은 0.1 [Ω]이다)

① 0.5
② 0.85
③ 0.95
④ 1

해설 | 외부저항
$R = \left(\dfrac{1-s}{s}\right) r_2$ 에서
$N_s = \dfrac{120f}{p} = \dfrac{120 \times 60}{6} = 1200$ [rpm]
$s = \dfrac{N_s - N}{N_s} = \dfrac{1200 - 1140}{1200} = 0.05$
$r_2 = \dfrac{0.1}{2}$
(∵ 슬립링 간 두 상의 직렬 저항이 0.1이므로)
∴ $R = \left(\dfrac{1-0.05}{0.05}\right) \times 0.05 = 0.95$ [Ω]

정답　17 ③　18 ③　19 ②　20 ③

01
부하전류가 크지 않을 때 직류 직권전동기 발생 토크는? (단, 자기회로가 불포화인 경우이다)

① 전류에 비례한다.
② 전류에 반비례한다.
③ 전류의 제곱에 비례한다.
④ 전류의 제곱에 반비례한다.

해설 | 직류 직권전동기 토크
$T \propto I_a^2 \propto \dfrac{1}{N^2}$

02
동기발전기의 병렬 운전 조건에서 같지 않아도 되는 것은?

① 기전력의 용량
② 기전력의 위상
③ 기전력의 크기
④ 기전력의 주파수

해설 | 동기발전기의 병렬 운전 조건
- 기전력의 크기가 같을 것
- 기전력의 위상이 같을 것
- 기전력의 파형이 일치할 것
- 기전력의 주파수가 일치할 것
※ 3상 동기발전기인 경우
  기전력의 상회전 방향이 같을 것

03
다이오드를 사용하는 정류회로에서 과대한 부하전류로 인하여 다이오드가 소손될 우려가 있을 때 가장 적절한 조치는 어느 것인가?

① 다이오드를 병렬로 추가한다.
② 다이오드를 직렬로 추가한다.
③ 다이오드 양단에 적당한 값의 저항을 추가한다.
④ 다이오드 양단에 적당한 값의 커패시터를 추가한다.

해설 | 다이오드의 연결
- 직렬 : 과전압으로부터 보호
- 병렬 : 과전류로부터 보호

04
변압기의 권수를 N이라고 할 때 누설리액턴스는?

① N에 비례한다.
② N^2에 비례한다.
③ N에 반비례한다.
④ N^2에 반비례한다.

해설 | 변압기 누설리액턴스
$X_L = wL = 2\pi fL = 2\pi f \dfrac{\mu A N^2}{\ell}$

∴ N^2에 비례한다.

정답 01 ③ 02 ① 03 ① 04 ②

05 50 [Hz], 12극의 3상 유도전동기가 10 [HP]의 정격출력을 내고 있을 때, 회전수는 약 몇 [rpm]인가? (단, 회전자 동손은 350 [W]이고, 회전자 입력은 회전자 동손과 정격 출력의 합이다)

① 468　　② 478
③ 488　　④ 500

해설 | 유도전동기의 출력
- $P = 10[\text{HP}] = 10 \times 746[\text{W}]$
- 회전자속도 $N = N_s(1-s)[\text{rpm}]$에서

$$N_s = \frac{120f}{p} = \frac{120 \times 50}{12} = 500$$

- $s = \dfrac{P_c}{P_2} = \dfrac{P_c}{P_c + P_0} = \dfrac{350}{350 + 7460} = 0.0448$

∴ $N = 500 \times (1 - 0.0448) ≒ 478 [\text{rpm}]$

06 8극, 900 [rpm] 동기발전기와 병렬 운전하는 6극 동기발전기의 회전수는 몇 [rpm]인가?

① 900　　② 1000
③ 1200　　④ 1400

해설 | 동기발전기 회전수

$$N_s = \frac{120f}{P}$$

$$f = \frac{N_s \times P}{120} = \frac{900 \times 8}{120} = 60[\text{Hz}]$$

∴ $N_s = \dfrac{120 \times 60}{6} = 1200 [\text{rpm}]$

07 극 수가 4극이고 전기자권선이 단중 중권인 직류발전기의 전기자전류가 40 [A]이면 전기자권선의 각 병렬회로에 흐르는 전류 [A]는?

① 4　　② 6
③ 8　　④ 10

해설 | 직류 발전기
- 중권 $a = p$　　a : 병렬회로 수　p : 극 수

∴ 각 병렬에 흐르는 전류

$$\frac{I_a}{a} = \frac{40}{4} = 10[\text{A}]$$

08 변압기에서 생기는 철손 중 와류손(Eddy Current Loss)은 철심의 규소강판 두께와 어떤 관계에 있는가?

① 두께에 비례
② 두께의 2승에 비례
③ 두께의 3승에 비례
④ 두께의 1/2승에 비례

해설 | 와류손

$$P_e \propto (tfB_m)^2 \, [\text{W/m}^3]$$

t : 철심의 두께　f : 주파수
B_m : 최대자속밀도

정답　05 ②　06 ③　07 ④　08 ②

09 2전동기설에 의하여 단상 유도전동기의 가상적 2개의 회전자 중 정방향에 회전하는 회전자 슬립이 s이면 역방향에 회전하는 가상적 회전자의 슬립은 어떻게 표시되는가?

① 1 + s ② 1 - s
③ 2 - s ④ 3 - s

해설 | 역방향 회전자 슬립
$$s = \frac{N_s - (-N)}{N_s} = 1 + \frac{N}{N_s} = 1 + (1-s) = 2-s$$

10 어떤 직류전동기가 역기전력 200 [V], 매분 1200 회전으로 토크 158.76 [N·m]를 발생하고 있을 때의 전기자 전류는 약 몇 [A]인가? (단, 기계손 및 철손은 무시한다)

① 90 ② 95
③ 100 ④ 105

해설 | 직류전동기의 토크
토크 $\tau = 9.55 \frac{P}{N} = 9.55 \frac{EI_a}{N}$ [N·m]
$$\therefore I_a = \frac{\tau \cdot N}{9.55 E} = \frac{158.76 \times 1200}{9.55 \times 200} = 99.74 \text{ [A]}$$

11 와전류 손실을 패러데이 법칙으로 설명한 과정 중 틀린 것은?

① 와전류가 철심 내에 흘러 발열 발생
② 유도기전력 발생으로 철심에 와전류가 흐름
③ 와전류 에너지 손실량은 전류밀도에 반비례
④ 시변 자속으로 강자성체 철심에 유도기전력 발생

해설 | 와전류손
$P_e \propto (tfB_m)^2$ [W/m³]
∴ 전류밀도와는 관계가 없다.

12 동기발전기에서 동기속도와 극 수와의 관계를 옳게 표시한 것은? (단, N : 동기속도, P : 극 수이다)

①  ②
③ 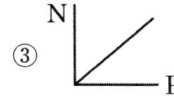 ④

해설 | 동기속도
$$N_s = \frac{120f}{P}$$
∴ N_s와 P는 반비례한다.

13 일반적인 DC 서보모터의 제어에 속하지 않는 것은?

① 역률제어 ② 토크제어
③ 속도제어 ④ 위치제어

해설 | DC 서보모터
DC 서브모터는 직류를 이용하므로 역률이 1이다.
∴ 역률 제어는 불가능하다.

14 변압기 단락시험에서 변압기의 임피던스 전압이란?

① 1차 전류가 여자전류에 도달했을 때의 2차 측 단자전압
② 1차 전류가 정격전류에 도달했을 때의 2차 측 단자전압
③ 1차 전류가 정격전류에 도달했을 때의 변압기 내의 전압강하
④ 1차 전류가 2차 단락전류에 도달했을 때의 변압기 내의 전압강하

해설 | 임피던스 전압
• 변압기 2차 측 단락 상태에서, 1차 측에 정격전류가 흐르게 하기 위한 1차 측 인가전압
• 1차 전류가 정격전류에 도달했을 때의 변압기 내의 전압강하

15 변압기의 주요 시험항목 중 전압변동률 계산에 필요한 수치를 얻기 위한 필수적인 시험은?

① 단락시험 ② 내전압시험
③ 변압비시험 ④ 온도상승시험

해설 | 변압기의 시험
• 부하시험(단락시험)
  임피던스 전압, 임피던스 와트, %저항 강하, %임피던스 강하, 전압변동률
• 부하시험(개방시험)
  여자 어드미턴스, 여자 컨덕턴스, 여자 서셉턴스, 무부하 전류, 철손

16 단상 정류자전동기의 일종인 단상 반발전동기에 해당되는 것은?

① 시라게 전동기
② 반발유도 전동기
③ 아트킨손형 전동기
④ 단상 직권 정류자전동기

해설 | 단상 반발전동기
• 톰슨 전동기
• 데리 전동기
• 아트킨슨 전동기

정답 13 ① 14 ③ 15 ① 16 ③

17 3상 농형 유도전동기의 전전압 기동토크는 전부하토크의 1.8배이다. 이 전동기에 기동보상기를 사용하여 기동전압을 전전압의 2/3로 낮추어 기동하면, 기동토크는 전부하토크 T와 어떤 관계인가?

① 3.0T   ② 0.8T
③ 0.6T   ④ 0.3T

해설 | 유도전동기의 토크

$T\tau \propto V^2$

기동토크 $\tau' = 1.8\tau$

기동전압을 $\frac{2}{3}$로 낮추면

$\tau' = 1.8\tau \times \left(\frac{2}{3}\right)^2 = 0.8\tau$

18 부스트(Boost)컨버터의 입력전압이 45 [V]로 일정하고, 스위칭 주기가 20 [kHz], 듀티비(Duty ratio)가 0.6, 부하저항이 10 [Ω]일 때 출력전압은 몇 [V]인가? (단, 인덕터에는 일정한 전류가 흐르고 커패시터 출력전압의 리플성분은 무시한다)

① 27   ② 67.5
③ 75   ④ 112.5

해설 | 부스트 컨버터

$V_0 = \dfrac{V_i}{1-D} = \dfrac{45}{1-0.6} = 112.5[\text{V}]$

19 동기전동기에 대한 설명으로 틀린 것은?

① 동기전동기는 주로 회전계자형이다.
② 동기전동기는 무효전력을 공급할 수 있다.
③ 동기전동기는 제동권선을 이용한 기동법이 일반적으로 많이 사용된다.
④ 3상 동기전동기의 회전방향을 바꾸려면 계자권선 전류의 방향을 반대로 한다.

해설 | 전동기의 역회전
- 3상 동기전동기
  3선 중 임의의 두 선을 바꾼다.
- 직류전동기
  Ia나 If 중 하나를 반대로 한다.
- 분상기동형 유도전동기
  주권선에 대한 보조 권선의 접속을 반대로 한다.

20 10 [kW], 3상, 380 [V] 유도전동기의 전부하 전류는 약 몇 [A]인가? (단, 전동기의 효율은 85 [%], 역률은 85 [%]이다)

① 15   ② 21
③ 26   ④ 36

해설 | 유도전동기의 효율

- 효율 $\eta = \dfrac{P}{\sqrt{3}\,VI\cos\theta}$

- $I = \dfrac{P}{\sqrt{3}\,V\cos\theta \times \eta}$

  $= \dfrac{10 \times 10^3}{\sqrt{3} \times 380 \times 0.85 \times 0.85} = 21[\text{A}]$

정답 17 ②   18 ④   19 ④   20 ②

2021년 3회

01 3상 변압기를 병렬 운전하는 조건으로 틀린 것은?

① 각 변압기의 극성이 같을 것
② 각 변압기의 %임피던스 강하가 같을 것
③ 각 변압기의 1차와 2차 정격전압과 변압비가 같을 것
④ 각 변압기의 1차와 2차 선간전압의 위상변위가 다를 것

해설 | 변압기 병렬 운전 조건
- 극성이 같을 것
- 권수비, 1, 2차 정격전압이 같을 것
- %임피던스 강하가 같고, 저항/리액턴스의 비가 같을 것
- 상회전 방향 및 위상 변위가 같을 것(3상일 때)

02 직류 직권전동기에서 분류 저항기를 직권권선에 병렬로 접속해 여자전류를 가감시켜 속도를 제어하는 방법은?

① 저항제어   ② 전압제어
③ 계자제어   ④ 직·병렬제어

해설 | 직류전동기 속도제어
$N = \dfrac{V - I_a R_a}{\phi}$ 이므로
계자제어, 전압제어, 저항제어가 있다.

03 직류발전기의 특성곡선에서 각 축에 해당하는 항목으로 틀린 것은?

① 외부특성곡선 : 부하전류와 단자전압
② 부하특성곡선 : 계자전류와 단자전압
③ 내부특성곡선 : 무부하전류와 단자전압
④ 무부하특성곡선 : 계자전류와 유도기전력

해설 | 직류 발전기 특성곡선
내부특성곡선은 부하전류와 유도기전력과의 관계를 나타낸다.

04 60 [Hz], 600 [rpm]의 동기전동기에 직결된 기동용 유도전동기의 극 수는?

① 6   ② 8
③ 10   ④ 12

해설 | 유도전동기의 극 수
- $N_s = \dfrac{120f}{p}$
- 동기전동기 극 수
  $P = \dfrac{120f}{N_s} = \dfrac{120 \times 60}{600} = 12$
- 기동용 유도전동기 극 수 $= P - 2 = 10$

정답 01 ④ 02 ③ 03 ③ 04 ③

05 다이오드를 사용한 정류회로에서 다이오드를 여러 개 직렬로 연결하면 어떻게 되는가?

① 전력공급의 증대
② 출력전압의 맥동률을 감소
③ 다이오드를 과전류로부터 보호
④ 다이오드를 과전압으로부터 보호

해설 | 다이오드 연결
- 직렬 : 과전압으로부터 보호
- 병렬 : 과전류로부터 보호

06 4극, 60 [Hz]인 3상 유도전동기가 있다. 1725 [rpm]으로 회전하고 있을 때, 2차 기전력의 주파수 [Hz]는?

① 2.5   ② 5
③ 7.5   ④ 10

해설 | 유도전동기의 2차 주파수
$f_{2s} = sf_1$
$N_s = \dfrac{120f}{P} = \dfrac{120 \times 60}{4} = 1800 \,[\mathrm{rpm}]$
$S = \dfrac{N_s - N}{N_s} = \dfrac{1800 - 1725}{1800} = 0.0417$
$\therefore f_{2s} = 0.0417 \times 60 = 2.5 \,[\mathrm{Hz}]$

07 직류 분권전동기의 전압이 일정할 때 부하토크가 2배로 증가하면 부하전류는 약 몇 배가 되는가?

① 1   ② 2
③ 3   ④ 4

해설 | 직류전동기의 토크
- 분권전동기 : $T \propto I_a \propto \dfrac{1}{N}$
- 직권전동기 : $T \propto I_a^2 \propto \dfrac{1}{N^2}$

08 유도전동기의 슬립을 측정하려고 한다. 다음 중 슬립의 측정법이 아닌 것은?

① 수화기법
② 직류밀리볼트계법
③ 스트로보스코프법
④ 프로니브레이크법

해설 | 유도전동기 슬립측정
프로니브레이크법은 토크를 측정하는 방법이다.

정답 05 ④ 06 ① 07 ② 08 ④

09 정격출력 10000 [kVA], 정격전압 6600 [V], 정격역률 0.8인 3상 비돌극 동기발전기가 있다. 여자를 정격상태로 유지할 때 이 발전기의 최대 출력은 약 몇 [kW]인가? (단, 1상의 동기 리액턴스를 0.9 [p.u]라 하고 저항은 무시한다)

① 17089　　② 18889
③ 21259　　④ 23619

해설 | 비돌극형 동기발전기
$$P = \frac{EV}{X_s}\sin\delta [W]$$
$$\therefore P_{\max} = \frac{EV}{X_s}P_n$$
$$= \frac{\sqrt{\cos^2\theta + (\sin\theta + X_s)^2}}{X_s} \times 10000$$
$$= \frac{\sqrt{0.8^2 + (0.6+0.9)^2}}{0.9} \times 10000$$
$$= 18889 \,[\text{kVA}]$$

10 단상 반파정류회로에서 직류전압의 평균값 210 [V]를 얻는 데 필요한 변압기 2차 전압의 실횻값은 약 몇 [V]인가? (단, 부하는 순저항이고, 정류기의 전압강하 평균값은 15 [V]로 한다)

① 400　　② 433
③ 500　　④ 566

해설 | 단상반파 정류회로
$$E_d = 0.45E - e\,[V]$$
$$\therefore E = \frac{E_d + e}{0.45} = \frac{210+15}{0.45} = 500\,[V]$$

11 변압기유에 요구되는 특성으로 틀린 것은?

① 점도가 클 것
② 응고점이 낮을 것
③ 인화점이 높을 것
④ 절연 내력이 클 것

해설 | 변압기유 구비 조건
- 절연내력이 높을 것
- 점도가 낮을 것
- 인화점이 높을 것
- 응고점이 낮을 것
- 다른 물질과 화학반응을 일으키지 말 것
- 가격이 저렴할 것

12 100 [kVA], 2300/115 [V], 철손 1 [kW], 전부하동손 1.25 [kW]의 변압기가 있다. 이 변압기는 매일 무부하로 10시간, 1/2 정격부하 역률 1에서 8시간, 전부하 역률 0.8(지상)에서 6시간 운전하고 있다면 전일효율은 약 몇 [%]인가?

① 93.3　　② 94.3
③ 95.3　　④ 96.3

해설 | 변압기의 효율
$$P_i = 1 \times 24\,[\text{kWh}]$$
$$P_c = \left(\frac{1}{2}\right)^2 \times 1.25 \times 8 + 1.25 \times 6$$
$$= 10\,[\text{kWh}]$$
$$P = \frac{1}{2} \times 100 \times 1 \times 8 + 100 \times 0.8 \times 6$$
$$= 880\,[\text{kWh}]$$
$$\therefore \eta = \frac{P}{P + P_i + P_c}$$
$$= \frac{880}{880 + 24 + 10} \times 100 = 96.3\,[\%]$$

정답　09 ②　10 ③　11 ①　12 ④

13 3상 유도전동기에서 고조파 회전자계가 기본파 회전방향과 역방향인 고조파는?

① 제3고조파 ② 제5고조파
③ 제7고조파 ④ 제13고조파

해설 | 3상 유도전동기에서의 고조파
- 3, 9, 15, ··· 고조파(영상분)
  회전하지 않는다.
- 5, 11, 17, ··· 고조파(역상분)
  반시계(반대) 방향
- 7, 13, 19, ··· 고조파(정상분)
  시계(같은) 방향

14 직류 분권전동기의 기동 시에 정격전압을 공급하면 전기자 전류가 많이 흐르다가 회전속도가 점점 증가함에 따라 전기자전류가 감소하는 원인은?

① 전기자반작용의 증가
② 전기자권선의 저항 증가
③ 브러시의 접촉 저항 증가
④ 전동기의 역기전력 상승

해설 | 직류 분권전동기
역기전력 $E_c = V - I_a R_a$
∴ E_c가 커지면 I_a는 감소한다.

15 변압기의 전압변동률에 대한 설명으로 틀린 것은?

① 일반적으로 부하변동에 대하여 2차 단자전압의 변동이 작을수록 좋다.
② 전부하시와 무부하시의 2차 단자전압이 서로 다른 정도를 표시하는 것이다.
③ 인가전압이 일정한 상태에서 무부하 2차 단자전압에 반비례한다.
④ 전압변동률은 전등의 광도, 수명, 전동기의 출력 등에 영향을 미친다.

해설 | 전압변동률
$\epsilon = \dfrac{V_{20} - V_{2n}}{V_{2n}} \times 100 [\%]$ 이므로
∴ 무부하 2차 전압 V_{20}이 커지면 전압변동률 ϵ도 커진다.

16 1상의 유도기전력이 6000 [V]인 동기발전기에서 1분간 회전수를 900 [rpm]에서 1800 [rpm]으로 하면 유도기전력은 약 몇 [V]인가?

① 6000   ② 12000
③ 24000 ④ 36000

해설 | 동기발전기 유도기전력
$E = K \phi N$
$E \propto N$
∴ $E' = 2 \times 6000 = 12000 [V]$

정답 13 ② 14 ④ 15 ③ 16 ②

17 변압기 내부고장 검출을 위해 사용하는 계전기가 아닌 것은?

① 과전압 계전기
② 비율차동 계전기
③ 부흐홀츠 계전기
④ 충격 압력 계전기

해설 | 변압기 보호용 계전기
- 온도 계전기
- 과전류 계전기
- 비율차동 계전기
- 부흐홀츠 계전기
- 충격압력 계전기
- 가스검출 계전기

18 권선형 유도전동기의 2차 여자법 중 2차 단자에서 나오는 전력을 동력으로 바꿔서 직류전동기에 가하는 방식은?

① 회생 방식
② 크레머 방식
③ 플러깅 방식
④ 세르비우스 방식

해설 | 크레머 방식
계자를 제어하여 회전수를 변환하는 전압 제어법이다.

19 동기조상기의 구조상 특징으로 틀린 것은?

① 고정자는 수차발전기와 같다.
② 안전 운전용 제동권선이 설치된다.
③ 계자 코일이나 자극이 대단히 크다.
④ 전동기 축은 동력을 전달하는 관계로 비교적 굵다.

해설 | 동기조상기
무부하로 무효전력을 공급하므로 동력을 전달하지 않는다.

20 75 [W] 이하의 소출력 단상 직권 정류자 전동기의 용도로 적합하지 않은 것은?

① 믹서   ② 소형공구
③ 공작기계   ④ 치과의료용

해설 | 직권 정류자 전동기
공작기계는 고출력을 이용한다.

정답 17 ① 18 ② 19 ④ 20 ③

2020년 1, 2회

01 3상 20000 [kVA]인 동기발전기가 있다. 이 발전기는 60 [Hz]일 때는 200 [rpm], 50 [Hz]일 때는 약 167 [rpm]으로 회전한다. 이 동기발전기의 극 수는?

① 18극　　② 36극
③ 54극　　④ 72극

해설 | 동기발전기의 동기속도
$$N_s = \frac{120f}{p}$$
$$p = \frac{120f}{N_s} = \frac{120 \times 60}{200} = 36$$

02 전원 전압이 100 [V]인 단상 전파정류제어에서 점호각이 30°일 때 직류 평균 전압은 약 몇 [V]인가?

① 54　　② 64
③ 84　　④ 94

해설 | 단상 전파정류제어
$$E_d = \frac{2\sqrt{2}}{\pi} E_a \frac{1+\cos\theta}{2}$$
$$= 0.9 \times 100 \times \frac{1+\frac{\sqrt{3}}{2}}{2}$$
$$= 83.97 \,[V]$$

03 단자전압 110 [V], 전기자 전류 15 [A], 전기자 회로의 저항 2 [Ω], 정격 속도 1800 [rpm]으로 전부하에서 운전하고 있는 직류 분권전동기의 토크는 약 몇 [N·m]인가?

① 6.0　　② 6.4
③ 10.08　　④ 11.14

해설 | 직류 분권전동기 토크
$$T = 9.55 \frac{P_2}{N_s} = 9.55 \frac{EI_a}{N_s},\ E = V - I_a R_a$$
$$T = 9.55 \frac{P_2}{N_s} = 9.55 \frac{(V-I_a R_a)I_a}{N_s}$$
$$= 9.55 \frac{(110-15 \times 2)15}{1800}$$
$$= 6.36 \,[N \cdot m]$$

04 단상 유도전동기의 분상기동형에 대한 설명으로 틀린 것은?

① 보조권선은 높은 저항과 낮은 리액턴스를 갖는다.
② 주권선은 비교적 낮은 저항과 높은 리액턴스를 갖는다.
③ 높은 토크를 발생시키려면 보조권선에 병렬로 저항을 삽입한다.
④ 전동기가 기동하여 속도가 어느 정도 상승하면 보조 권선을 전원에서 분리해야 한다.

해설 | 분상기동형 단상 유도전동기
높은 토크를 발생시키려면 보조권선에 직렬로 저항을 삽입한다.

정답　01 ②　02 ③　03 ②　04 ③

05 직류 발전기에 P [N·m/s]의 기계적 동력을 주면 전력은 몇 [W]로 변환되는가? (단, 손실은 없으며, I_a는 전기자 도체의 전류, e는 전기자 도체의 유기기전력, Z는 총 도체 수이다)

① $P = I_a e Z$ ② $P = \dfrac{I_a e}{Z}$

③ $P = \dfrac{I_a Z}{e}$ ④ $P = \dfrac{eZ}{I_a}$

해설 | 직류발전기의 전력
$P = EI_a = eZI_a \, [\text{W}]$

06 용량 1 [kVA], 3000/200 [V]의 단상 변압기를 단권변압기로 결선해서 3000/3200 [V]의 승압기로 사용할 때 그 부하 용량 [kVA]은?

① 1/16 ② 1
③ 15 ④ 16

해설 | 단권 변압기의 용량비

• $\dfrac{\text{자기용량}}{\text{부하용량}} = \dfrac{V_h - V_\ell}{V_h}$

• 부하용량 $= \dfrac{V_h}{V_h - V_\ell} \times$ 자기용량

$= \dfrac{3200}{3200 - 3000} \times 1000$

$= 16 \, [\text{kVA}]$

07 유도전동기를 정격 상태로 사용 중, 전압이 10 [%] 상승할 때 특성 변화로 틀린 것은? (단, 부하는 일정 토크라고 가정한다)

① 슬립이 작아진다.
② 역률이 떨어진다.
③ 속도가 감소한다.
④ 히스테리시스손과 와류손이 증가한다.

해설 | 전압 증가 시

• $s \propto \dfrac{1}{V^2}$ 이므로 슬립 감소

• $N = (1-s)N_s$ 의 관계가 있으므로 속도 증가

• $P_h \propto V^2$, $P_e \propto V^2$ 이므로 철손 증가

• $\cos\theta = \dfrac{P}{\sqrt{3}\,VI}$ 이므로 역률 감소

08 단상 유도전동기의 기동 시 브러시를 필요로 하는 것은?

① 분상 기동형
② 반발 기동형
③ 콘덴서 분상 기동형
④ 셰이딩 코일 기동형

해설 | 단상 유도전동기의 기동
반발 기동형은 직류전동기와 같이 정류자와 브러시를 이용하여 기동하며 기동토크가 가장 크다.

정답 05 ① 06 ④ 07 ③ 08 ②

09 스텝모터에 대한 설명으로 틀린 것은?

① 가속과 감속이 용이하다.
② 정·역 및 변속이 용이하다.
③ 위치 제어 시 각도 오차가 작다.
④ 브러시 등 부품수가 많아 유지 보수 필요성이 크다.

해설 | 스텝(스테핑) 모터
- 모터의 회전 각도는 입력하는 펄스 신호에 정확히 일치하기 때문에 정확한 각도 제어가 가능하다.
- 가속과 감속은 펄스를 조정하면 간단히 제어할 수 있다.
- 정·역전 및 변속도 용이하다.
- 브러시 등이 필요 없으므로, 유지 보수가 용이하다.

10 직류전동기의 워드레오나드 속도제어 방식으로 옳은 것은?

① 전압제어
② 저항제어
③ 계자제어
④ 직병렬제어

해설 | 직류전동기의 속도제어
- 전압제어(정토크제어)
  워드레오너드, 정지형레오너드, 일그너 방식
- 계자제어(정출력제어)
- 저항제어

11 출력이 20 [kW]인 직류 발전기의 효율이 80 [%]이면 전 손실은 약 몇 [kW]인가?

① 0.8
② 1.25
③ 5
④ 45

해설 | 발전기의 규약 효율

- $\eta = \dfrac{출력}{출력+손실}$
- 손실 $= \dfrac{20}{0.8} - 20 = 5 \ [\text{kW}]$

12 전압 변동률이 작은 동기발전기의 특성으로 옳은 것은?

① 단락비가 크다.
② 속도변동률이 크다.
③ 동기 리액턴스가 크다.
④ 전기자 반작용이 크다.

해설 | 단락비가 크면
- 철손이 크다.
- 전압변동률이 작다.
- 안정도가 높다.
- 선로 충전 용량이 커진다.

13 변압기의 %Z가 커지면 단락전류는 어떻게 변화하는가?

① 커진다.
② 변동 없다.
③ 작아진다.
④ 무한대로 커진다.

해설 | 단락전류 $I_s = \dfrac{100}{\%Z} I_n$

%Z가 커지면 단락전류는 작아진다.

정답 09 ④ 10 ① 11 ③ 12 ① 13 ③

14 단권 변압기의 설명으로 틀린 것은?

① 분로권선과 직렬권선으로 구분된다.
② 1차권선과 2차권선의 일부가 공동으로 사용된다.
③ 3상에는 사용할 수 없고 단상으로만 사용한다.
④ 분로권선에서 누설자속이 없기 때문에 전압변동률이 작다.

해설 | 단권 변압기
- 하나의 철심에 1차권선과 2차권선의 일부를 서로 공유하는 변압기
- 분로권선과 직렬권선으로 구분
- 분로권선에서 누설자속이 없기 때문에 전압변동률이 적다.
- 종류 : 단상 단권 변압기, 3상 단권 변압기

15 도통(On) 상태에 있는 SCR을 차단(Off) 상태로 만들기 위해서는 어떻게 하여야 하는가?

① 게이트 펄스전압을 가한다.
② 게이트 전류를 증가시킨다.
③ 게이트 전압이 부(-)가 되도록 한다.
④ 전원전압의 극성이 반대가 되도록 한다.

해설 | SCR turn off 조건
- 애노드의 극성을 0 또는 부(-)로 한다.
- Gate에 흐르는 전류를 유지전류보다 작게 한다.

16 동기전동기의 공급 전압과 부하를 일정하게 유지하면서 역률을 1로 운전하고 있는 상태에서 여자전류를 증가시키면 전기자 전류는?

① 앞선 무효전류가 증가
② 앞선 무효전류가 감소
③ 뒤진 무효전류가 증가
④ 뒤진 무효전류가 감소

해설 | 동기전동기의 위상특성곡선(V곡선)

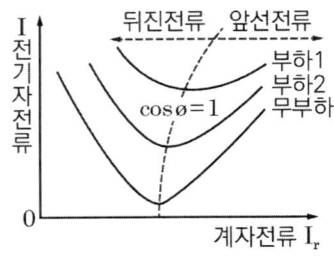

- 여자전류를 증가시키면 앞선 무효전류가 증가
- 여자전류를 감소시키면 뒤진 무효전류가 증가

17 계자권선이 전기자에 병렬로만 연결된 직류기는?

① 분권기 ② 직권기
③ 복권기 ④ 타여자기

해설 | 직류기
- 계자 권선이 전기자에 병렬 : 분권기
- 계자 권선이 전기자에 직렬 : 직권기

정답 14 ③ 15 ④ 16 ① 17 ①

18 정격 전압 6600 [V]인 3상 동기발전기가 정격 출력(역률 = 1)으로 운전할 때 전압변동률이 12 [%]이었다. 여자전류와 회전수를 조정하지 않은 상태로 무부하 운전하는 경우 단자전압 [V]은?

① 6433　　② 6943
③ 7392　　④ 7842

해설 | 전압변동률

- 전압변동률 $= \dfrac{V_o - V_n}{V_n}$
- $V_o = V_n + \varepsilon V_n$
  $= 6600 + 0.12 \times 6600 = 7392\,[\text{V}]$

19 1차 전압 6600 [V], 권수비 30인 단상변압기로 전등부하에 30 [A]를 공급할 때의 입력 [kW]은? (단, 변압기의 손실은 무시한다)

① 4.4　　② 5.5
③ 6.6　　④ 7.7

해설 | 변압기의 1차 변환

$P = V_1 I_1 = V_1 \left(\dfrac{1}{a} I_2\right)$
$= 6600 \times \dfrac{1}{30} \times 30 = 6600\,[\text{W}]$
$= 6.6\,[\text{kW}]$

20 3선 중 2선의 전원 단자를 서로 바꾸어서 결선하면 회전 방향이 바뀌는 기기가 아닌 것은?

① 회전변류기
② 유도전동기
③ 동기전동기
④ 정류자형 주파수변환기

해설 | 역회전
정류자형 주파수 변환기는 3선 중 2선의 전원 단자를 서로 바꾸어서 결선해도 회전 방향이 바뀌지 않는다.

정답　18 ③　19 ③　20 ④

2020년 3회

전기기사 필기 — 전기기기

01 정격 전압 120 [V], 60 [Hz]인 변압기의 무부하 입력 80 [W], 무부하 전류 1.4 [A] 이다. 이 변압기의 여자 리액턴스는 약 몇 [Ω]인가?

① 97.6 ② 103.7
③ 124.7 ④ 180

해설 | 변압기 여자리액턴스 계산

- 철손 전류 $I_i = \dfrac{P}{V} = \dfrac{80}{120} = 0.67\,[A]$
- 자화 전류 $I_\phi = \sqrt{1.4^2 - 0.67^2} = 1.23\,[A]$
- 여자 리액턴스 $X = \dfrac{V}{I_\phi} = \dfrac{120}{1.23} = 97.6\,[\Omega]$

02 서보모터의 특징에 대한 설명으로 틀린 것은?

① 발생 토크는 입력 신호에 비례하고, 그 비가 클 것
② 직류 서보모터에 비하여 교류 서보모터의 시동 토크가 매우 클 것
③ 시동 토크는 크나 회전부의 관성모멘트가 작고, 전기력 시정수가 짧을 것
④ 빈번한 시동, 정지, 역전 등의 가혹한 상태에 견디도록 견고하고, 큰 돌입전류에 견딜 것

해설 | 서보모터
- 시동 토크는 크나, 회전부의 관성 모멘트가 작고 전기적 시정수가 짧음
- 발생토크는 입력신호에 비례하고 그 비가 큼
- 직류 서보모터의 기동토크가 교류 서보모터의 기동토크보다 큼
- 빈번한 시동, 정지, 역전 등의 가혹한 상태에 견디도록 견고하고, 큰 돌입전류에 견딜 수 있어야 함

03 3상 변압기 2차 측의 E_W 상만을 반대로 하고, Y-Y결선을 한 경우, 2차 상전압이 $E_U = 70\,[V]$, $E_V = 70\,[V]$, $E_W = 70\,[V]$ 라면 2차 선간전압은 약 몇 [V]인가?

① $V_{U\text{-}V} = 121.2\,V$, $V_{V\text{-}W} = 70\,V$, $V_{W\text{-}U} = 70\,V$
② $V_{U\text{-}V} = 121.2\,V$, $V_{V\text{-}W} = 210\,V$, $V_{W\text{-}U} = 70\,V$
③ $V_{U\text{-}V} = 121.2\,V$, $V_{V\text{-}W} = 121.2\,V$, $V_{W\text{-}U} = 70\,V$
④ $V_{U\text{-}V} = 121.2\,V$, $V_{V\text{-}W} = 121.2\,V$, $V_{W\text{-}U} = 121.2\,V$

해설 | 변압기 3상 벡터도

- $V_{U-V} = 70\sqrt{3} = 121.2\,[V]$
- $V_{V-W} = V_{W-U} = 70\,[V]$

정답 01 ① 02 ② 03 ①

04 극 수 8, 중권 직류기의 전기자 총 도체 수 960, 매 극 자속 0.04 [Wb], 회전수 400 [rpm]이라면 유기기전력은 몇 [V]인가?

① 256　　② 327
③ 425　　④ 625

해설 | 직류기의 유기기전력
중권일 때 '병렬회로수 = 극 수'이므로
$$E = \frac{PZ\phi N}{60a} = \frac{8 \times 960 \times 0.04 \times 400}{60 \times 8}$$
$$= 256 [V]$$

05 3상 유도전동기에서 2차 측 저항을 2배로 하면 그 최대 토크는 어떻게 변하는가?

① 2배로 커진다.
② 3배로 커진다.
③ 변하지 않는다.
④ $\sqrt{2}$ 배로 커진다.

해설 | 비례추이
- 3상 권선형 유도전동기
- 외부에서 저항을 증가
- 비례하여 슬립 증가
- 최대 토크 항상 일정

06 동기전동기에 일정한 부하를 걸고 계자전류를 0 [A]에서부터 계속 증가시킬 때 관련 설명으로 옳은 것은? (단, I_a는 전기자전류이다)

① I_a는 증가하다가 감소한다.
② I_a가 최소일 때 역률이 1이다.
③ I_a가 감소 상태일 때 앞선 역률이다.
④ I_a가 증가 상태일 때 뒤진 역률이다.

해설 | 동기전동기의 위상특성곡선력(V곡선)

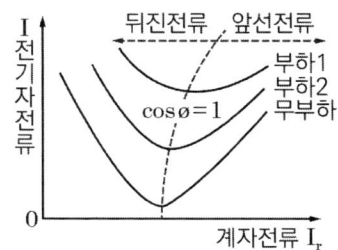

- 전기자전류 (I_a)가 최소일 때 역률이 1이 된다.

07 3 [kVA], 3000/200 [V]의 변압기의 단락시험에서 임피던스 전압 120 [V], 동손 150 [W]라 하면 %저항 강하는 몇 [%]인가?

① 1　　② 3
③ 5　　④ 7

해설 | %저항 강하
$$\%R = \frac{I_n R}{V_n} \times 100 = \frac{P_c}{P_n} \times 100$$
$$= \frac{150}{3000} \times 100 = 5[\%]$$

08 정격출력 50 [kW], 4극 220 [V], 60 [Hz]인 3상 유도전동기가 전부하 슬립 0.04, 효율 90 [%]로 운전되고 있을 때 다음 중 틀린 것은?

① 2차 효율 = 92 [%]
② 1차 입력 = 55.56 [kW]
③ 회전자 동손 = 2.08 [kW]
④ 회전자 입력 = 52.08 [kW]

해설 | 3상 유도전동기
① $\eta_2 = 1 - s = 1 - 0.04 = 0.96\,(96\%)$
② $P_1 = \dfrac{P_o}{\eta} = \dfrac{50}{0.9} = 55.56\,[kW]$
③ $P_{2c} = sP_2 = 0.04 \times 52.08$
    $= 2.08\,[kW]$
④ $P_2 = \dfrac{P_o}{1-s} = \dfrac{50}{0.96} = 52.08\,[kW]$

09 단상 유도전동기를 2전동기설로 설명하는 경우 정방향 회전자계의 슬립이 0.2이면, 역방향 회전자계의 슬립은 얼마인가?

① 0.2   ② 0.8
③ 1.8   ④ 2.0

해설 | 역방향 회전자계의 슬립
$s = \dfrac{N_s - N}{N_s}$, $s' = \dfrac{N_s - (-N)}{N_s}$

$s' = \dfrac{N_s + N}{N_s} = 1 + \dfrac{N}{N_s}$

$s' = 1 + (1 - s) = 2 - s = 1.8$

10 직류 가동 복권발전기를 전동기로 사용하면 어느 전동기가 되는가?

① 직류 직권전동기
② 직류 분권전동기
③ 직류 가동 복권전동기
④ 직류 차동 복권전동기

해설 | 가동 복권발전기
가동 복권발전기를 전동기로 사용하면 분권계자 전류의 방향은 그대로지만 직권계자 전류의 방향이 반대가 되어 차동 복권전동기가 된다.

11 동기발전기를 병렬 운전하는 데 필요하지 않은 조건은?

① 기전력의 용량이 같을 것
② 기전력의 파형이 같을 것
③ 기전력의 크기가 같을 것
④ 기전력의 주파수가 같을 것

해설 | 동기발전기의 병렬 운전 조건
• 기전력의 크기가 같을 것
• 기전력의 위상이 같을 것
• 기전력의 파형이 일치할 것
• 기전력의 주파수가 일치할 것
※ 3상 동기발전기인 경우
   기전력의 상회전 방향이 같을 것

정답 08 ① 09 ③ 10 ④ 11 ①

12. IGBT(Insulated Gate Bipolar Transistor)에 대한 설명으로 틀린 것은?

① MOSFET와 같이 전압 제어 소자이다.
② GTO 사이리스터와 같이 역방향 전압 저지 특성을 갖는다.
③ 게이트와 이미터 사이의 입력 임피던스가 매우 낮아 BJT보다 구동하기 쉽다.
④ BJT처럼 On-drop이 전류에 관계없이 낮고 거의 일정하며, MOSFET보다 훨씬 큰 전류를 흘릴 수 있다.

해설 | IGBT
- 빠른 스위칭 속도
- 게이트와 이미터 사이의 입력 임피던스가 매우 커서 BJT보다 구동이 쉽다.
- GTO와 같은 역방향 전압저지 특성
- 고전압 대전류 고속도 스위칭을 위해 턴-온(Turn-on) 또는 턴-오프(Turn-off) 시 높은 서지전압이 발생

13. 유도전동기에서 공급 전압의 크기가 일정하고 전원 주파수만 낮아질 때 일어나는 현상으로 옳은 것은?

① 철손이 감소한다.
② 온도 상승이 커진다.
③ 여자전류가 감소한다.
④ 회전 속도가 증가한다.

해설 | 유도전동기의 주파수 감소 시
- 자속, 자화전류, 무부하전류, 온도 : 상승
- 효율, 역률, 속도, 리액턴스 : 감소

14. 용접용으로 사용되는 직류 발전기의 특성 중에서 가장 중요한 것은?

① 과부하에 견딜 것
② 전압변동률이 적을 것
③ 경부하일 때 효율이 좋을 것
④ 전류에 대한 전압특성이 수하특성일 것

해설 | 직류발전기
용접용 직류 발전기는 입열량을 제어하기 위해 정출력특성(수하특성)을 가져야 한다.

15. 동기발전기에 설치된 제동권선의 효과로 틀린 것은?

① 난조 방지
② 과부하 내량의 증대
③ 송전선의 불평형 단락 시 이상전압 방지
④ 불평형 부하 시의 교류, 전압 파형의 개선

해설 | 제동권선
- 난조를 방지
- 단락 사고 시 이상전압 발생 억제
- 기동 토크의 발생
- 부하 불평형 시 전압과 전류의 파형 개선

정답 12 ③ 13 ② 14 ④ 15 ②

16
3300/220 [V] 변압기 A, B의 정격용량이 각각 400 [kVA], 300 [kVA]이고, % 임피던스 강하가 각각 2.4 [%], 3.6 [%]일 때 그 2대의 변압기에 걸 수 있는 합성 부하용량은 몇 [kVA]인가?

① 550 ② 600
③ 650 ④ 700

해설 | 변압기의 부하 분담

$$\frac{P_B}{P_A} = \frac{P_b}{P_a} \times \frac{\%Z_a}{\%Z_b}$$

$$P_B = P_A \times \frac{P_b \times \%Z_a}{P_a \times \%Z_b}$$

$$= 400 \times \frac{300 \times 2.4}{400 \times 3.6} = 200 \,[\text{kVA}]$$

$$P_A + P_B = 400 + 200 = 600 \,[\text{kVA}]$$

17
동작모드가 그림과 같이 나타나는 혼합브리지는?

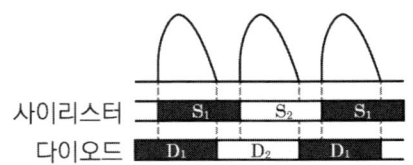

①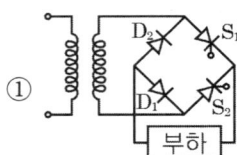

②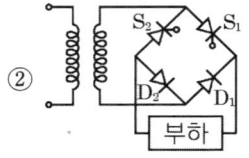

③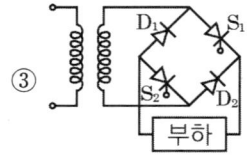

④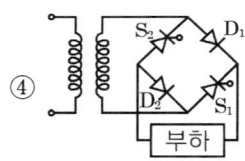

해설 | 혼합 브리지

주어진 그래프에서 사이리스터는 파형을 통과시키고 다이오드는 차단함을 알 수 있으므로 혼합브리지의 우측 두 반도체는 순방향의 사이리스터 S_1, S_2이고 왼쪽은 역방향인 다이오드 D_1, D_2이어야 한다.

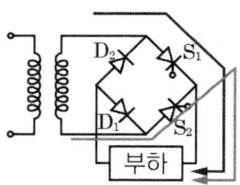

정답 16 ② 17 ①

18 동기기의 전기자 저항을 r, 전기자 반작용 리액턴스를 x_a, 누설 리액턴스를 x_ℓ 라고 하면 동기임피던스를 표시하는 식은?

① $\sqrt{r^2 + \left(\dfrac{x_a}{x_\ell}\right)^2}$

② $\sqrt{r^2 + x_\ell^2}$

③ $\sqrt{r^2 + x_a^2}$

④ $\sqrt{r^2 + (x_a + x_\ell)^2}$

해설 | 동기임피던스
$z_s = r + jx_s = r + j(x_\ell + x_a)$
$\quad = \sqrt{r^2 + (x_a + x_\ell)^2}$

19 단상 유도전동기에 대한 설명으로 틀린 것은?

① 반발 기동형
  직류전동기와 같이 정류자와 브러시를 이용하여 기동한다.
② 분상 기동형
  별도의 보조권선을 사용하여 회전자계를 발생시켜 기동한다.
③ 커패시터 기동형
  기동전류에 비해 기동 토크가 크지만, 커패시터를 설치해야 한다.
④ 반발 유도형
  기동 시 농형권선과 반발전동기의 회전자권선을 함께 이용하나 운전 중에는 농형권선만을 이용한다.

해설 | 단상 유도전동기(반발유도형)
- 반발기동형의 회전자권선에 농형권선을 병렬 연결하여 사용
- 반발기동형에 비해 최대토크는 크지만 기동토크는 작다.
- 역률 및 효율이 반발기동형보다 우수
- 부하 변동에 대한 속도 변화가 크다.

20 직류전동기의 속도제어법이 아닌 것은?

① 계자제어법   ② 전력제어법
③ 전압제어법   ④ 저항제어법

해설 | 직류전동기의 속도제어
- 전압제어(정토크제어)
  워드 레오너드, 정지형 레오너드, 일그너 방식
- 계자제어(정출력제어)
- 저항제어

정답 18 ④ 19 ④ 20 ②

2020년 4회

01 동기발전기 단절권의 특징이 아닌 것은?

① 코일 간격이 극 간격보다 작다.
② 전절권에 비해 합성 유기기전력이 증가한다.
③ 전절권에 비해 코일 단이 짧게 되므로 재료가 절약된다.
④ 고조파를 제거해서 전절권에 비해 기전력의 파형이 좋아진다.

해설 | 단절권
- 코일 간격이 극 간격보다 작다.
- 고조파를 제거하여 파형을 개선한다.
- 동량(권선량)이 절약된다.
- 전절권에 비해 유기기전력이 감소한다.
- 단절권 계수
  $K_p = \sin \dfrac{n\beta\pi}{2}$, $\beta = \dfrac{코일간격}{극간격} = \dfrac{코일간격}{전 슬롯수/극수}$

02 3상 변압기의 병렬 운전 조건으로 틀린 것은?

① 각 군의 임피던스가 용량에 비례할 것
② 각 변압기의 백분율 임피던스 강하가 같을 것
③ 각 변압기의 권수비가 같고 1차와 2차의 정격 전압이 같을 것
④ 각 변압기의 상회전 방향 및 1차와 2차 선간 전압의 위상 변위가 같을 것

해설 | 변압기의 병렬 운전 조건
- 극성이 같을 것
- 권수비, 정격 전압이 같을 것
- %Z가 같고, 저항과 리액턴스의 비가 같을 것
- 상회전 방향 및 위상 변위가 같을 것(3상)
- 용량에 비례하고, %임피던스에는 반비례해야 하므로 임피던스가 용량에 반비례할 것

03 210/105 [V]의 변압기를 그림과 같이 결선하고 고압 측에 200 [V]의 전압을 가하면 전압계의 지시는 몇 [V]인가? (단, 변압기는 가극성이다)

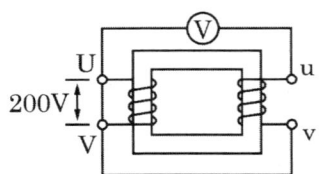

① 100 ② 200
③ 300 ④ 400

해설 | 강압기 전압계산

$V_2 = \dfrac{1}{a} V_1$ 이고 가극성이므로

$V = V_1 + V_2 = \left(1 + \dfrac{1}{a}\right) V_1$
$= 1.5 \times 200 = 300 \, [V]$

정답 01 ② 02 ① 03 ③

04 직류기의 권선을 단중 파권으로 감으면 어떻게 되는가?

① 저압 대전류용 권선이다.
② 균압환을 연결해야 한다.
③ 내부 병렬회로 수가 극 수만큼 생긴다.
④ 전기자 병렬회로 수가 극 수에 관계없이 언제나 2이다.

해설 | 직류기의 권선법

권선법	중권 (병렬권)	파권 (직렬권)
전압	저전압	고전압
전류	대전류	소전류
병렬회로 수	a = P	a = 2
브러시 수	b = P	b = 2(P)
균압환	필요	불필요

05 2상 교류 서보모터를 구동하는 데 필요한 3상 전압을 얻는 방법으로 널리 쓰이는 방법은?

① 2상 전원을 직접 이용하는 방법
② 환상 결선 변압기를 이용하는 방법
③ 여자권선에 리액터를 삽입하는 방법
④ 증폭기 내에서 위상을 조정하는 방법

해설 | 2상 서보모터
2상 교류 서보모터는 증폭기 내에서 위상을 조절함으로써 구동 시 3상 전압을 얻을 수 있다.

06 4극, 중권, 총 도체 수 500, 극당 자속이 0.01 [Wb]인 직류발전기가 100 [V]의 기전력을 발생시키는 데 필요한 회전수는 몇 [rpm]인가?

① 800   ② 1000
③ 1200 ④ 1600

해설 | 유기기전력 (E)

$$E = \frac{PZ\phi N}{60a}$$

$$N = \frac{E(60a)}{PZ\phi} = \frac{100 \times 60 \times 4}{4 \times 500 \times 0.01}$$

$$= 1200 \, [\text{rpm}]$$

07 3상 분권 정류자전동기에 속하는 것은?

① 톰슨 전동기   ② 데리 전동기
③ 시라게 전동기 ④ 애트킨슨 전동기

해설 | 정류자 전동기
①, ②, ④ : 교류 단상 정류자 전동기

08 동기기의 안정도를 증진시키는 방법이 아닌 것은?

① 단락비를 크게 할 것
② 속응 여자 방식을 채용할 것
③ 정상 리액턴스를 크게 할 것
④ 영상 및 역상 임피던스를 크게 할 것

해설 | 안정도 향상 대책
• 영상 및 역상 임피던스를 크게 할 것
• 정상 임피던스를 작게 할 것

09 3상 유도전동기의 기계적 출력 P [kW], 회전수 N [rpm]인 전동기의 토크 [N·m]는?

① $0.46\dfrac{P}{N}$ ② $0.855\dfrac{P}{N}$

③ $975\dfrac{P}{N}$ ④ $9549.3\dfrac{P}{N}$

해설 | 전동기 토크(T)
$$T = 9.55\dfrac{P\,[\text{W}]}{N\,[\text{rpm}]} = 9555\dfrac{P\,[\text{kW}]}{N\,[\text{rpm}]}$$

10 취급이 간단하고 기동 시간이 짧아서 섬과 같이 전력계통에서 고립된 지역, 선박 등에 사용되는 소용량 전원용 발전기는?

① 터빈 발전기 ② 엔진 발전기
③ 수차 발전기 ④ 초전도 발전기

해설 | 발전기의 구분
- 엔진 발전기 : 내연기관에 의해서 구동되는 발전기
- 터빈 발전기 : 증기터빈을 원동기로 하는 발전기
- 수차 발전기 : 수차를 원동기로 하는 교류발전기
- 풍력 발전기 : 바람의 에너지를 전기에너지로 바꿔주는 발전기

11 평형 6상 반파정류회로에서 297 [V]의 직류전압을 얻기 위한 입력 측 각 상전압은 약 몇 [V]인가? (단, 부하는 순수 저항부이다)

① 110 ② 220
③ 380 ④ 440

해설 | 정류회로 전압(E_d)
$$E_d = \dfrac{\sqrt{2}\sin(\pi/m)}{\pi/m}E_a$$
$$= \dfrac{\sqrt{2}\sin\dfrac{\pi}{6}}{\dfrac{\pi}{6}} = 1.35,\ E_a = \dfrac{297}{1.35}$$
$$= 220\,[\text{V}]$$

12 단면적 10 [cm²]인 철심에 200회의 권선을 감고 이 권선에 60 [Hz], 60 [V]인 교류전압을 인가하였을 때 철심의 최대 자속밀도는 약 몇 [Wb/m²]인가?

① 1.126×10^{-3}
② 1.126
③ 2.252×10^{-3}
④ 2.252

해설 | 유기기전력 (E)
$$E = 4.44fN\phi_m,\quad \phi = B_m A$$
$$B_m = \dfrac{E}{4.44fNA}$$
$$= \dfrac{60}{4.44 \times 60 \times 200 \times 10 \times 10^{-4}}$$
$$= 1.126\,[\text{Wb/m}^2]$$

정답 09 ④ 10 ② 11 ② 12 ②

13 전력의 일부를 전원 측에 반환할 수 있는 유도전동기의 속도제어법은?

① 극 수 변환법
② 크레머 방식
③ 2차 저항 가감법
④ 세르비우스 방식

해설 | 세르비우스 방식
권선형 유도전동기의 회전자 출력을 3상 전파 정류한 후 얻어진 전기에너지를 사이리스터에 의해 3상 전원 측으로 회생시켜 되돌려주는 방식

14 직류발전기를 병렬 운전할 때 균압모선이 필요한 직류기는?

① 직권발전기, 분권발전기
② 복권발전기, 직권발전기
③ 복권발전기, 분권발전기
④ 분권발전기, 단극발전기

해설 | 균압선의 설치
병렬운전 시 직권계자가 존재하는 직권발전기와 복권발전기는 균압선을 설치

15 전부하로 운전하고 있는 50 [Hz], 4극의 권선형 유도전동기가 있다. 전부하에서 속도를 1440 [rpm]에서 1000 [rpm]으로 변화시키자면 2차에 약 몇 [Ω]의 저항을 넣어야 하는가? (단, 2차 저항은 0.02 [Ω]이다)

① 0.147
② 0.18
③ 0.02
④ 0.024

해설 | 비례추이 $\dfrac{r_2}{s} = \dfrac{r_2 + R}{s'}$

- $N = \dfrac{120f}{P} = \dfrac{120 \times 50}{4} = 1500$ [rpm]
- $s_1 = \dfrac{1500 - 1440}{1500} = 0.04$
- $s_2 = \dfrac{1500 - 1000}{1500} = \dfrac{1}{3}$

$\dfrac{0.02}{0.04} = \dfrac{0.02 + R}{1/3}$, $R = 0.147$ [Ω]

16 권선형 유도전동기 2대를 직렬종속으로 운전하는 경우 그 동기 속도는 어떤 전동기의 속도와 같은가?

① 두 전동기 중 적은 극 수를 갖는 전동기
② 두 전동기 중 많은 극 수를 갖는 전동기
③ 두 전동기의 극 수의 합과 같은 극 수를 갖는 전동기
④ 두 전동기의 극 수의 합의 평균과 같은 극 수를 갖는 전동기

해설 | 유도전동기의 종속법

- 직렬 접속 : $N = \dfrac{120f}{p_1 + p_2}$
- 차동 접속 : $N = \dfrac{120f}{p_1 - p_2}$
- 병렬 접속 : $N = \dfrac{120f}{\dfrac{p_1 + p_2}{2}} = \dfrac{240f}{p_1 + p_2}$

정답 13 ④ 14 ② 15 ① 16 ③

17 GTO 사이리스터의 특징으로 틀린 것은?

① 각 단자의 명칭은 SCR 사이리스터와 같다.
② 온(On) 상태에서는 양방향 전류 특성을 보인다.
③ 온(On) 드롭(Drop)은 약 2 ~ 4 [V]가 되어 SCR 사이리스터보다 약간 크다.
④ 오프(Off) 상태에서는 SCR 사이리스터처럼 양방향 전압 저지 능력을 갖고 있다.

해설 | GTO 사이리스터
- SCR과 같이 A, K, G의 단자를 가진다.
- 단방향성 3단자 사이리스터 소자
- 오프 상태에서는 양방향 전압 저지 능력이 있다.

18 포화되지 않은 직류발전기의 회전수가 4배로 증가되었을 때 기전력을 전과 같은 값으로 하려면 자속을 속도 변화 전에 비해 얼마로 하여야 하는가?

① $\dfrac{1}{2}$ ② $\dfrac{1}{3}$
③ $\dfrac{1}{4}$ ④ $\dfrac{1}{8}$

해설 | 유기기전력(E)
- $E = \dfrac{PZ\phi N}{60a}$, $N \propto \dfrac{1}{\phi}$
- 회전수가 4배 되면 자속은 $\dfrac{1}{4}$배

19 동기발전기의 단자 부근에서 단락 시 단락전류는?

① 서서히 증가하여 큰 전류가 흐른다.
② 처음부터 일정한 큰 전류가 흐른다.
③ 무시할 정도의 작은 전류가 흐른다.
④ 단락된 순간은 크나, 점차 감소한다.

해설 | 동기발전기의 단락전류
동기발전기의 단락 시 단락전류는 크지만 시간이 지나면 점차 감소한다.

20 단권변압기에서 1차 전압 100 [V], 2차 전압 110 [V]인 단권변압기의 자기용량과 부하용량의 비는?

① $\dfrac{1}{10}$ ② $\dfrac{1}{11}$
③ 10   ④ 11

해설 | 단권변압기의 용량비
$\dfrac{\text{자기용량}}{\text{부하용량}} = \dfrac{V_h - V_\ell}{V_h} = \dfrac{110 - 100}{110} = \dfrac{1}{11}$

정답 17 ② 18 ③ 19 ④ 20 ②

2019년 1회 전기기기

01 3상 비돌극형 동기발전기가 있다. 정격 출력 5000 [kVA], 정격 전압 6000 [V], 정격역률 0.8이다. 여자를 정격 상태로 유지할 때 이 발전기의 최대출력은 약 몇 [kW]인가? (단, 1상의 동기리액턴스는 0.8 [P.U]이며 저항은 무시한다)

① 7500 ② 10000
③ 11500 ④ 12500

해설 | 동기발전기의 최대출력 P.U법

- $P_m = \dfrac{EV}{x_s} P_n$
- $E = \sqrt{\cos^2\theta + (X_s + \sin\theta)^2}$
  $= \sqrt{0.8^2 + (0.8 + 0.6)^2}$
  $= 1.61 \,[P.U]$

∴ $P_m = \dfrac{1.61 \times 1}{0.8} \times 5000$
$= 10062.5 \,[kW]$

02 직류기의 손실 중에서 기계손으로 옳은 것은?

① 풍손 ② 와류손
③ 표류 부하손 ④ 브러시의 전기손

해설 | 기계손
풍손, 베어링 마찰손, 브러시 마찰손

03 다음 ( )에 알맞은 것은?

직류 발전기에서 계자권선이 전기자에 병렬로 연결된 직류기는 (ⓐ) 발전기라 하며, 전기자권선과 계자권선이 직렬로 접속된 직류기는 (ⓑ) 발전기라 한다.

① ⓐ 분권, ⓑ 직권
② ⓐ 직권, ⓑ 분권
③ ⓐ 복권, ⓑ 분권
④ ⓐ 자여자, ⓑ 타여자

해설 | 직류기의 연결
- 분권기 : 계자권선과 전기자가 병렬 연결
- 직권기 : 계자권선과 전기자가 직렬 연결

04 1차 전압 6600 [V], 2차 전압 220 [V], 주파수 60 [Hz], 1차 권수 1200회인 경우 변압기의 최대 자속 [Wb]은?

① 0.36 ② 0.63
③ 0.012 ④ 0.021

해설 | 변압기의 기전력(E)
$E = 4.44 f N \phi_m$
$\phi_m = \dfrac{E}{4.44 f N} = \dfrac{6600}{4.44 \times 60 \times 1200}$
$= 0.0206 \,[Wb]$

정답 01 ② 02 ① 03 ① 04 ④

05 직류발전기의 정류 초기에 전류 변화가 크며 이때 발생되는 불꽃정류로 옳은 것은?

① 과정류
② 직선정류
③ 부족정류
④ 정현파정류

해설 | 정류작용

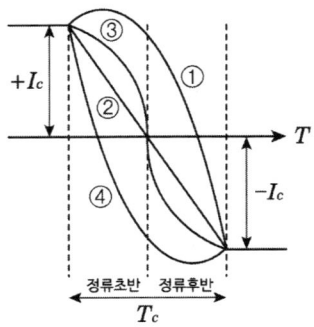

① 부족정류 : 정류 말기에 불꽃 발생
② 직선정류 : 이상적인 정류곡선
③ 정현정류 : 일반적인 곡선
④ 과정류 : 정류 초기에 불꽃 발생

06 3상 유도전동기의 속도제어법으로 틀린 것은?

① 1차 저항법
② 극수제어법
③ 전압제어법
④ 주파수제어법

해설 | 3상 유도전동기의 속도제어법
- 권선형 : 2차 여자법, 2차 저항제어법, 종속법
- 농형 : 주파수제어법, 극수 변환법, 전원 전압 변환법

07 60 [Hz]의 변압기에 50 [Hz]의 동일 전압을 가했을 때의 자속밀도는 60 [Hz] 때와 비교하였을 경우 어떻게 되는가?

① $\frac{5}{6}$로 감소
② $\frac{6}{5}$으로 증가
③ $\left(\frac{5}{6}\right)^{1.6}$로 감소
④ $\left(\frac{6}{5}\right)^{2}$으로 증가

해설 | 변압기 유기기전력
$E = 4.44 f N \phi k_w$
$f \propto \frac{1}{\phi}$ 이므로 $\frac{6}{5}$ 배로 증가한다.

08 2대의 변압기로 V결선하여 3상 변압하는 경우 변압기 이용률은 약 몇 [%]인가?

① 57.8
② 66.6
③ 86.6
④ 100

해설 | V결선 시 이용률과 출력비
- 이용률 $= \dfrac{\text{V결선시 용량}}{\text{2대 용량}}$
 $= \dfrac{\sqrt{3}\, VI}{2VI} = \dfrac{\sqrt{3}}{2} = 0.866$
- 출력비 $= \dfrac{\text{V결선시 3상 출력}}{\triangle \text{결선시 3상 출력}}$
 $= \dfrac{\sqrt{3}\, P_1}{3 P_1} = \dfrac{1}{\sqrt{3}} = 0.577$

09 3상 유도전동기의 기동법 중 전전압 기동에 대한 설명으로 틀린 것은?

① 기동 시에 역률이 좋지 않다.
② 소용량으로 기동 시간이 길다.
③ 소용량 농형 전동기의 기동법이다.
④ 전동기 단자에 직접 정격전압을 가한다.

해설 | 전전압 기동법
- 5 [kW] 이하의 전동기에 사용한다.
- 기동전류가 정격전류의 4~6배이다.
- 기동 시간이 짧다.
- 역률이 좋지 않다.
- 전동기 단자에 직접 정격전압을 가한다.

10 동기발전기의 전기자 권선법 중 집중권인 경우 매 극 매 상의 홈(Slot) 수는?

① 1개   ② 2개
③ 3개   ④ 4개

해설 | 동기발전기의 집중권
- 1극 1상당 코일이 차지하는 슬롯 수가 1개인 권선법
- 고조파로 인해 파형이 고르지 못해서 쓰지 않는다.
※ 분포권은 1극 1상당 코일이 차지하는 슬롯 수가 2개 이상

11 유도전동기의 속도 제어를 인버터 방식으로 사용하는 경우 1차 주파수에 비례하여 1차 전압을 공급하는 이유는?

① 역률을 제어하기 위해
② 슬립을 증가시키기 위해
③ 자속을 일정하게 하기 위해
④ 발생 토크를 증가시키기 위해

해설 | 유도전동기의 기전력
- $E = 4.44 k_w f \phi N \propto f \phi$
- 주파수와 전압을 비례해서 증감해야 자속이 일정하게 유지

12 3상 유도전압조정기의 원리를 응용한 것은?

① 3상 변압기
② 3상 유도전동기
③ 3상 동기발전기
④ 3상 교류자 전동기

해설 | 유도전압 조정기
유도전동기의 원리를 이용
(1) 단상 유도전압 조정기
- 직렬권선과 분로권선으로 구성
- 교번자계 이용(기동장치 필요)
- 입·출력전압 사이에 위상차가 없음
- 단락권선 필요
(2) 3상 유도전압 조정기
- 회전자계를 이용
- 입·출력전압 사이에 위상차 존재
- 단락권선이 불필요

정답 09 ② 10 ① 11 ③ 12 ②

13 정류회로에서 상의 수를 크게 했을 경우 옳은 것은?

① 맥동 주파수와 맥동률이 증가한다.
② 맥동률과 맥동 주파수가 감소한다.
③ 맥동 주파수는 증가하고 맥동률은 감소한다.
④ 맥동률과 주파수는 감소하나 출력이 증가한다.

해설 | 맥동 주파수와 맥동률

정류 종류	단상 반파	단상 전파	3상 반파	3상 전파
맥동률 [%]	121.1	48.4	17.7	4.04
정류 효율 [%]	40.5	81.2	96.7	99.8
맥동 주파수	f	$2f$	$3f$	$6f$

14 동기전동기의 위상특성곡선(V곡선)에 대한 설명으로 옳은 것은?

① 출력을 일정하게 유지할 때 부하전류와 전기자전류의 관계를 나타낸 곡선
② 역률을 일정하게 유지할 때 계자전류와 전기자전류의 관계를 나타낸 곡선
③ 계자전류를 일정하게 유지할 때 전기자전류와 출력 사이의 관계를 나타낸 곡선
④ 공급전압 V와 부하가 일정할 때 계자전류의 변화에 대한 전기자전류의 변화를 나타낸 곡선

해설 | 동기전동기의 위상특성곡선(V곡선)

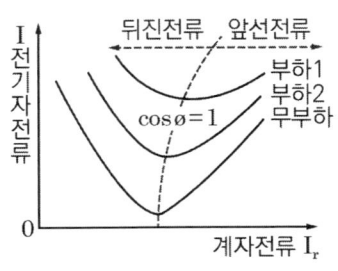

15 유도전동기의 기동 시 공급하는 전압을 단권변압기에 의해서 일시 강하시켜서 기동전류를 제한하는 기동 방법은?

① Y-△ 기동
② 저항 기동
③ 직접 기동
④ 기동 보상기에 의한 기동

해설 | 기동보상기법
기동 시 전압을 강하시켜 기동전류를 줄여 기동한 후 전압을 점차로 높여 전운전하는 방법

16 그림과 같은 회로에서 V (전원전압의 실효치) = 100 [V], 점호각 a = 30°인 때의 부하 시의 직류전압 E_d [V]는 약 얼마인가? (단, 전류가 연속하는 경우이다)

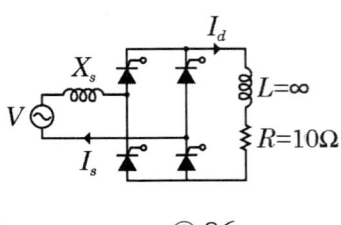

① 90
② 86
③ 77.9
④ 100

해설 | 단상전파 정류회로
$$E_d = \frac{2\sqrt{2}}{\pi} E_a \cos a$$
$$= 0.9 \times 100 \times \cos 30° = 77.9 \,[\text{V}]$$
※ 저항만의 부하인 경우
$$E_d = \frac{2\sqrt{2}}{\pi} E_a \left(\frac{1+\cos\alpha}{2}\right)$$

17 직류 분권전동기가 전기자 전류 100 [A]일 때 50 [kg·m]의 토크를 발생하고 있다. 부하가 증가하여 전기자 전류가 120 [A]로 되었다면 발생 토크[kg·m]는 얼마인가?

① 60 ② 67
③ 88 ④ 160

해설 | 직류 분권전동기 토크
- $\tau \propto I_a$, 전류가 1.2배 증가했으므로 토크도 1.2배 증가
- $50 \times 1.2 = 60 \,[\text{kg·m}]$

※ 직권전동기는 I_a의 제곱에 비례

18 비례추이와 관계있는 전동기로 옳은 것은?

① 동기전동기
② 농형 유도전동기
③ 단상 정류자 전동기
④ 권선형 유도전동기

해설 | 비례추이
- 전압이 일정하면 전류나 회전력이 2차 저항에 비례하여 변화하는 현상
- 3상 권선형 유도전동기 속도제어법 중 2차 저항제어법에 적용

19 동기발전기의 단락비가 적을 때의 설명으로 옳은 것은?

① 동기 임피던스가 크고 전기자 반작용이 작다.
② 동기 임피던스가 크고 전기자 반작용이 크다.
③ 동기 임피던스가 작고 전기자 반작용이 작다.
④ 동기 임피던스가 작고 전기자 반작용이 크다.

해설 | 단락비가 적은 동기발전기(수차 발전기)의 특징
- 공극이 작고, 계자 기자력이 작다.
- 중량이 가볍다.
- 동기 임피던스가 크다, 안정도가 낮다.
- 전기자 반작용이 크고, 전압변동률이 크다.
- 선로의 충전 용량이 작다.
- 철손이 감소 (효율이 좋다)

20 3/4 부하에서 효율이 최대인 주상 변압기의 전부하 시 철손과 동손의 비는?

① 8 : 4 ② 4 : 4
③ 9 : 16 ④ 16 : 9

해설 | 변압기의 최대 효율 조건
$\frac{1}{m}$ 부하 시 $P_i = \left(\frac{1}{m}\right)^2 P_c$

$$\frac{P_i}{P_c} = \left(\frac{1}{m}\right)^2 = \left(\frac{3}{4}\right)^2 = \frac{9}{16}$$

$\therefore P_i : P_c = 9 : 16$

정답 17 ① 18 ④ 19 ② 20 ③

01
100 [V], 10 [A], 1500 [rpm]인 직류 분권 발전기의 정격 시의 계자전류는 2 [A]이다. 이때 계자 회로에는 10 [Ω]의 외부 저항이 삽입되어 있다. 계자권선의 저항 [Ω]은?

① 20
② 40
③ 80
④ 100

해설 | 직류 분권 발전기의 계산

$$I_f = \frac{V}{(R_f + R)} \Rightarrow 2 = \frac{100}{R_f + 10}$$

$$R_f = \frac{100}{2} - 10 = 40 \, [\Omega]$$

02
직류 발전기의 외부특성곡선에서 나타내는 관계로 옳은 것은?

① 계자전류와 단자전압
② 계자전류와 부하전류
③ 부하전류와 단자전압
④ 부하전류와 유기기전력

해설 | 직류 발전기의 특성곡선
- 무부하 포화특성곡선 : $V(E) - I_f$
  계자 전류와 단자전압 (유기기전력)
- 부하특성곡선 : $V - I_f$
  계자전류와 단자전압
- 외부특성곡선 : $V - I$
  부하전류와 단자전압
- 내부특성곡선 : $E - I$
  부하전류와 유기기전력

03
가정용 재봉틀, 소형공구, 영사기, 치과 의료용, 엔진 등에 사용하고 있으며, 교류, 직류 양쪽 모두에 사용되는 만능 전동기는?

① 전기 동력계
② 3상 유도전동기
③ 차동 복권전동기
④ 단상 직권 정류자 전동기

해설 | 단상 직권 정류자 전동기
- 직류와 교류를 모두 사용할 수 있는 전동기
- 기동 토크가 크고 회전수가 커서 전기 드릴, 전기 청소기, 전기 믹서 등에 사용

04
동기발전기에 회전계자형을 사용하는 경우에 대한 이유로 틀린 것은?

① 기전력의 파형을 개선한다.
② 전기자가 고정자이므로 고압 대전류용에 좋고, 절연하기 쉽다.
③ 계자가 회전자지만 저압 소용량의 직류이므로 구조가 간단하다.
④ 전기자보다 계자극을 회전자로 하는 것이 기계적으로 튼튼하다.

해설 | 회전계자형의 장점
- 전기자 고정되고, 계자가 회전
- 직류, 소용량으로, 간단한 구조
- 저전압으로 절연이 쉽고 결선이 간단함
- 전기적으로 안전하고, 기계적으로 튼튼

정답 01 ② 02 ③ 03 ④ 04 ①

05
전력용 변압기에서 1차에 정현파 전압을 인가하였을 때, 2차에 정현파 전압이 유기되기 위해서는 1차에 흘러 들어가는 여자전류는 기본파 전류 외에 주로 몇 고조파 전류가 포함되는가?

① 제2고조파 ② 제3고조파
③ 제4고조파 ④ 제5고조파

해설 | 전력용 변압기의 고조파
여자전류에 제3고조파를 포함하여야 2차 측에 정현파의 전압이 유기된다.

06
동기발전기의 병렬 운전 중 위상차가 생기면 어떤 현상이 발생하는가?

① 무효횡류가 흐른다.
② 무효전력이 생긴다.
③ 유효횡류가 흐른다.
④ 출력이 요동하고 권선이 가열된다.

해설 | 동기화 전류 (유효순환전류)
- 두 동기발전기 사이에 위상이 다를 경우 발생하는 전류
- 동기화전류 $I_s = \dfrac{E_A}{Z_s} \sin \dfrac{\delta}{2}$ [A]
- 동기화력 $P = \dfrac{E_1^2}{2Z_s} \cos\delta$ [W]
- 수수전력 $P = \dfrac{E_1^2}{2Z_s} \sin\delta$ [W]

※ 수수전력 : 위상을 같게 만들기 위해 주고받는 전력

07
변압기에서 사용되는 변압기유의 구비 조건으로 틀린 것은?

① 점도가 높을 것
② 응고점이 낮을 것
③ 인화점이 높을 것
④ 절연 내력이 클 것

해설 | 변압기유의 구비 조건
- 절연내력이 높을 것
- 점도가 낮을 것
- 인화점이 높을 것
- 응고점이 낮을 것
- 다른 물질과 화학반응을 일으키지 말 것

08
상전압 200 [V]의 3상 반파정류회로의 각 상에 SCR을 사용하여 정류제어 할 때 위상각을 $\pi/6$로 하면 순저항부하에서 얻을 수 있는 직류전압 [V]은?

① 90   ② 180
③ 203   ④ 234

해설 | 3상 반파 정류회로
$E_d = \dfrac{3\sqrt{6}}{2\pi} E_a \cos\alpha$
$= 1.17 \times 200 \times \cos 30°$
$= 203$ [V]

※ 3상 전파 정류회로의 직류전압
- $E_d = 2.34 V_p \cos\theta$
- $E_d = 1.35 V_\ell \cos\theta$

정답 05 ② 06 ③ 07 ① 08 ③

09 그림은 전원전압 및 주파수가 일정할 때의 다상 유도전동기의 특성을 표시하는 곡선이다. 1차 전류를 나타내는 곡선은 몇 번 곡선인가?

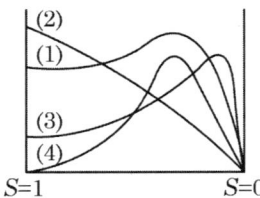

① (1) ② (2)
③ (3) ④ (4)

해설 | 유도전동기의 특성곡선
(1) 토크 (3) 역률 (4) 출력

10 동기전동기가 무부하 운전 중에 부하가 걸리면 동기전동기의 속도는?

① 정지한다.
② 동기 속도와 같다.
③ 동기 속도보다 빨라진다.
④ 동기 속도 이하로 떨어진다.

해설 | 동기전동기의 속도
동기전동기는 부하의 증·감에 관계없이 항상 동기 속도로 운전한다.

11 직류기 발전기에서 양호한 정류(整流)를 얻는 조건으로 틀린 것은?

① 정류주기를 크게 할 것
② 리액턴스 전압을 크게 할 것
③ 브러시의 접촉저항을 크게 할 것
④ 전기자 코일의 인덕턴스를 작게 할 것

해설 | 양호한 정류 대책
• 리액턴스 전압을 작게 한다.
• 인덕턴스를 작게 한다.
• 브러시는 접촉저항이 큰 탄소브러시를 사용한다.
• 정류 주기를 길게 한다.

12 스텝각이 2°, 스테핑주파수(Pulse Rate)가 1800 [pps]인 스테핑모터의 축속도 [rps]는?

① 8   ② 10
③ 12 ④ 14

해설 | 스테핑 모터 속도 계산
• 1초당 회전각은 $1800 \times 2° = 3600°$
• 1회전당 회전각은 $360°$
• 1초당 회전 속도는 $\dfrac{3600°}{360°} = 10$ [rps]

13 직류기에 관련된 사항으로 잘못 짝지어진 것은?

① 보극 - 리액턴스 전압 감소
② 보상권선 - 전기자 반작용 감소
③ 전기자 반작용 - 직류전동기 속도 감소
④ 정류 기간 - 전기자 코일이 단락되는 기간

해설 | 직류기의 전기자 반작용
$N = \dfrac{V - I_a R_a}{\phi}$ 의 식에서 자속과 회전속도는 서로 반비례관계이므로 감자작용에 의해 주자속이 감소하면 속도는 증가한다.

정답 09 ② 10 ② 11 ② 12 ② 13 ③

14 단상 변압기의 병렬운전 시 요구사항으로 틀린 것은?

① 극성이 같을 것
② 정격 출력이 같을 것
③ 정격 전압과 권수비가 같을 것
④ 저항과 리액턴스의 비가 같을 것

해설 | 변압기의 병렬운전 조건
- 극성이 같을 것
- 권수비가 같을 것
- 1차와 2차의 정격전압이 같을 것
- %Z강하가 같을 것
- 저항, 누설 리액턴스의 비가 같을 것
※ 3상인 경우 상회전 방향 및 위상 변위가 같을 것

15 변압기의 누설리액턴스를 나타낸 것은? (단, N은 권수이다)

① N에 비례
② N^2에 반비례
③ N^2에 비례
④ N에 반비례

해설 | 변압기의 누설리액턴스
자기인덕턴스 $L = \dfrac{\mu A N^2}{\ell} \propto N^2$
누설리액턴스 $X_\ell = 2\pi f L$ 이므로
$X_\ell \propto N^2$

16 3상 동기발전기의 매 극 매 상의 슬롯 수를 3이라 할 때 분포권 계수는?

① $6\sin\dfrac{\pi}{18}$
② $3\sin\dfrac{\pi}{9}$
③ $\dfrac{1}{6\sin\dfrac{\pi}{18}}$
④ $\dfrac{1}{3\sin\dfrac{\pi}{18}}$

해설 | 분포권 계수
상 수 $m = 3$, 매 극 매 상당 슬롯수 $q = 3$
고조파 $n = 1$

- $K_d = \dfrac{\sin\dfrac{n\pi}{2m}}{q\sin\dfrac{n\pi}{2mq}} = \dfrac{\sin\dfrac{\pi}{6}}{3 \times \sin\dfrac{\pi}{2\times 3 \times 3}}$

$= \dfrac{\dfrac{1}{2}}{3 \times \sin\dfrac{\pi}{18}} = \dfrac{1}{6\sin\dfrac{\pi}{18}}$

17 정격전압 220 [V], 무부하 단자전압 230 [V], 정격출력이 40 [kW]인 직류 분권발전기의 계자저항이 22 [Ω], 전기자반작용에 의한 전압강하가 5 [V]라면 전기자회로의 저항 [Ω]은 약 얼마인가?

① 0.026
② 0.028
③ 0.035
④ 0.042

해설 | 전기자 회로의 저항
$E = V + I_a R_a + e_a = V + (I + I_f)R_a + e_a$
→ $230 = 220 + \left(\dfrac{40000}{220} + \dfrac{220}{22}\right) \times R_a + 5$
∴ $R_a = \dfrac{230 - 220 - 5}{\left(\dfrac{40000}{220} + \dfrac{220}{22}\right)} = 0.026\ [\Omega]$

정답 14 ② 15 ③ 16 ③ 17 ①

18 유도전동기로 동기전동기를 기동하는 경우, 유도전동기의 극 수는 동기전동기의 극 수보다 2극 적은 것을 사용하는 이유로 옳은 것은? (단, s는 슬립이며 N_s는 동기 속도이다)

① 같은 극 수의 유도전동기는 동기 속도보다 sN_s만큼 늦으므로
② 같은 극 수의 유도전동기는 동기 속도보다 sN_s만큼 빠르므로
③ 같은 극 수의 유도전동기는 동기 속도보다 $(1-s)N_s$만큼 늦으므로
④ 같은 극 수의 유도전동기는 동기 속도보다 $(1-s)N_s$만큼 빠르므로

해설 | 유도전동기의 회전 속도(N)
- 동기 속도는 $N_s = \dfrac{120f}{P}$
- 유도전동기 속도는
  $N = (1-s)N_s = N_s - sN_s$ 이므로
  동기 속도보다 sN_s만큼 늦다.

19 50 [Hz]로 설계된 3상 유도전동기를 60 [Hz]에 사용하는 경우 단자전압을 110 [%]로 높일 때 일어나는 현상으로 틀린 것은?

① 철손 불변
② 여자 전류 감소
③ 온도 상승 증가
④ 출력이 일정하면 유효전류 감소

해설 | 3상 유도전동기의 단자전압
$V' = 1.1V$, $f' = \dfrac{60}{50}f = 1.2f$ 일 때
- 철손 (히스테리시스손)
  $P_h \propto \dfrac{V^2}{f}$ 이므로 $P_h = \dfrac{1.1^2}{1.2} \fallingdotseq 1$불변

- 여자 전류 $I_0 \propto \dfrac{V}{f}$ 이므로 감소한다.
- 철손이 일정하므로 온도는 상승하지 않는다.
- 출력이 일정할 때 단자전압 상승 시 유효전류 감소한다.

20 단상 유도전동기의 토크에 대한 2차 저항을 어느 정도 이상으로 증가시킬 때 나타나는 현상으로 옳은 것은?

① 역회전 가능 ② 최대 토크 일정
③ 기동 토크 증가 ④ 토크는 항상 (+)

해설 | 단상 유도전동기의 특징
- 2차 저항을 크게 하면 최대 토크는 감소한다.
- 기동토크가 없으므로 기동 시 기동보조장치가 필요하다.
- s = 0일 때, 토크는 음수가 된다.
- 2차 저항을 증가시키면 역토크로 인한 역회전력이 발생하므로 회전력이 감소하게 된다.

※ 문제의 오류로 인해 전항 정답

2019년 3회

01 동기발전기의 돌발 단락 시 발생되는 현상으로 틀린 것은?

① 큰 과도전류가 흘러 권선 소손
② 단락전류는 전기자 저항으로 제한
③ 코일 상호 간 큰 전자력에 의한 코일 소손
④ 큰 단락전류 후 점차 감소하여 지속 단락전류 유지

해설 | 동기발전기
- 누설 리액턴스 : 돌발 단락전류 억제
- 동기 리액턴스 : 영구 단락전류 억제

02 SCR의 특징으로 틀린 것은?

① 과전압에 약하다.
② 열용량이 적어 고온에 약하다.
③ 전류가 흐르고 있을 때의 양극 전압 강하가 크다.
④ 게이트에 신호를 인가할 때부터 도통할 때까지의 시간이 짧다.

해설 | SCR(사이리스터)
- 아크가 발생하지 않으므로 열이 거의 발생하지 않는다.
- 전류가 흐를 때 양극 전압 강하가 작다.
- 열용량이 적어 고온에 약하다.

03 터빈발전기의 냉각을 수소 냉각 방식으로 하는 이유로 틀린 것은?

① 풍손이 공기 냉각시의 1/10로 줄어든다.
② 열전도율이 좋고 가스 냉각기의 크기가 작아진다.
③ 절연물의 산화작용이 없으므로 절연 열화가 작아서 수명이 길다.
④ 반폐형으로 하기 때문에 이물질의 침입이 없고 소음이 감소한다.

해설 | 수소 냉각 방식
- 비중이 공기의 7%로 가볍고, 동손은 공기의 $\frac{1}{10}$ 로 감소한다.
- 열전도성이 공기의 14배로 우수하고 가스 냉각기의 크기가 작아진다.
- 절연물의 산화작용이 없으므로 절연열화가 작고 수명이 길다.
- 전폐형으로 운전 중 소음이 적다.

정답 01 ② 02 ③ 03 ④

04 단상 유도전동기의 특징을 설명한 것으로 옳은 것은?

① 기동 토크가 없으므로 기동장치가 필요하다.
② 기계손이 있어도 무부하 속도는 동기 속도보다 크다.
③ 권선형은 비례추이가 불가능하며, 최대 토크는 불변이다.
④ 슬립은 0 > s > -1이고 2보다 작고 0이 되기 전에 토크가 0이 된다.

해설 | 단상 유도전동기의 특징
기동 시 기동 토크가 존재하지 않으므로 반드시 기동장치가 필요

05 몰드변압기의 특징으로 틀린 것은?

① 자기 소화성이 우수하다.
② 소형 경량화가 가능하다.
③ 건식 변압기에 비해 소음이 작다.
④ 유입 변압기에 비해 절연레벨이 낮다.

해설 | 몰드 변압기 특징
- 자기 소화성이 우수
- 소형 경량화가 가능
- 건식 변압기에 비해 소음이 작다.
- 유입 변압기에 비해 절연레벨이 낮다.

∴ 틀린 설명이 없으므로 전항 정답이다.

06 유도전동기의 회전 속도를 N [rpm], 동기 속도를 N_s [rpm]이라 하고 순방향 회전자계의 슬립을 s라고 하면, 역방향 회전자계에 대한 회전자 슬립은?

① s - 1
② 1 - s
③ s - 2
④ 2 - s

해설 | 역방향 회전자 슬립
$$s' = \frac{N_s - (-N)}{N_2} = 1 + 1 - s = 2 - s$$

07 직류발전기에 직결한 3상 유도전동기가 있다. 발전기의 부하 100 [kW], 효율 90 [%]이며 전동기 단자전압 3300 [V], 효율 90 [%], 역률 90 [%]이다. 전동기에 흘러 들어가는 전류는 약 몇 [A]인가?

① 2.4
② 4.8
③ 19
④ 24

해설 | 3상 유도전동기
$$I = \frac{P}{\sqrt{3}\, V \eta_g \eta_m \cos\theta}$$
$$= \frac{100 \times 10^3}{\sqrt{3} \times 3300 \times 0.9 \times 0.9 \times 0.9}$$
$$= 24\,[A]$$

정답 04 ① 05 전항 정답 06 ④ 07 ④

08 유도발전기의 동작 특성에 관한 설명 중 틀린 것은?

① 병렬로 접속된 동기발전기에서 여자를 취해야 한다.
② 효율과 역률이 낮으며 소출력의 자동수력발전기와 같은 용도에 사용된다.
③ 유도 발전기의 주파수를 증가하려면 회전 속도를 동기 속도 이상으로 회전시켜야 한다.
④ 선로에 단락이 생긴 경우에는 여자가 상실되므로 단락전류는 동기발전기에 비해 적고 지속 시간도 짧다.

해설 | 유도발전기
• 계통에서 여자전류를 공급 받아야 발전이 가능하다.
• 역률과 효율이 낮다.
• 소출력의 자동수력발전기와 같은 용도에 사용한다.
• 선로에 단락이 생긴 경우에는 여자가 상실되므로 단락전류는 동기발전기에 비해 적고 지속 시간도 짧다.

09 단상 변압기를 병렬 운전하는 경우 각 변압기의 부하 분담이 변압기의 용량에 비례하려면 각각의 변압기의 %임피던스는 어느 것에 해당되는가?

① 어떠한 값이라도 좋다.
② 변압기 용량에 비례하여야 한다.
③ 변압기 용량에 반비례하여야 한다.
④ 변압기 용량에 관계없이 같아야 한다.

해설 | 변압기의 부하 분담
• 용량에 비례하고, %임피던스에는 반비례
$$\frac{P_A}{P_B} = \frac{[kVA]_A}{[kVA]_B} \times \frac{\%Z_B}{\%Z_A}$$

10 그림은 여러 직류전동기의 속도 특성곡선을 나타낸 것이다. 1부터 4까지 차례로 옳은 것은?

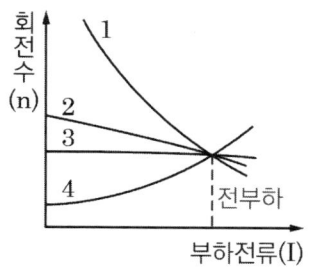

① 차동복권, 분권, 가동복권, 직권
② 직권, 가동복권, 분권, 차동복권
③ 가동복권, 차동복권, 직권, 분권
④ 분권, 직권, 가동복권, 차동복권

해설 | 직류전동기의 속도 특성곡선

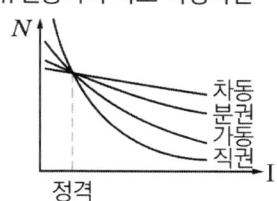

11 전력변환기기로 틀린 것은?

① 컨버터   ② 정류기
③ 인버터   ④ 유도전동기

해설 | 전력변환기기
• 컨버터 : AC → DC
• 인버터 : DC → AC
• 초퍼 : DC → DC
• 사이클로컨버터 : AC → AC

정답 08 ③ 09 ③ 10 ② 11 ④

12 농형 유도전동기에 주로 사용되는 속도제어법은?

① 극수 변환법
② 종속 접속법
③ 2차 저항제어법
④ 2차 여자제어법

해설 | 3상 유도전동기의 속도제어법
- 권선형 : 2차 여자법, 2차 저항제어법, 종속법
- 농형 : 주파수제어법, 극수 변환법, 전원 전압변환법

13 정격 전압 100 [V], 정격 전류 50 [A]인 분권발전기의 유기기전력은 몇 [V]인가? (단, 전기자저항 0.2 [Ω], 계자전류 및 전기자 반작용은 무시한다)

① 110   ② 120
③ 125   ④ 127.5

해설 | 분권 발전기의 유기기전력
$E = V + I_a R_a = 100 + 50 \times 0.2 = 110\,[\text{V}]$

14 그림과 같은 변압기 회로에서 부하 R_2에 공급되는 전력이 최대로 되는 변압기의 권수비 a는?

$R_1 = 1k\Omega$, $a:1$, $V = 10V$, $R_2 = 100\Omega$

① $\sqrt{5}$ ② $\sqrt{10}$
③ 5   ④ 10

해설 | 권수비
$a = \dfrac{N_1}{N_2} = \sqrt{\dfrac{R_1}{R_2}}$

$a = \sqrt{\dfrac{R_1}{R_2}} = \sqrt{\dfrac{1000}{100}} = \sqrt{10}$

15 변압기의 백분율 저항 강하가 3 [%], 백분율 리액턴스 강하가 4 [%]일 때 뒤진 역률 80 [%]인 경우의 전압변동률 [%]은?

① 2.5   ② 3.4
③ 4.8   ④ -3.6

해설 | 전압변동률
$\epsilon = p\cos\theta + q\sin\theta$
$= 3 \times 0.8 + 4 \times 0.6 = 4.8\,[\%]$

16 정류자형 주파수 변환기의 회전자에 주파수 f_1의 교류를 가할 때 시계 방향으로 회전자계가 발생하였다. 정류자 위의 브러시 사이에 나타나는 주파수 f_c를 설명한 것 중 틀린 것은? (단, n : 회전자의 속도, n_s : 회전자계의 속도, s : 슬립이다)

① 회전자를 정지시키면 $f_c = f_1$인 주파수가 된다.
② 회전자를 반시계 방향으로 $n = n_s$의 속도로 회전시키면, $f_c = 0\,[\text{Hz}]$가 된다.
③ 회전자를 반시계 방향으로 $n < n_s$의 속도로 회전시키면, $f_c = sf_1\,[\text{Hz}]$가 된다.
④ 회전자를 시계 방향으로 $n < n_s$의 속도로 회전시키면, $f_c < f_1$인 주파수가 된다.

정답 12 ① 13 ① 14 ② 15 ③ 16 ④

해설 | 정류자형 주파수 변환기
- 회전자가 정지하고 있는 경우
  s=1이므로 $f_c = f_1$
- 회전자가 반대방향으로 $n = n_s$ 속도로 회전하는 경우
  $$f_c = \frac{n_s - n}{n_s} f_1 = 0$$
- 회전자가 반대방향으로 $n < n_s$ 속도로 회전하는 경우
  $$f_c = \frac{n_s - n}{n_s} f_1 = s f_1$$
- 회전자가 회전자계의 방향으로 $n < n_s$의 속도로 회전하는 경우
  $$f_c = \frac{n_s + n}{n_s} f_1 = (2-s) f_1$$

17 동기발전기의 3상 단락곡선에서 단락전류가 계자전류에 비례하여 거의 직선이 되는 이유로 가장 옳은 것은?

① 무부하 상태이므로
② 전기자 반작용으로
③ 자기포화가 있으므로
④ 누설 리액턴스가 크므로

해설 | 동기발전기의 단락곡선
단락전류의 곡선이 감소하면서 점차로 직선이 되는 원인은 전기자 반작용

18 1차 전압 V_1, 2차 전압 V_2인 단권 변압기를 Y결선했을 때, 등가용량과 부하용량의 비는? (단, $V_1 > V_2$이다)

① $\dfrac{V_1 - V_2}{\sqrt{3}\, V_1}$ ② $\dfrac{V_1 - V_2}{V_1}$

③ $\dfrac{V_1^2 - V_2^2}{\sqrt{3}\, V_1 V_2}$ ④ $\dfrac{\sqrt{3}(V_1 - V_2)}{2 V_1}$

해설 | 단권 변압기의 용량비
$$\frac{\text{자기용량}}{\text{부하용량}} = \frac{V_h - V_\ell}{V_h}$$

19 변압기의 보호에 사용되지 않는 것은?

① 온도 계전기 ② 과전류 계전기
③ 임피던스 계전기 ④ 비율차동계전기

해설 | 임피던스 계전기
임피던스 계전기는 송전선로의 사고 보호용으로 거리 계전기라고도 한다.

20 E를 전압, r을 1차로 환산한 저항, x를 1차로 환산한 리액턴스라고 할 때 유도전동기의 원선도에서 원의 지름을 나타내는 것은?

① $E \cdot r$ ② $E \cdot x$
③ $\dfrac{E}{x}$ ④ $\dfrac{E}{r}$

해설 | 원선도
- 전동기의 간단한 시험 결과로부터 시스템의 동작 특성을 부여하는 원형의 궤적
- 원선도의 지름 $\dfrac{E}{x}$

정답 17 ② 18 ② 19 ③ 20 ③

2018년 1회

01 단상 직권 정류자 전동기의 전기자 권선과 계자권선에 대한 설명으로 틀린 것은?

① 계자권선의 권수를 적게 한다.
② 전기자 권선의 권수를 크게 한다.
③ 변압기 기전력을 적게 하여 역률 저하를 방지한다.
④ 브러시로 단락되는 코일 중의 단락전류를 많게 한다.

해설 | 단상 직권 정류자 전동기
- 직류, 교류 모두 사용 가능(만능전동기)
- 전기자 코일과 정류자편 사이 고저항의 도선을 사용하여 변압기 기전력에 의한 단락전류를 제한
- 속도가 증가할수록 역률이 개선
- 철손을 줄이기 위해 고정자와 회전자의 자로를 성층철심으로 제작
- 전기자 권선 수가 증가하면 전기자반작용이 커지므로 보상권선을 설치

02 단상 직권전동기의 종류가 아닌 것은?

① 직권형 ② 아트킨손형
③ 보상 직권형 ④ 유도보상 직권형

해설 | 단상 반발형 전동기
- 톰슨 전동기
- 데리 전동기
- 애트킨슨 전동기

03 동기조상기의 여자전류를 줄이면?

① 콘덴서로 작용 ② 리액터로 작용
③ 진상전류로 됨 ④ 저항손의 보상

해설 | 동기전동기의 위상특성곡선(V곡선)

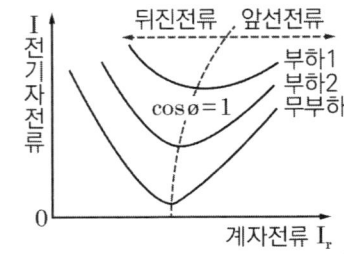

- 계자전류 증가 : 리액터로 작용
- 계자전류 감소 : 콘덴서로 작용

04 권선형 유도전동기에서 비례추이에 대한 설명으로 틀린 것은? (단, S_m은 최대 토크 시 슬립이다)

① r_m를 크게 하면 S_m은 커진다.
② r_m를 삽입하면 최대 토크가 변한다.
③ r_m를 크게 하면 기동 토크도 커진다.
④ r_m를 크게 하면 기동전류는 감소한다.

해설 | 비례추이
- 최대 토크는 항상 일정
- $\dfrac{r_2}{s} = \dfrac{r_2 + R}{s'}$

정답 01 ④ 02 ② 03 ② 04 ②

05 전기자저항 $r_a = 0.2\,[\Omega]$, 동기리액턴스 $x_s = 20\,[\Omega]$인 Y결선의 3상 동기발전기가 있다. 3상 중 1상의 단자전압 V = 4400 [V], 유도기전력 E = 6600 [V]이다. 부하각 $\delta = 30°$라고 하면 발전기의 출력은 약 몇 [kW]인가?

① 2,178
② 3,251
③ 4,253
④ 5,532

해설 | 동기발전기의 출력

$P = 3\dfrac{EV}{x_s}\sin\delta$

$P_3 = 3 \times \dfrac{6600 \times 4400}{20}\sin 30° \times 10^{-3}$
$\quad\; = 2178\,[\mathrm{kW}]$

06 반도체 정류기에 적용된 소자 중 첨두 역방향 내전압이 가장 큰 것은?

① 셀렌 정류기
② 실리콘 정류기
③ 게르마늄 정류기
④ 아산화동 정류기

해설 | 반도체 정류기의 첨두 역전압
첨두 역방향 내전압이 가장 큰 정류기는 실리콘 정류기이다.

07 동기전동기에서 전기자 반작용을 설명한 것 중 옳은 것은?

① 공급전압보다 앞선 전류는 감자작용을 한다.
② 공급전압보다 뒤진 전류는 감자작용을 한다.
③ 공급전압보다 앞선 전류는 교차자화 작용을 한다.
④ 공급전압보다 뒤진 전류는 교차자화 작용을 한다.

해설 | 동기전동기의 직축 반작용

08 변압기 결선 방식 중 3상에서 6상으로 변환할 수 없는 것은?

① 2중 성형
② 환상 결선
③ 대각 결선
④ 2중 6각 결선

해설 | 상수의 변환
• 3상 → 6상 : 포크결선, 2차 2중 Y결선, 2차 2중 △결선, 환상결선, 대각결선
• 3상 → 2상 : 우드 브릿지 결선
　　　　　　스코트(Scott)결선
　　　　　　메이어(Meyer) 결선

정답 05 ① 06 ② 07 ① 08 ④

09 실리콘 제어정류기(SCR)의 설명 중 틀린 것은?

① PNPN 구조로 되어 있다.
② 인버터 회로에 이용될 수 있다.
③ 고속도의 스위치 작용을 할 수 있다.
④ 게이트에 (+)와 (-)의 특성을 갖는 펄스를 인가하여 제어한다.

해설 | SCR의 게이트(Gate)
- 순방향 전압 인가 후 Gate에 전류를 흘리면 도통
- 도통된 후 Gate 전류를 차단해도 도통 상태가 유지
- Gate에 (+)의 특성을 갖는 펄스를 인가하여 제어

10 직류발전기가 90 [%] 부하에서 최대 효율이 된다면 이 발전기의 전부하에 있어서 고정손과 부하손의 비는?

① 1.1   ② 1.0
③ 0.9   ④ 0.81

해설 | 최대 효율일 때의 부분부하
- $\dfrac{1}{m} = \sqrt{\dfrac{P_i}{P_c}} = 0.9$
- $\dfrac{P_i}{P_c} = 0.9^2 = 0.81$

11 150 [kVA]의 변압기의 철손이 1 [kW], 전부하동손이 2.5 [kW]이다. 역률 80 [%]에 있어서의 최대효율은 약 몇 [%]인가?

① 95   ② 96
③ 97.4   ④ 98.5

해설 | 최대 효율일 때의 부분부하
- $\dfrac{1}{m} = \sqrt{\dfrac{P_i}{P_c}} = \sqrt{\dfrac{1}{2.5}} = 0.63$
- $\eta_{\frac{1}{m}} = \dfrac{\dfrac{1}{m}P}{\dfrac{1}{m}P + 2P_i}$
  $= \dfrac{0.63 \times 150 \times 0.8}{0.63 \times 150 \times 0.8 + 2 \times 1} \times 100$
  $= 97.4 \, [\%]$

12 정격부하에서 역률 0.8(뒤짐)로 운전될 때, 전압 변동률이 12 [%]인 변압기가 있다. 이 변압기에 역률 100 [%]의 정격 부하를 걸고 운전할 때의 전압 변동률은 약 몇 [%]인가? (단, %저항 강하는 %리액턴스 강하의 1/12이라고 한다)

① 0.909   ② 1.5
③ 6.85   ④ 16.18

해설 | 전압변동률 $\epsilon = p\cos\theta + q\sin\theta$
- 역률이 0.8일 때
  $\epsilon = 0.8p + 0.6(12 \times p) = 12$
  $\therefore p = \dfrac{12}{8} = 1.5$
- 역률 1일 때
  $\epsilon = p = 1.5 \, [\%]$

정답 09 ④   10 ④   11 ③   12 ②

13 권선형 유도전동기 저항제어법의 단점 중 틀린 것은?

① 운전 효율이 낮다.
② 부하에 대한 속도 변동이 작다.
③ 제어용 저항기는 가격이 비싸다.
④ 부하가 적을 때는 광범위한 속도 조정이 곤란하다.

해설 | 권선형 유도전동기의 2차 저항제어법
- 구조가 간단하여 제어가 간편하고 조작이 용이하다.
- 운전효율이 나쁘다.
- 부하에 대한 속도변동이 크다.
- 부하가 적을 때는 광범위한 속도 조정이 불가하다.

14 부하 급변 시 부하각과 부하 속도가 진동하는 난조 현상을 일으키는 원인이 아닌 것은?

① 전기자 회로의 저항이 너무 큰 경우
② 원동기의 토크에 고조파가 포함된 경우
③ 원동기의 조속기 감도가 너무 예민한 경우
④ 자속의 분포가 기울어져 자속의 크기가 감소한 경우

해설 | 난조를 일으키는 원인
- 원동기의 조속기 감도가 지나치게 예민한 경우
- 원동기의 토크에서 고조파 토크를 포함한 경우
- 관성모멘트가 작은 경우
- 부하의 변동이 심한 경우
- 전기자 회로의 저항이 너무 큰 경우

15 단상변압기 3대를 이용하여 3상 △-Y결선을 했을 때 1차와 2차 전압의 각변위(위상차)는?

① 0°   ② 60°
③ 150° ④ 180°

해설 | △-Y결선의 위상차
1, 2차 선간 전압 사이 위상차 : 30°, 150°

16 권선형 유도전동기의 전부하 운전 시 슬립이 4 [%]이고, 2차 정격전압이 150 [V]이면 2차 유도기전력은 몇 [V]인가?

① 9   ② 8
③ 7   ④ 6

해설 | 2차 유도기전력
$E_2' = sE_2 = 0.04 \times 150 = 6 \, [V]$

17 3상 유도전동기의 슬립이 s일 때 2차 효율 [%]은?

① $(1-s) \times 100$ ② $(2-s) \times 100$
③ $(3-s) \times 100$ ④ $(4-s) \times 100$

해설 | 2차 효율
$\eta_2 = \dfrac{P_0}{P_2} = (1-s) = \dfrac{N}{N_s}$

정답 13 ② 14 ④ 15 ③ 16 ④ 17 ①

18 직류전동기의 회전수를 1/2로 하자면 계자자속을 어떻게 해야 하는가?

① 1/4로 감소시킨다.
② 1/2로 감소시킨다.
③ 2배로 증가시킨다.
④ 4배로 증가시킨다.

해설 | 전동기의 회전수
$$E = \frac{PZ\phi N}{60a}, \quad E = K\phi N$$
- 회전수가 1/2로 감소하려면 자속을 2배로 증가시켜야 한다.

19 사이리스터 2개를 사용한 단상 전파정류 회로에서 직류전압 100 [V]를 얻으려면 PIV가 약 몇 [V]인 다이오드를 사용하면 되는가?

① 111   ② 141
③ 222   ④ 314

해설 | PIV(최대역전압)
- 단상반파 (다이오드 1개, 저항부하)
$$PIV = \sqrt{2}\, E = \pi E_d$$
- 단상전파 (다이오드 4개)
$$PIV = \sqrt{2}\, E = \frac{\pi}{2} E_d$$
- 단상전파 (다이오드 2개)
$$PIV = 2\sqrt{2}\, E_a = \pi E_d$$
$$= \pi \times 100 = 314\,[\text{V}]$$

20 교류 발전기의 고조파 발생을 방지하는 방법으로 틀린 것은?

① 전기자 반작용을 크게 한다.
② 전기자 권선을 단절권으로 감는다.
③ 전기자 슬롯을 스큐 슬롯으로 한다.
④ 전기자 권선의 결선을 성형으로 한다.

해설 | 교류 발전기의 고조파 발생 방지법
- 전기자슬롯을 스큐슬롯으로 한다.
- 전기자 권선을 단절권으로 감는다.
- 전기자 권선을 분포권으로 감는다.
- 전기자 권선 결선은 Y(성형) 결선으로 한다.
- 전기자 반작용을 작게 한다.

정답 18 ③ 19 ④ 20 ①

2018년 2회

01 동기발전기의 전기자권선을 분포권으로 하면 어떻게 되는가?

① 난조를 방지한다.
② 기전력의 파형이 좋아진다.
③ 권선의 리액턴스가 커진다.
④ 집중권에 비하여 합성 유기기전력이 증가한다.

해설 | 분포권
- 1극 1상당 코일의 슬롯 수 : 2개 이상
- 권선의 누설 리액턴스가 감소
- 권선의 과열을 방지
- 고조파를 감소시켜 파형을 개선
- 매 극 매 상 슬롯 수(q) : 2 이상
- 집중권에 비해 유기기전력이 감소.

02 부하전류가 2배로 증가하면 변압기의 2차측 동손은 어떻게 되는가?

① 1/4로 감소한다.
② 1/2로 감소한다.
③ 2배로 증가한다.
④ 4배로 증가한다.

해설 | 동손
$P_c = I^2 \cdot R$
∴ 동손은 부하전류의 제곱에 비례

03 동기전동기에서 출력이 100 [%]일 때 역률이 1이 되도록 계자전류를 조정한 다음에 공급 전압 V 및 계자전류 I_f 를 일정하게 하고, 전부하 이하에서 운전하면 동기전동기의 역률은?

① 뒤진 역률이 되고, 부하가 감소할수록 역률은 낮아진다.
② 뒤진 역률이 되고, 부하가 감소할수록 역률을 좋아진다.
③ 앞선 역률이 되고, 부하가 감소할수록 역률은 낮아진다.
④ 앞선 역률이 되고, 부하가 감소할수록 역률을 좋아진다.

해설 | 전동기의 역률

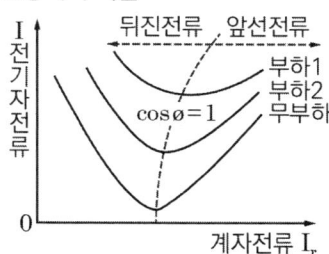

전부하 출력에서 역률이 100 [%]이므로 부하가 감소하게 되면 유도성 부하인 L이 감소하여 앞선 역률이 되며 역률은 낮아지게 된다.

정답 01 ② 02 ④ 03 ③

04 유도기전력의 크기가 서로 같은 A, B 2대의 동기발전기를 병렬 운전할 때, A발전기의 유기기전력 위상이 B보다 앞설 때 발생하는 현상이 아닌 것은?

① 동기화력이 발생한다.
② 고조파 무효순환전류가 발생된다.
③ 유효전류인 동기화전류가 발생된다.
④ 전기자 동손을 증가시키며 과열의 원인이 된다.

해설 | 동기발전기의 병렬운전
- 두 발전기의 위상이 다른 경우 동기화전류 발생
- 두 발전기의 기전력이 다른 경우 무효순환전류 발생

05 직류기기의 철손에 관한 설명으로 틀린 것은?

① 성층철심을 사용하면 와전류손이 감소한다.
② 철손에는 풍손과 와전류손 및 저항손이 있다.
③ 철에 규소를 넣게 되면 히스테리시스손이 감소한다.
④ 전기자 철심에는 철손을 작게 하기 위해 규소강판을 사용한다.

해설 | 직류기기의 철손
- 히스테리시스손
 - 철손의 약 80 [%]
 - 방지책 : 규소강판 사용
- 와류손
 - 철손의 약 20 [%]
 - 방지책 : 철심을 성층하여 사용

06 직류 분권 발전기의 극 수 4, 전기자 총 도체 수 600으로 매분 600 회전할 때 유기기전력이 220 [V]라 한다. 전기자 권선이 파권일 때 매 극당 자속은 약 몇 [Wb]인가?

① 0.0154   ② 0.0183
③ 0.0192   ④ 0.0199

해설 | 직류 분권 발전기의 유기기전력
- 유기기전력 $E = \dfrac{PZ\phi N}{60a}$
- 자속

$$\phi = \frac{60\,E\,a}{PZN} = \frac{60 \times 220 \times 2}{4 \times 600 \times 600}$$
$$= 0.0183\,[\text{Wb}]$$

07 어떤 정류회로의 부하전압이 50 [V]이고 맥동률 3 [%]이면 직류 출력전압에 포함된 교류분은 몇 [V]인가?

① 1.2   ② 1.5
③ 1.8   ④ 2.1

해설 | 맥동률
정류된 직류에 교류 성분이 얼마나 포함되어 있는지 나타낸 비율

- 맥동률 = $\dfrac{\text{교류분 전압}}{\text{직류 출력 전압}}$

∴ 교류분 전압 $= 50 \times 0.03 = 1.5\,[\text{V}]$

정답 04 ② 05 ② 06 ② 07 ②

08 3상 수은 정류기의 직류 평균 부하전류가 50 [A]가 되는 1상 양극 전류 실횻값은 약 몇 [A]인가?

① 9.6　　② 17
③ 29　　④ 87

해설 | 수은 정류기

수은정류기의 전류비 $\dfrac{I_a}{I_d} = \sqrt{\dfrac{1}{m}}$, ($m$은 상수)

∴ $I_s = 50\sqrt{\dfrac{1}{3}} = 28.87$ [A]

09 그림은 동기발전기의 구동 개념도이다. 그림에서 2를 발전기라 할 때 3의 명칭으로 적합한 것은?

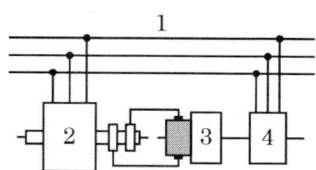

① 전동기　　② 여자기
③ 원동기　　④ 제동기

해설 | 동기발전기의 구조
1 : 모선(BUS)　　2 : 동기발전기
3 : 직류 여자기　　4 : 전동기(원동기)

10 유도전동기의 2차 회로에 2차 주파수와 같은 주파수로 적당한 크기와 적당한 위상의 전압을 외부에서 가해주는 속도제어법은?

① 1차 전압제어　　② 2차 저항제어
③ 2차 여자제어　　④ 극수 변환제어

해설 | 2차 여자법
3상 권선형 유도전동기의 슬립링을 통해 슬립주파수의 전압을 공급하여 속도를 제어
- $sE_2 + E_c$인 경우 2차 전류, 속도 증가
- $sE_2 - E_c$인 경우 2차 전류, 속도 감소

11 변압기의 1차 측을 Y결선, 2차 측을 △결선으로 한 경우 1차와 2차 간의 전압의 위상차는?

① 0°　　② 30°
③ 45°　　④ 60°

해설 | 변압기의 위상차
△-Y결선 간 위상차는 30°이다.

12 이상적인 변압기의 무부하에서 위상관계로 옳은 것은?

① 자속과 여자전류는 동위상이다.
② 자속은 인가전압보다 90° 앞선다.
③ 인가전압은 1차 유기기전력 보다 90° 앞선다.
④ 1차 유기기전력과 2차 유기기전력의 위상은 반대이다.

해설 | 변압기의 무부하에서의 위상관계
- 이상적인 변압기이므로 자속과 여자전류는 동위상이다.
- 자속은 인가전압보다 90° 뒤진다.
- 인가전압은 1차 유기기전력보다 180° 앞선다.
- 1, 2차 유기기전력의 위상은 같다.

13 정격 출력 50 [kW], 4극 220 [V], 60 [Hz]인 3상 유도전동기가 전부하 슬립 0.04, 효율 90 [%]로 운전되고 있을 때 다음 중 틀린 것은?

① 2차 효율 = 96%
② 1차 입력 = 55.56 kW
③ 회전자입력 = 47.9 kW
④ 회전자동손 = 2.08 kW

해설 | 3상 유도전동기 이론
- 2차 효율은
$\eta_2 = (1-s) = (1-0.04) = 0.96$
- 1차 입력
$P_1 = \dfrac{P_0}{\eta} = \dfrac{50}{0.9} = 55.56 \, [\text{kW}]$
- 2차 입력
$P_2 = \dfrac{P_0}{(1-s)} = \dfrac{50}{1-0.04} = 52.08 \, [\text{kW}]$
- 회전자동손
$P_{2c} = sP_2 = 0.04 \times 52.08 = 2.08 \, [\text{kW}]$

14 저항부하를 갖는 정류회로에서 직류분 전압이 200 [V]일 때 다이오드에 가해지는 첨두역전압(PIV)의 크기는 약 몇 [V]인가?

① 346 ② 628
③ 692 ④ 1,038

해설 | PIV(첨두 역전압)
- 단상 반파 (다이오드 1개, 저항부하)
$PIV = \sqrt{2}\, E = \pi E_d$
- 단상 전파 (다이오드 4개)
$PIV = \sqrt{2}\, E = \dfrac{\pi}{2} E_d$
- 단상 전파 (다이오드 2개)
$PIV = 2\sqrt{2}\, E = \pi E_d$
$\therefore PIV = \pi E_d = \pi \times 200 = 628 \, [\text{V}]$

15 3상 변압기를 1차 Y, 2차 △로 결선하고 1차에 선간 전압 3300 [V]를 가했을 때의 무부하 2차 선간전압은 몇 [V]인가? (단, 전압비는 30 : 1이다)

① 63.4 ② 110
③ 173   ④ 190.5

해설 | Y-△ 결선의 전압비
△결선 : $V_{2\ell} = V_{2p}$
전압비 $V_{2p} = \dfrac{1}{30} V_{1p}$
Y결선 : $V_{1p} = \dfrac{1}{\sqrt{3}} V_{1\ell}$
$V_{2\ell} = \dfrac{V_{1\ell}}{30\sqrt{3}} = \dfrac{3300}{30\sqrt{3}} = 63.4 \, [\text{V}]$

16 직류 발전기의 유기기전력과 반비례하는 것은?

① 자속
② 회전수
③ 전체 도체 수
④ 병렬회로 수

해설 | 유기기전력
- $E = \dfrac{PZ\phi N}{60a}$
$\therefore$ 유기기전력은 병렬회로 수에 반비례

정답 13 ③ 14 ② 15 ① 16 ④

17 일반적인 3상 유도전동기에 대한 설명 중 틀린 것은?

① 불평형 전압으로 운전하는 경우 전류는 증가하나 토크는 감소한다.
② 원선도 작성을 위해서는 무부하시험, 구속시험, 1차 권선저항 측정을 하여야 한다.
③ 농형은 권선형에 비해 구조가 견고하며 권선형에 비해 대형전동기로 널리 사용된다.
④ 권선형 회전자의 3선 중 1선이 단선되면 동기 속도의 50 [%]에서 더 이상 가속되지 못하는 현상을 게르게스 현상이라 한다.

해설 | 3상 유도전동기의 특성
농형은 권선형에 비하여 구조가 간단하고, 견고하나 주로 소형전동기에 많이 쓰인다.

18 변압기 보호장치의 주된 목적이 아닌 것은?

① 전압 불평형 개선
② 절연내력 저하 방지
③ 변압기 자체 사고의 최소화
④ 다른 부분으로의 사고 확산 방지

해설 | 변압기 보호의 주된 목적
- 절연내력 저하 방지
- 변압기 자체 사고의 최소화
- 다른 부분으로의 사고 확산 방지

19 직류기에서 기계각의 극 수가 P인 경우 전기각과의 관계는 어떻게 되는가?

① 전기각×2P   ② 전기각×3P
③ 전기각×(2/P)   ④ 전기각×(3/P)

해설 | 전기각과 기계각
- 전기각 = 기계각 × $\dfrac{P}{2}$
- 기계각 = 전기각 × $\dfrac{2}{P}$

20 3상 권선형 유도전동기의 전부하 슬립 5 [%], 2차 1상의 저항 0.5 [Ω]이다. 이 전동기의 기동 토크를 전부하 토크와 같도록 하려면 외부에서 2차 삽입할 저항 [Ω]은?

① 8.5   ② 9
③ 9.5   ④ 10

해설 | 비례추이
$$\dfrac{r_2}{s} = \dfrac{r_2 + R}{s'},$$
$r_2 = 0.5, \quad s = 0.05, \quad s' = 1$ 이므로
$$\dfrac{0.5}{0.05} = \dfrac{0.5 + R}{1}$$
$\therefore R = \dfrac{0.5}{0.05} - 0.5 = 9.5\,[\Omega]$

정답 17 ③ 18 ① 19 ③ 20 ③

2018년 3회

01 3상 직권 정류자전동기에 중간 변압기를 사용하는 이유로 적당하지 않은 것은?

① 중간 변압기를 이용하여 속도 상승을 억제할 수 있다.
② 회전자 전압을 정류작용에 맞는 값으로 선정할 수 있다.
③ 중간 변압기를 사용하여 누설 리액턴스를 감소할 수 있다.
④ 중간 변압기의 권수비를 바꾸어 전동기 특성을 조정할 수 있다.

해설 | 중간 변압기 사용 목적(3상 직권 정류자 전동기)
- 전원전압의 크기에 관계없이 정류자전압 조정
- 중간 변압기의 권수비를 조정하여 전동기 특성 조정
- 경부하 시 직권특성에 따른 속도 상승 억제

02 변압기의 권수를 N이라고 할 때 누설리액턴스는?

① N에 비례한다.
② N^2에 비례한다.
③ N에 반비례한다.
④ N^2에 반비례한다.

해설 | 변압기의 누설리액턴스
자기인덕턴스 $L = \dfrac{\mu A N^2}{\ell} \propto N^2$
누설리액턴스 $X_\ell = 2\pi f L$ 이므로 $X_\ell \propto N^2$

03 직류기의 온도 상승 시험 방법 중 반환부하법의 종류가 아닌 것은?

① 카프법   ② 홉킨슨법
③ 스코트법   ④ 블론델법

해설 | 반환부하법
- 카프법, 홉킨스법, 블론델법
- 스코트법은 3상을 2상으로 상수를 변환하는 변압기의 결선법이다.

04 단상 직권 정류자전동기에서 보상권선과 저항도선의 작용을 설명한 것으로 틀린 것은?

① 역률을 좋게 한다.
② 변압기 기전력을 크게 한다.
③ 전기자 반작용을 감소시킨다.
④ 저항도선은 변압기 기전력에 의한 단락전류를 적게 한다.

해설 | 보상권선과 저항도선
- 단상 직권 정류자 전동기 보상권선 : 전기자 반작용 개선, 역률 개선을 위해 설치
- 단상 직권 정류자 전동기 저항도선 : 전기자 코일과 정류자편 사이 고저항의 도선을 사용하여 변압기 기전력에 의한 단락 전류를 제한

정답 01 ③ 02 ② 03 ③ 04 ②

05 일반적인 변압기의 손실 중에서 온도 상승에 관계가 가장 적은 요소는?

① 철손 ② 동손
③ 와류손 ④ 유전체손

해설 | 변압기의 손실
철손과 동손이 손실의 대부분을 차지한다. 유전체손은 다른 손실에 비해 적다.

06 직류 발전기의 병렬 운전에서 부하 분담의 방법은?

① 계자전류와 무관하다.
② 계자전류를 증가하면 부하분담은 감소한다.
③ 계자전류를 증가하면 부하분담은 증가한다.
④ 계자전류를 감소하면 부하분담은 증가한다.

해설 | 직류 발전기의 부하분담
계자전류 증가 → 자속 증가 → 기전력 증가 → 부하분담 증가

07 1차 전압 6600 [V], 2차 전압 220 [V], 주파수 60 [Hz], 1차 권수 1000회의 변압기가 있다. 최대 자속은 약 몇 [Wb]인가?

① 0.020 ② 0.025
③ 0.030 ④ 0.032

해설 | 변압기의 기전력
$E = 4.44 f N \phi K_w$
$\phi = \dfrac{E}{4.44 f N K_w} = \dfrac{6600}{4.44 \times 60 \times 1000 \times 1}$
$= 0.025 \,[\text{Wb}]$

08 역률 100 [%]일 때의 전압 변동률은 어떻게 표시되는가?

① %저항 강하 ② %리액턴스 강하
③ %서셉턴스 강하 ④ %임피던스 강하

해설 | 전압변동률
$\epsilon = p\cos\theta \pm q\sin\theta$
$\cos\theta = 1$이면 $\sin\theta = 0$이므로,
$\therefore \epsilon = p$

09 3상 농형 유도전동기의 기동 방법으로 틀린 것은?

① Y-△ 기동
② 전전압 기동
③ 리액터 기동
④ 2차 저항에 의한 기동

해설 | 유도전동기의 기동법
• 농형 유도전동기
 전전압기동법(직입기동법), Y-△기동법, 기동보상기법, 리액터 기동법
• 권선형 유도전동기
 2차 저항 기동법, 2차 임피던스 기동법

정답 05 ④ 06 ③ 07 ② 08 ① 09 ④

10 직류 복권발전기의 병렬운전에 있어 균압선을 붙이는 목적은 무엇인가?

① 손실을 경감한다.
② 운전을 안정하게 한다.
③ 고조파의 발생을 방지한다.
④ 직권계자 간의 전류 증가를 방지한다.

해설 | 균압선
직류기에서 브러시의 손상을 막기 위해 권선의 등전위점을 연결한 낮은 저항의 도선
- 전압을 균등하게 만들기 위해 설치
- 직렬회로가 포함된 직권발전기와 복권발전기에 사용
- 분권발전기는 병렬로 연결되어 있으므로 균압선이 불필요

11 2방향성 3단자 사이리스터는 어느 것인가?

① SCR   ② SSS
③ SCS   ④ TRIAC

해설 | 반도체 소자

구분	단방향성	양방향성
2단자	Diode	SSS, DIAC
3단자	SCR	TRIAC
	GTO	
	LA SCR	
4단자	SCS	-

12 15 [kVA], 3000/200 [V] 변압기의 1차측 환산 등가 임피던스가 5.4 + j6 [Ω]일 때, %저항 강하 p와 %리액턴스 강하 q는 각각 약 몇 [%]인가?

① p = 0.9, q = 1   ② p = 0.7, q = 1.2
③ p = 1.2, q = 1   ④ p = 1.3, q = 0.9

해설 | %저항 강하 p와 %리액턴스 강하 q의 계산

- $p = \dfrac{I_{1n}R_1}{V_{1n}} \times 100 = \dfrac{\frac{15}{3} \times 5.4}{3000} \times 100$
  $= 0.9 \, [\%]$

- $q = \dfrac{I_{1n}X_1}{V_{1n}} \times 100 = \dfrac{\frac{15}{3} \times 6}{3000} \times 100$
  $= 1 \, [\%]$

13 유도전동기의 2차 여자제어법에 대한 설명으로 틀린 것은?

① 역률을 개선할 수 있다.
② 권선형 전동기에 한하여 이용된다.
③ 동기 속도의 이하로 광범위하게 제어할 수 있다.
④ 2차 저항손이 매우 커지며 효율이 저하된다.

해설 | 2차 여자법
- $sE_2 + E_c$인 경우 2차 전류, 속도 증가
- $sE_2 - E_c$인 경우 2차 전류, 속도 감소
- 권선형 유도전동기의 속도제어법
- 역률 조정이 가능
- 2차 저항손은 2차 저항제어법과 관련이 있다.

정답 10 ② 11 ④ 12 ① 13 ④

14 직류 발전기를 3상 유도전동기에서 구동하고 있다. 이 발전기에 55 [kW]의 부하를 걸 때 전동기의 전류는 약 몇 [A]인가? (단, 발전기의 효율은 88 [%], 전동기의 단자전압은 400 [V], 전동기 효율은 88 [%], 전동기의 역률은 82 [%]로 한다)

① 125 　　　② 225
③ 325 　　　④ 425

해설 | 3상 유도전동기의 출력

$P = \sqrt{3}\,VI\eta_g\eta_m\cos\theta$

$I = \dfrac{P}{\sqrt{3}\,V\eta_g\eta_m\cos\theta}$

$= \dfrac{55 \times 10^3}{\sqrt{3} \times 400 \times 0.88 \times 0.88 \times 0.82}$

$= 125\,[A]$

15 동기기의 기전력의 파형 개선책이 아닌 것은?

① 단절권 　　② 집중권
③ 공극 조정 　④ 자극모양

해설 | 동기기의 전기자 권선법
- 집중권과 전절권은 고조파로 인해 파형이 고르지 못해서 사용하지 않는다.
- 동기발전기의 파형을 개선하기 위해서는 분포권과 단절권을 사용한다.

16 유도자형 동기발전기의 설명으로 옳은 것은?

① 전기자만 고정되어 있다.
② 계자극만 고정되어 있다.
③ 회전자가 없는 특수 발전기이다.
④ 계자극과 전기자가 고정되어 있다.

해설 | 유도자형 동기발전기
- 계자와 전기자 고정
- 중앙에 유도자는 회전자를 갖춘 형태로 500 ~ 20,000 [Hz]의 고주파를 발생하는 데 사용

17 200 [V], 10 [kW]의 직류 분권전동기가 있다. 전기자저항은 0.2 [Ω], 계자저항은 40 [Ω]이고 정격전압에서 전류가 15 [A]인 경우 5 [kg·m]의 토크를 발생한다. 부하가 증가하여 전류가 25 [A]로 되는 경우 발생 토크 [kg·m]는?

① 2.5 　　　② 5
③ 7.5 　　　④ 10

해설 | 직류전동기의 토크

$\tau = K\phi I_a \propto I_a$, $I_f = \dfrac{V}{R_f} = \dfrac{200}{40} = 5\,[A]$

- $I_a = I - I_f = 15 - 5 = 10\,[A]$, $\tau = 5\,[\text{kg·m}]$
- $I_a = 25 - 5 = 20\,[A]$, $\tau = 10\,[\text{kg·m}]$

18 50 [Ω]의 계자저항을 갖는 직류 분권발전기가 있다. 이 발전기의 출력이 5.4 [kW]일 때 단자전압은 100 [V], 유기기전력은 115 [V]이다. 이 발전기의 출력이 2 [kW]일 때 단자전압이 125 [V]라면 유기기전력은 약 몇 [V]인가?

① 130   ② 145
③ 152   ④ 159

해설 | 직류 분권 발전기 유기기전력(E)
- $P = 5.4\,[\text{kW}]$ 일 때

$$I_a = I + I_f = \frac{P}{V} + \frac{V}{R_f} = \frac{5400}{100} + \frac{100}{50}$$
$$= 56\,[\text{A}]$$
$$R_a = \frac{E-V}{I_a} = \frac{115-100}{56} = 0.27\,[\Omega]$$

- $P = 2\,[\text{kW}]$ 일 때
$$E = V + I_a R_a$$
$$= 125 + \left(\frac{2000}{125} + \frac{125}{50}\right) \times 0.27$$
$$= 130\,[\text{V}]$$

19 돌극형 동기발전기에서 직축 동기리액턴스를 X_d, 횡축 동기리액턴스를 X_q라 할 때의 관계는?

① $X_d < X_q$ ② $X_d > X_q$
③ $X_d = X_q$ ④ $X_d \ll X_q$

해설 | 동기기의 동기리액턴스
- 돌극형인 경우 직축 리액턴스가 횡축 리액턴스보다 크다. ($X_d > X_q$).
- 비돌극형인 경우 공극이 균일하기 때문에 직축 리액턴스와 횡축 리액턴스의 크기가 같다. ($X_d = X_q$)

20 10극, 50 [Hz] 3상 유도전동기가 있다. 회전자도 3상이고 회전자가 정지할 때 2차 1상간의 전압이 150 [V]이다. 이것을 회전자계와 같은 방향으로 400 [rpm]으로 회전시킬 때 2차 전압은 몇 [V]인가?

① 50   ② 75
③ 100   ④ 150

해설 | 유도전동기 2차 전압(E_2)
- 동기 속도
$$N_s = \frac{120f}{P} = \frac{120 \times 50}{10} = 600$$
- $s = \frac{600-400}{600} = \frac{1}{3}$
- $E_2' = sE_2 = \frac{1}{3} \times 150 = 50\,[\text{V}]$

정답 18 ① 19 ② 20 ①

2017년 1회

01 그림과 같은 회로에서 전원전압의 실효치 200 [V], 점호각 30°일 때 출력전압은 약 몇 [V]인가? (단, 정상 상태이다)

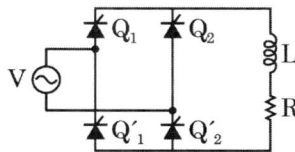

① 157.8   ② 168.0
③ 177.8   ④ 187.8

해설 | 단상전파 정류회로
$$E_d = \frac{2\sqrt{2}}{\pi} E_a \left(\frac{1+\cos\alpha}{2}\right)$$
$$= 0.9 \times 200 \left(\frac{1+\cos 30°}{2}\right)$$
$$= 168\,[\text{V}]$$

02 분권발전기의 회전 방향을 반대로 하면 일어나는 현상은?

① 전압이 유기된다.
② 발전기가 소손된다.
③ 잔류자기가 소멸된다.
④ 높은 전압이 발생한다.

해설 | 분권발전기의 회전
회전방향을 반대로 하면 잔류자기가 소멸되어 발전하지 않는다.

03 극 수가 24일 때, 전기각 180°에 해당되는 기계각은?

① 7.5°   ② 15°
③ 22.5°   ④ 30°

해설 | 기계각 계산
$$기계각 = \frac{전기각 \times 2}{P} = \frac{180° \times 2}{24} = 15°$$

04 단락비가 큰 동기기의 특징으로 옳은 것은?

① 안정도가 떨어진다.
② 전압 변동률이 크다.
③ 선로 충전용량이 크다.
④ 단자 단락 시 단락 전류가 적게 흐른다.

해설 | 단락비가 큰 동기기의 특징
• 공극이 크고, 계자 기자력이 크다.
• 중량이 무겁고, 가격이 비싸다.
• 동기 임피던스가 작고, 안정도가 높다.
• 단락 시 단락전류가 적게 흐른다.
• 전기자 반작용이 작고, 전압변동률이 작다.
• 선로의 충전 용량이 크다.
• 철손이 증가(효율이 나쁘다)한다.

정답 01 ② 02 ③ 03 ② 04 ③

05 단상 직권 정류자 전동기에서 보상권선과 저항도선의 작용을 설명한 것 중 틀린 것은?

① 보상권선은 역률을 좋게 한다.
② 보상권선은 변압기의 기전력을 크게 한다.
③ 보상권선은 전기자 반작용을 제거해 준다.
④ 저항도선은 변압기 기전력에 의한 단락전류를 작게 한다.

해설 | 단상 직권 정류자 전동기
- 단상 직권 정류자 전동기 보상권선 : 전기자 반작용 개선, 역률개선을 위해 설치
- 단상 직권 정류자 전동기 저항도선 : 전기자 코일과 정류자편 사이에 고 저항의 도선을 사용하여 변압기 기전력에 의한 단락전류를 제한

06 5 [kVA], 3000/200 [V]의 변압기의 단락시험에서 임피던스 전압 120 [V], 동손 150 [W]라 하면 %저항 강하는 약 몇 [%]인가?

① 2 　　② 3
③ 4 　　④ 5

해설 | %저항 강하

$$\%R = \frac{I_{1n} R_{12}}{V_{1n}} \times 100 = \frac{I_{1n}^2 R_{12}}{I_{1n} V_{1n}} \times 100$$

$$= \frac{P_c}{P_n} \times 100 \, [\%]$$

$$= \frac{150}{5000} \times 100 = 3 \, [\%]$$

07 변압기의 규약효율 산출에 필요한 기본 요건이 아닌 것은?

① 파형은 정현파를 기준으로 한다.
② 별도의 지정이 없는 경우 역률은 100 [%] 기준이다.
③ 부하손은 40 [℃]를 기준으로 보정한 값을 사용한다.
④ 손실은 각 권선에 대한 부하손의 합과 무부하손의 합이다

해설 | 동손
교류전력계의 지시값을 기준온도 75 [℃]로 환산한 값(임피던스와트)

08 직류기에 보극을 설치하는 목적은?

① 정류 개선
② 토크의 증가
③ 회전수 일정
④ 기동토크의 증가

해설 | 양호한 정류를 얻기 위한 대책
- 보극설치(전압정류)
- 접촉저항이 큰 탄소브러시를 사용(저항정류)
- 정류주기를 길게 할 것
- 인덕턴스를 작게 할 것
- 리액턴스 전압을 작게 할 것

정답 05 ② 06 ② 07 ③ 08 ①

09
4극 3상 동기기가 48개의 슬롯을 가진다. 전기자 권선 분포계수 K_d를 구하면 약 얼마인가?

① 0.923 ② 0.945
③ 0.957 ④ 0.969

해설 | 분포권 계수(K_d)

- $K_d = \dfrac{\sin\dfrac{\pi}{2m}}{q\sin\dfrac{\pi}{2mq}}$

$q = \dfrac{48}{3\times 4} = 4$

$m = 3$

- $K_d = \dfrac{\sin\dfrac{\pi}{2\times 3}}{4\times \sin\dfrac{\pi}{2\times 3\times 4}} = 0.957$

10
슬립 s_t에서 최대 토크를 발생하는 3상 유도전동기에 2차 측 한 상의 저항을 r_2라 하면 최대 토크로 기동하기 위한 2차 측 한 상에 외부로부터 가해 주어야 할 저항은?

① $\dfrac{1-s_t}{s_t}r_2$ ② $\dfrac{1+s_t}{s_t}r_2$

③ $\dfrac{r_2}{1-s_t}$ ④ $\dfrac{r_2}{s_t}$

해설 | 비례추이

$\dfrac{r_2}{s} = \dfrac{r_2 + R}{s'}$ 에서 기동 시 $s' = 1$이므로

$R = \dfrac{1-s_t}{s_t}r_2$

11
어떤 단상 변압기의 2차 무부하 전압이 240 [V]이고 정격 부하시의 2차 단자 전압이 230 [V]이다. 전압 변동률은 약 몇 [%]인가?

① 4.35 ② 5.15
③ 6.65 ④ 7.35

해설 | 전압 변동률

$\epsilon = \dfrac{V_0 - V_n}{V_n} \times 100$

$= \dfrac{240-230}{230} \times 100 = 4.35\,[\%]$

12
일반적인 농형 유도전동기에 비하여 2중 농형 유도전동기의 특징으로 옳은 것은?

① 손실이 적다.
② 슬립이 크다.
③ 최대 토크가 크다.
④ 기동 토크가 크다.

해설 | 특수농형(2중 농형, 심구홈 농형)의 특징
- 기동 시 기동 전류가 작고, 기동 토크가 크다.
- 최대 토크가 작다.

정답 09 ③ 10 ① 11 ① 12 ④

13 유도전동기의 안정 운전의 조건은? (단, T_m : 전동기 토크, T_L : 부하 토크, n : 회전수)

① $\dfrac{dT_m}{dn} < \dfrac{dT_L}{dn}$ ② $\dfrac{dT_m}{dn} = \dfrac{dT_L^2}{dn}$

③ $\dfrac{dT_m}{dn} > \dfrac{dT_L}{dn}$ ④ $\dfrac{dT_m}{dn} \neq \dfrac{dT_L^2}{dn}$

해설 | 유도전동기의 운전조건
- 안정 운전 조건 : $\dfrac{dT_m}{dn} < \dfrac{dT_L}{dn}$
- 불안정 운전 조건 : $\dfrac{dT_m}{dn} > \dfrac{dT_L}{dn}$

14 사이리스터에서 게이트 전류가 증가하면?

① 순방향 저지전압이 증가한다.
② 순방향 저지전압이 감소한다.
③ 역방향 저지전압이 증가한다.
④ 역방향 저지전압이 감소한다.

해설 | 게이트 전류의 역할
게이트 전류가 증가하면 순방향 저지전압이 감소하여 적절한 전압에서 작동할 수 있다.

15 60 [Hz]인 3상 8극 및 2극의 유도전동기를 차동종속으로 접속하여 운전할 때의 무부하속도 [rpm]는?

① 720 ② 900
③ 1000 ④ 1200

해설 | 차동접속법
$N = \dfrac{120f}{P_1 - P_2} = \dfrac{120 \times 60}{6} = 1,200 \, [rpm]$

16 원통형 회전자를 가진 동기발전기는 부하각 δ가 몇 도일 때 최대 출력을 낼 수 있는가?

① 0° ② 30°
③ 60° ④ 90°

해설 | 동기발전기의 출력 $P = \dfrac{EV}{x_s} \sin\delta$
- 비돌극기(원통형)의 최댓값은 $\delta = 90°$
- 돌극기의 최댓값은 $\delta = 60°$

17 직류 발전기의 병렬운전에 있어서 균압선을 붙이는 발전기는?

① 타여자 발전기
② 직권 발전기와 분권 발전기
③ 직권 발전기와 복권발전기
④ 분권 발전기과 복권발전기

해설 | 균압선의 설치
직류발전기의 병렬운전 시 직권계자가 존재하는 직권발전기와 복권발전기는 균압선을 설치해서 사용한다.

정답 13 ① 14 ② 15 ④ 16 ④ 17 ③

18 변압기의 절연내력시험 방법이 아닌 것은?

① 가압시험 ② 유도시험
③ 무부하시험 ④ 충격전압시험

해설 | 절연내력시험
- 가압시험
- 유도시험
- 충격전압시험

19 직류발전기의 유기기전력이 230 [V], 극수가 4, 정류자 편수가 162인 정류자 편간 평균전압은 약 몇 [V]인가? (단, 권선법은 중권이다)

① 5.68 ② 6.28
③ 9.42 ④ 10.2

해설 | 정류자 편간 평균전압
$$e = \frac{E}{K/P} = \frac{EP}{K} = \frac{230 \times 4}{162} = 5.68\,[V]$$

20 동기발전기의 단자 부근에서 단락이 일어났다고 하면 단락전류는 어떻게 되는가?

① 전류가 계속 증가한다.
② 큰 전류가 증가와 감소를 반복한다.
③ 처음에는 큰 전류이나 점차 감소한다.
④ 일정한 큰 전류가 지속적으로 흐른다.

해설 | 단락전류
동기발전기의 단락전류는 처음에는 누설 리액턴스가 작은 값이므로 큰 전류, 이후 전기자 반작용에 의한 기전력 감소로 인하여 점차 감소

정답 18 ③ 19 ① 20 ③

2017년 2회

01 정류회로에 사용되는 환류다이오드(Free Wheeling Diode)에 대한 설명으로 틀린 것은?

① 순저항 부하의 경우 불필요하게 된다.
② 유도성 부하의 경우 불필요하게 된다.
③ 환류 다이오드 동작 시 부하출력 전압은 약 0 [V]가 된다.
④ 유도성 부하의 경우 부하전류의 평활화에 유용하다.

해설 | 환류 다이오드
환류 다이오드는 유도성 부하에 필요하다.

02 3상 변압기를 병렬운전하는 경우 불가능한 조합은?

① △-Y와 Y-△   ② △-△와 Y-Y
③ △-Y와 △-Y   ④ △-Y와 △-△

해설 | 변압기의 병렬운전 조건
Y-△의 비가 홀수비를 갖는 조합은 병렬운전이 불가하다.

03 3상 직권 정류자 전동기에 중간(직렬) 변압기가 쓰이고 있는 이유가 아닌 것은?

① 정류자 전압의 조정
② 회전자 상수의 감소
③ 실효 권수비 선정 조정
④ 경부하 때 속도의 이상 상승 방지

해설 | 중간 변압기 사용 목적(3상 직권 정류자 전동기)
• 전원 전압의 크기에 관계없이 정류자 전압 조정
• 중간 변압기의 권수비를 조정하여 전동기 특성 조정
• 경부하 시 직권 특성에 따른 속도 상승 억제

04 직류 분권전동기를 무부하로 운전 중 계자회로에 단선이 생긴 경우 발생하는 현상으로 옳은 것은?

① 역전한다.
② 즉시 정지한다.
③ 과속도로 되어 위험하다.
④ 무부하이므로 서서히 정지한다.

해설 | 위험한 상태
• 분권전동기 : 무여자 상태
• 직권전동기 : 무부하 상태

정답 01 ② 02 ④ 03 ② 04 ③

05 변압기에 있어서 부하와는 관계없이 자속만을 발생시키는 전류는?

① 1차 전류   ② 자화 전류
③ 여자 전류   ④ 철손 전류

해설 | 여자전류 = 철손 전류 + 자화 전류
• 자화전류
: 자속을 만드는 데 소요되는 전류

06 직류전동기의 규약효율을 나타낸 식으로 옳은 것은?

① $\dfrac{출력}{입력} \times 100\,[\%]$

② $\dfrac{입력}{입력+손실} \times 100\,[\%]$

③ $\dfrac{출력}{출력+입력} \times 100\,[\%]$

④ $\dfrac{입력-손실}{입력} \times 100\,[\%]$

해설 | 규약효율
• 발전기, 변압기 : $\dfrac{출력}{출력+입력} \times 100\,[\%]$
• 전동기 : $\dfrac{입력-손실}{입력} \times 100\,[\%]$

07 직류전동기에서 정속도 전동기라고 볼 수 있는 전동기는?

① 직권전동기   ② 타여자 전동기
③ 화동 복권전동기   ④ 차동 복권전동기

해설 | 속도 변동이 가장 작은 직류전동기
타여자 전동기

08 단상 유도전동기의 기동 방법 중 기동 토크가 가장 큰 것은?

① 반발 기동형
② 분상 기동형
③ 세이딩 코일형
④ 콘덴서 분상 기동형

해설 | 기동 토크가 가장 큰 순서
반발 기동형 > 반발 유도형 > 콘덴서 기동형 > 분상 기동형 > 세이딩 코일형

09 부흐홀츠 계전기에 대한 설명으로 틀린 것은?

① 오동작의 가능성이 많다.
② 전기적 신호로 동작한다.
③ 변압기의 보호에 사용된다.
④ 변압기의 주탱크와 콘서베이터를 연결하는 관중에 설치한다.

해설 | 계전기의 작동
• 부흐홀츠 계전기 : 유증기에 의하여 동작
• 비율차동 계전기 : 전기적 신호에 의해 동작

정답 05 ② 06 ④ 07 ② 08 ① 09 ②

10 직류기에서 정류코일의 자기 인덕턴스를 L이라 할 때 정류코일의 전류가 정류주기 T_c 사이에 I_c에서 $-I_c$로 변한다면 정류 코일의 리액턴스 전압 [V]의 평균값은?

① $L\dfrac{T_c}{2I_c}$ ② $L\dfrac{I_c}{2T_c}$

③ $L\dfrac{2I_c}{T_c}$ ④ $L\dfrac{I_c}{T_c}$

해설 | 리액턴스 전압
$$e_L = -L\dfrac{di}{dt} = L\dfrac{2I_c}{T_c}\,[\text{V}]$$

11 일반적인 전동기에 비하여 리니어 전동기의 장점이 아닌 것은?

① 구조가 간단하여 신뢰성이 높다.
② 마찰을 거치지 않고 추진력이 얻어진다.
③ 원심력에 의한 가속제한이 없고 고속을 쉽게 얻을 수 있다.
④ 기어, 벨트 등 동력 변환 기구가 필요 없고 직접 원운동이 얻어진다.

해설 | 리니어 전동기
리니어 전동기는 직접 선운동이 얻어진다.

12 직류를 다른 전압의 직류로 변환하는 전력 변환기기는?

① 초퍼
② 인버터
③ 사이클로 컨버터
④ 브리지형 인버터

해설 | 전력변환기기
• 컨버터 : AC → DC
• 인버터 : DC → AC
• 초퍼 : DC → DC
• 싸이클론 컨버터 : AC → AC

13 와전류 손실을 패러데이 법칙으로 설명한 과정 중 틀린 것은?

① 와전류가 철심으로 흘러 발열
② 유기전압 발생으로 철심에 와전류가 흐름
③ 시변 자속으로 강자성체 철심에 유기전압 발생
④ 와전류 에너지 손실량은 전류 경로 크기에 반비례

해설 | 와전류 손실
$$P_e = \delta_c(tfk_fB_m)^2\,[\text{W}/\text{m}^3]$$
• 와전류가 철심으로 들어가 도체에 유기전압을 발생시키며 열이 발생한다.
• 시변자속은 철심 안에 전압을 유기시킨다.
• 재료에 의한 정수와 철판 두께, 주파수, 파형률, 최대 자속 밀도의 2승에 비례한다.

정답 10 ③ 11 ④ 12 ① 13 ④

14 주파수가 정격보다 3 [%] 감소하고 동시에 전압이 정격보다 3 [%] 상승된 전원에서 운전되는 변압기가 있다. 철손이 fB_m^2에 비례한다면 이 변압기 철손은 정격 상태에 비하여 어떻게 달라지는가? (단, f : 주파수, B_m : 자속밀도 최대치이다)

① 약 8.7 [%] 증가 ② 약 8.7 [%] 감소
③ 약 9.4 [%] 증가 ④ 약 9.4 [%] 감소

해설 | 변압기의 철손

$$P_i \propto fB_m^2 \propto f(\frac{V}{f})^2 = \frac{V^2}{f}$$

$$P_i' = \frac{(1.03V)^2}{0.97f} = 1.0937\frac{V^2}{f} = 1.094P_i$$

15 교류정류자기에서 갭의 자속 분포가 정현파로 Φ_m = 0.14 [Wb], P = 2, a = 1, Z = 200, n = 1200 [rpm]인 경우 브러시 축이 자극축과 30°라면, 속도 기전력의 실횻값 E_s는 약 몇 [V]인가?

① 160   ② 400
③ 560   ④ 800

해설 | 속도 기전력(E_s)

$$E_s = \frac{1}{\sqrt{2}}\frac{PZ\phi N}{60a}\sin\theta \, [V]$$

$$= \frac{2 \times 200 \times 0.14 \times 1200}{\sqrt{2} \times 60 \times 1} \times \sin 30°$$

$$= 400 \, [V]$$

16 역률 0.85의 부하 350 [kW]에 50 [kW]를 소비하는 동기전동기를 병렬로 접속하여 합성 부하의 역률을 0.95로 개선하려면 진상 무효전력은 약 몇 [kVar]인가?

① 68   ② 72
③ 80   ④ 85

해설 | 진상 무효전력

$$Q = P_1\tan\theta_1 - P_2\tan\theta_2$$

$$= 350 \times \frac{\sqrt{1-0.85^2}}{0.85}$$

$$- 400 \times \frac{\sqrt{1-0.95^2}}{0.95}$$

$$= 85 \, [kVar]$$

17 변압기의 무부하시험, 단락시험에서 구할 수 없는 것은?

① 철손   ② 동손
③ 절연 내력   ④ 전압 변동률

해설 | 변압기의 시험
- 무부하시험
  철손, 무부하 전류, 여자어드미턴스
- 단락시험
  임피던스 전압, 임피던스와트(동손), 전압변동률

18 3상 동기발전기의 단락곡선이 직선으로 되는 이유는?

① 전기자 반작용으로
② 무부하 상태이므로
③ 자기 포화가 있으므로
④ 누설 리액턴스가 크므로

해설 | 동기발전기의 단락곡선
단락전류의 곡선이 감소하면서 점차로 직선이 되는 것은 전기자 반작용에 의한 것이다.

19 정격 출력 5000 [kVA], 정격전압 3.3 [kV], 동기 임피던스가 매 상 1.8 [Ω]인 3상 동기발전기의 단락비는 약 얼마인가?

① 1.1
② 1.2
③ 1.3
④ 1.4

해설 | 단락비
$$K_s = \frac{100}{\%Z} = \frac{10\,V^2}{PZ} \times 100$$
$$= \frac{10 \times 3.3^2}{5000 \times 1.8} \times 100 = 1.2$$

20 동기기의 회전자에 의한 분류가 아닌 것은?

① 원통형
② 유도자형
③ 회전 계자형
④ 회전 전기자형

해설 | 동기기의 분류
원통형은 구조에 의한 분류이다.

정답 18 ① 19 ② 20 ①

2017년 3회

01 3상 유도기에서 출력의 변환식으로 옳은 것은?

① $P_0 = P_2 - P_{2c} = P_2 - sP_2$
　$= \dfrac{N}{N_s}P_2 = (2-s)P_2$

② $(1-s)P_2 = \dfrac{N}{N_s}P_2 = P_0 - P_{2c}$
　$= P_0 - sP_2$

③ $P_0 = P_2 - P_{2c} = P_2 - sP_2$
　$= \dfrac{N}{N_s}P_2 = (1-s)P_2$

④ $P_0 = P_2 + P_{2c} = P_2 + sP_2$
　$= \dfrac{N}{N_s}P_2 = (1+s)P_2$

해설 | 3상 유도기의 출력 변환식
$P_0 = P_2 - P_{2c} = P_2 - sP_2 = (1-s)P_2$
$= \dfrac{N}{N_s}P_2$

02 변압기의 보호 방식 중 비율차동 계전기를 사용하는 경우는?

① 고조파 발생을 억제하기 위하여
② 과여자 전류를 억제하기 위하여
③ 과전압 발생을 억제하기 위하여
④ 변압기 상간 단락 보호를 위하여

해설 | 비율차동 계전기
- 변압기 내부 고장 시 1차 전류와 2차 전류의 차이를 이용하여 내부 고장을 전기적으로 검출한다.
- 변압기 내부 고장(상간단락, 층간단락, 지락 사고 등)을 보호한다.

03 다이오드 2개를 이용하여 전파 정류를 하고, 순저항 부하에 전력을 공급하는 회로가 있다. 저항에 걸리는 직류분 전압이 90 [V]라면 다이오드에 걸리는 최대 역전압 [V]의 크기는?

① 90　　② 242.8
③ 254.5　　④ 282.8

해설 | PIV(첨두 역전압)
- $2\sqrt{2}\,E = \pi E_d$
　(다이오드 2개를 이용할 때)
- $\sqrt{2}\,E = \dfrac{\pi}{2}E_d$
　(다이오드 브릿지를 이용할 때)
$\pi E_d = \pi \times 90 = 282.8\,[\text{V}]$

04 동기전동기에 대한 설명으로 옳은 것은?

① 기동 토크가 크다.
② 역률 조정을 할 수 있다.
③ 가변속 전동기로서 다양하게 응용된다.
④ 공극이 매우 작아 설치 및 보수가 어렵다.

해설 | 동기전동기의 특징
- 동기속도(N_s)가 일정하다.
- 역률 1로 운전할 수 있다.
- 부하의 역률을 개선할 수 있다.
- 유도전동기에 비하여 효율이 좋다.

05 농형 유도전동기에 주로 사용되는 속도제어법은?

① 극수제어법 ② 종속제어법
③ 2차 여자제어법 ④ 2차 저항제어법

해설 | 농형 전동기의 속도제어
극수변환법, 주파수제어법, 1차 전압제어법

06 3상 권선형 유도전동기에서 2차 측 저항을 2배로 하면 그 최대 토크는 어떻게 되는가?

① 불변이다. ② 2배 증가한다.
③ 1/2로 감소한다. ④ $\sqrt{2}$ 배 증가한다.

해설 | 비례추이
- 최대 토크 항상 일정
- $\dfrac{r_2}{s} = \dfrac{r_2 + R}{s'}$

07 직류전동기의 전기자 전류가 10 [A]일 때 5 [kg·m]의 토크가 발생하였다. 이 전동기의 계자자속이 80 [%]로 감소되고, 전기자 전류가 12 [A]로 되면 토크는 약 몇 [kg·m]인가?

① 5.2 ② 4.8
③ 4.3 ④ 3.9

해설 | 직류전동기의 토크
$\tau = K\phi I_a$, 토크는 ϕ, I_a에 비례
$\tau' = 0.8 \times 1.2 \times 5 = 4.8\,[kg\cdot m]$

08 일반적인 변압기의 무부하손 중 효율에 가장 큰 영향을 미치는 것은?

① 와전류손 ② 유전체손
③ 히스테리시스손 ④ 여자전류저항손

해설 | 무부하손(철손)의 비중
히스테리시스손 (80%), 와류손(20%)

09 전기자 총 도체 수 152, 4극, 파권인 직류발전기가 전기자 전류를 100 [A]로 할 때 매 극당 감자기자력 [AT/극]은 얼마인가? (단, 브러시의 이동각은 10°이다)

① 33.6 ② 52.8
③ 105.6 ④ 211.2

해설 | 극당 감자기자력
$AT_d = \dfrac{I_a Z}{2ap} \times \dfrac{2\alpha}{\pi}$
$= \dfrac{100 \times 152}{2 \times 4 \times 2} \times \dfrac{2 \times 10°}{180°}$
$= 105.6\,[AT/극]$

정답 04 ② 05 ① 06 ① 07 ② 08 ③ 09 ③

10 정격 전압, 정격 주파수가 6600/220 [V], 60 [Hz], 와류손이 720 [W]인 단상 변압기가 있다. 이 변압기를 3300 [V], 50 [Hz]의 전원에 사용하는 경우 와류손은 약 몇 [W]인가?

① 120　　② 150
③ 180　　④ 200

해설 | 변압기의 와류손
$P_e \propto E^2$
$P_e' = \left(\dfrac{3300}{6600}\right)^2 \times 720 = 180\,[\mathrm{W}]$

11 보극이 없는 직류 발전기에서 부하의 증가에 따라 브러시의 위치를 어떻게 하여야 하는가?

① 그대로 둔다.
② 계자극의 중간에 놓는다.
③ 발전기의 회전 방향으로 이동시킨다.
④ 발전기의 회전 방향과 반대로 이동시킨다.

해설 | 전기자 반작용 대책
- 발전기는 회전방향으로 브러시 위치 이동
- 전동기는 회전 반대 방향으로 브러시 위치를 이동

12 반발 기동형 단상 유도전동기의 회전 방향을 변경하려면?

① 전원의 2선을 바꾼다.
② 주권선의 2선을 바꾼다.
③ 브러시의 접속선을 바꾼다.
④ 브러시의 위치를 조정한다.

해설 | 반발기동형 단상 유도전동기
브러시의 위치를 돌려주거나 고정자의 권선의 접속을 바꿔주면 회전 방향이 바뀐다.

13 직류전동기의 속도제어 방법이 아닌 것은?

① 계자제어법　　② 전압제어법
③ 주파수제어법　④ 직렬 저항제어법

해설 | 직류전동기의 속도제어 방법
(1) 전압제어 : 정토크제어
(2) 계자제어 : 정출력제어
(3) 저항제어 : 효율 불량
- 주파수제어법은 농형 유도전동기의 속도제어법이다.

14 동기발전기의 단락비가 1.2이면 이 발전기의 %동기임피던스[P·U]는?

① 0.12　　② 0.25
③ 0.52　　④ 0.83

해설 | $\%Z_{PU} = \dfrac{1}{K_s} = \dfrac{1}{1.2} = 0.83\,[\mathrm{PU}]$

15 다음 ( ) 안에 옳은 내용을 순서대로 나열한 것은?

> "SCR에서는 게이트 전류가 흐르면 순방향의 저지 상태에서 ( ) 상태로 된다. 게이트 전류를 가하여 도통 완료의 시간을 ( )시간이라 하고, 이 시간이 길면 ( )시의 ( )이 많고 소자가 파괴된다."

① 온(On), 턴온(Turn on), 스위칭, 전력 손실
② 온(On), 턴온(Turn on), 전력 손실, 스위칭
③ 스위칭, 온(On), 턴온(Turn on), 전력 손실
④ 턴온(Turn on), 스위칭, 온(On), 전력 손실

해설 | SCR(사이리스터)
턴온 : 게이트에 래칭전류 이상을 인가

16 동기발전기의 안정도를 증진시키기 위한 대책이 아닌 것은?

① 속응 여자 방식을 사용한다.
② 정상 임피던스를 작게 한다.
③ 역상·영상 임피던스를 작게 한다.
④ 회전자의 플라이 휠 효과를 크게 한다.

해설 | 안정도 향상 대책
• 관성모멘트를 크게 할 것
• 단락비를 크게 할 것
• 동기 임피던스를 작게 할 것
• 속응 여자 방식을 채용 할 것
• 플라이휠 효과를 크게 할 것
• 조속기 동작을 신속하게 할 것
• 영상 및 역상 임피던스를 크게 할 것

17 비돌극형 동기발전기 한 상의 단자전압을 V, 유기 기전력을 E, 동기 리액턴스를 X_s, 부하각이 δ이고, 전기자 저항을 무시할 때 한 상의 최대 출력 [W]은?

① $\dfrac{EV}{X_s}$
② $\dfrac{3EV}{X_s}$
③ $\dfrac{EV}{X_s}sin\delta$
④ $\dfrac{EV^2}{X_s}sin\delta$

해설 | 비돌극형 동기발전기의 출력
• 단상 $P = \dfrac{EV}{x_s}\sin\delta$
• 3상 $P = 3\dfrac{EV}{x_s}\sin\delta$

정답 15 ① 16 ③ 17 ①

18 60 [Hz]의 3상 유도전동기를 동일 전압으로 50 [Hz]에 사용할 때 ⓐ 무부하 전류, ⓑ 온도 상승, ⓒ 속도는 어떻게 변하겠는가?

① ⓐ 60/50으로 증가
　ⓑ 60/50으로 증가
　ⓒ 50/60으로 감소

② ⓐ 60/50으로 증가
　ⓑ 50/60으로 감소
　ⓒ 50/60으로 감소

③ ⓐ 50/60으로 감소
　ⓑ 60/50으로 증가
　ⓒ 50/60으로 감소

④ ⓐ 50/60으로 감소
　ⓑ 60/50으로 증가
　ⓑ 60/50으로 증가

해설 | 주파수 감소 시

ⓐ 무부하전류 $I_0 = \dfrac{E}{\omega L} \propto \dfrac{1}{f}$ 이므로 증가

ⓑ 무부하전류가 상승하므로 온도 상승 증가

ⓒ 회전 속도 $N = \dfrac{120f}{P}$ 이므로 감소

---

19 3000/200 [V] 변압기의 1차 임피던스가 225 [Ω]이면, 2차 환산 임피던스는 약 몇 [Ω]인가?

① 1.0　② 1.5
③ 2.1　④ 2.8

해설 | 환산 임피던스

$Z_2 = \dfrac{1}{a^2} Z_1 = \dfrac{1}{15^2} \times 225 = 1 \ [\Omega]$

---

20 60 [Hz], 1328/230 [V]의 단상 변압기가 있다. 무부하 전류 $I_0 = 3\sin\omega t + 1.1\sin(3\omega t + \alpha_3)$ [A]이다. 지금 위와 똑같은 변압기 3대로 Y-△결선하여, 1차에 2300 V의 평형 전압을 걸고 2차를 무부하로 하면 △회로를 순환하는 전류(실효치)는 약 몇 [A]인가?

① 0.77　② 1.10
③ 4.48　④ 6.35

해설 | 제3고조파 전류

$a = \dfrac{I_2}{I_1}, \quad I_2 = I_1 \times a$

실횻값 $I_2 = \dfrac{1.1}{\sqrt{2}} \times \dfrac{1328}{230} = 4.48 \ [A]$

모아 전기기사 전기기기 필기 이론+과년도 8개년

발행일	2024년 11월 15일 초판 1쇄
지은이	김영언
발행인	황모아
발행처	(주)모아교육그룹
주 소	서울특별시 영등포구 영신로 32길 29 세화빌딩 2층
전 화	02-2068-2393(출판, 주문)
등 록	제2015-000006호 (2015.1.16.)
이메일	moagbooks@naver.com
ISBN	979-11-6804-343-5 (13560)

이 책의 가격은 뒤표지에 있습니다.

Copyright ⓒ (주)모아교육그룹 Co., Ltd. All Rights Reserved.

이 책은 저작권법에 의해 보호를 받는 저작물이므로 저자와 출판사의 서면 허락 없이
내용의 전부 또는 일부를 이용하는 것을 금합니다.

전기기사 합격!
여러분의 합격은 모아의 보람입니다.

끊임없이 변화를 추구하는 교육기업
〽️ 모아교육그룹

모아를 선택해주신 여러분께 감사드립니다.

- ✔ 모아는 혁신적인 교육을 통해 인간의 사고(思考)를 확장 및 변화시킬 수 있다고 믿고 있습니다.
- ✔ 모아는 미래를 교육으로 변화시킬 수 있다고 믿고 있습니다.
- ✔ 모아는 청년부터 장년, 중년, 노년까지의 성인교육에 중점을 두고 사업을 진행하고 있습니다.

초고령화, 불확실성의 시대
모아는 당신의 미래를 함께 하는 혁신적인 교육 플랫폼이 되겠습니다.